Maitland / Linsell

Süßwasser-fische

Alle Arten Europas gezeichnet

KOSMOS

Vorwort

Das Hauptanliegen dieses Buches ist es, eine allgemein verständliche Übersicht über die europäischen Süßwasserfische zu geben und Hilfsmittel für ihre Bestimmung bereitzustellen. Wegen der großen Zahl der berücksichtigten Arten konnten jeweils nur die wichtigsten Merkmale aufgeführt werden, wobei deren Auswahl bei allen Spezies gleich ist, weil nur so ein Vergleich zwischen den einzelnen Arten möglich ist. Es ist unser Ziel, dass dieser Naturführer nicht nur für Angler, Aquarianer, Umweltschützer und Fischereibiologen hilfreich ist, sondern auch bei Landwirtschaftsexperten, Industriellen und Politikern das Interesse an der reizvollen und reichhaltigen Fischfauna Europas weckt, weil die Überlegungen und Entscheidungen dieser Personenkreise großen Einfluss auf die zukünftige Entwicklung der europäischen Fischfauna haben.

Natürlich konnte ein solches Buch nicht ohne Hilfe von außen entstehen. Ich möchte mich daher bei zahlreichen Kollegen aus den verschiedensten Ländern bedanken, die mich zu diesem Vorhaben ermutigt haben. Mein besonderer Dank gilt dabei Yoichi Machino für wertvolle Ratschläge zur Beschaffung der benötigten Literatur wie auch Suleyman Balik, Patrick Berrebi, Alain Crivelli, Panos Economidis und Peter Miller für ihre Unterstützung.
Die ausgezeichneten Farbabbildungen von Keith Linsell, die für einen solchen Naturführer unentbehrlich sind, gehören meiner Ansicht nach zu den besten Darstellungen europäischer Süßwasserfische, die jemals angefertigt wurden; den gleichen hohen Standard erfüllen die Graphiken von Jennifer Middleton.
Besonders dankbar bin ich den Mitarbeitern des Verlages für ihre Hilfe, ihre Geduld und ihre Ratschläge.

Peter S. Maitland

Aus dem Englischen übersetzt von
Dr. Hans W. Kothe, Jena

Titel der Originalausgabe: Philip's Guide to Freshwater Fish of Britain and Europe
© 2006 Philip's, London
ISBN 13 978-0-540-08881-2

Farbabbildungen von Keith Linsell, Schwarzweiß-Strichzeichnungen von Jennifer Middleton
Farbfotos von Ardea/Brian Bevan (26), Peter S. Maitland (41, 42, 57, 63, 67, 68), Oxford Scientific Films/Herbert Schwind (51), Ardea/Ake Lindau (55), Oxford Scientific Films/M. Austerman (58)

Umschlaggestaltung der deutschsprachigen Ausgabe von eStudio Calamar unter Verwendung von 3 Illustrationen von Keith Linsell.

Bibliografische Information Der Deutschen Nationalbibliothek
Die Deutsche Nationalbibliothek verzeichnet diese Publikation in der Deutschen Nationalbibliografie; detaillierte bibliografische Daten sind im Internet unter http://dnb.ddb.de abrufbar.

Gedruckt auf chlorfrei gebleichtem Papier

ISBN 978-3-440-10962-5
Projektleitung: Teresa Baethmann
Lektorat: Annegret Kuhn
Produktion: Markus Schärtlein
Printed in Italy / Imprimé en Italie

Inhalt

Einführung

Dieser Naturführer befasst sich mit den Süßwasserfischen Europas, also Arten aus einem Gebiet, das durch das Nordpolarmeer, den Atlantischen Ozean, das Mittelmeer, Schwarze und Kaspische Meer, den Kaukasus sowie den Ural begrenzt wird. Dieser Bereich umfasst eine Landmasse von über zehn Millionen Quadratkilometern, auf der die unterschiedlichsten Süßwasserlebensräume zu finden sind – von den tiefen, kalten Seen und Flüssen im Norden, die oft einen großen Teil des Jahres mit Eis bedeckt sind, bis hin zu den warmen, flachen Teichen und Flussläufen der Mittelmeerregion, die niemals zufrieren.

Die in diesem Buch verwendete Unterteilung der Süßwasserfische in Familien folgt den Vorschlägen von Nelson (1994). Bei der Verwendung der wissenschaftlichen Namen haben wir uns an Kottelat (1997) orientiert; Ausnahmen sind die Salmonidae, Coregonidae und einige andere Familien, denen eine konservativere Nomenklatur zugrunde liegt. Eine Auswahl weiterer Werke, die verschiedene Aspekte zum Thema Süßwasserfische Europas behandeln, ist in der Bibliographie am Ende dieses Naturführers aufgeführt. Mit Hilfe dieser Bücher und der darin enthaltenen Angaben und Abbildungen ist zwar eine Bestimmung vieler europäischer Fische möglich, aber dieses Verfahren ist zumeist zeitaufwendig und führt nicht selten zu falschen Ergebnissen. Außerdem fehlen in diesen Büchern oft Arten, die erst vor relativ kurzer Zeit in Europa eingebürgert wurden, zum Beispiel der Forellenbarsch *(Micropterus salmoides)* oder der Buckellachs *(Oncorhynchus gorbuscha)* aus Nordamerika. Dagegen sollte mit Hilfe des vorliegenden Naturführers eine relativ einfache, aber dennoch genaue Bestimmung aller Fische möglich sein, die in Europa regelmäßig in Süß- und Brackwasserbiotopen vorkommen.

Erwähnenswert ist, dass in dieses Bestimmungsbuch auch die Rundmäuler (Cyclostomata) aufgenommen wurden, die eigentlich zu den Kieferlosen (Agnatha) gehören, also keine echten Fische sind. Der Begriff „Fisch" wird hier also sehr weit gefasst, um diese Gruppe einschließen zu können. Leider wissen wir über viele europäische Fische immer noch sehr wenig, so dass man nicht sicher sagen kann, ob wirklich alle hier aufgeführten Spezies ihren Art-Status zu Recht erhalten haben oder ob es sich in einigen Fällen nur um lokale Rassen einer weit verbreiteten Spezies handelt. Bis diese jedoch von ausgewiesenen Experten genauer untersucht worden sind, behandeln wir sie hier weiterhin als „Arten".

Neben reinen Süßwasserfischen sind in diesem Naturführer auch einige weitere Gruppen aufgeführt. Besonders zu erwähnen ist hier eine Reihe von Fischen, die zwar hauptsächlich im Meer leben, aber regelmäßig auch im Brack- oder gar Süßwasser auftreten. Dagegen wurden Meeresfische, die nur selten in Brackwasser zu finden sind, in den Bestimmungsschlüsseln nicht berücksichtigt. Allerdings werden einige von ihnen erwähnt, weil eine Verwechslungsmöglichkeit mit Brackwasserfischen besteht, wobei die Auswahl oft sicher etwas willkürlich gehandhabt wurde. Beim Großteil der aufgeführten Arten handelt es sich naturgemäß um ursprünglich in Europa heimische Süßwasserfische, es gibt aber auch einige Arten, die aus anderen Kontinenten eingeführt wurden und sich hier schnell eingelebt und ausgebreitet haben. Diese sind in den Bestimmungsschlüsseln berücksichtigt, im Gegensatz zu Fischen, deren Vorkommen in Europa nicht gesichert ist.

Da dieses Bestimmungsbuch für den Gebrauch in der Natur vorgesehen ist, sollte es in der Regel möglich sein, die Fische nach dem Fang und der Identifizierung lebend ins Wasser zurückzusetzen. Damit die Tiere zwischenzeitlich keinen Schaden erleiden, müssen sie während der Bestimmung möglichst kühl und feucht gehalten werden. Bei den Merkmalen, die der Zuordnung zu bestimmten Familien oder Arten dienen, handelt es sich hauptsächlich um äußerliche Kennzeichen; in einzelnen Fällen ist es allerdings erforderlich, die Fische zu töten und zu sezieren.

Die Identifizierung der Fische erfolgt, wie in vielen Naturführern üblich, mit Hilfe dichotomer Bestimmungsschlüssel. Wann immer möglich, wurden an jeder Verzweigung mehrere Merkmale aufgeführt, die nach Möglichkeit alle berücksichtigt werden sollten. Außerdem sind bei den wichtigsten Arten zusätzliche Abbildungen vorhanden, die weiteren Aufschluss geben. Zu beachten ist bei der Bestimmung aber stets, dass es sich bei einem gefangenen Exemplar auch um ein sehr junges, in irgendeiner Form missgebildetes, durch Kreuzung entstandenes, eingewandertes oder auch ausgesetztes Tier handeln kann.

Die meisten in den Schlüsseln verwendeten Merkmale beziehen sich auf die Anzahl von Flossenstrahlen oder Schuppen. Bei den Flossenstrahlen müssen dabei sowohl die verzweigten als auch die unverzweigten Strahlen berücksichtigt werden; die Schuppen zählt man entlang der Seitenlinie vom Kiemendeckel bis zur Schwanzflosse. Farbangaben beziehen sich auf frisch gefangene Exemplare und gelten unabhängig von Größe (oberhalb der Jugendstadien), Geschlecht und körperlichem Gesamtzustand, wenn nicht anders angegeben. Bei vielen Arten ist die genaue Bestimmung des Geschlechts außerhalb der Paarungszeit nur anhand der inneren Geschlechtsorgane möglich, bei anderen lassen sich Männchen und Weibchen das ganze Jahr über leicht anhand von äußeren Merkmalen unterscheiden.

Bei einigen europäischen Fischen kommt es auch in der Natur immer wieder zur Kreuzung zwischen nah verwandten Arten, deren Nachkommen sich dann oft nur schwer bestimmen lassen, weil sie Merk-

male beider Elternteile besitzen. Leider gibt es solche Hybriden gerade bei solchen Arten besonders häufig, die sich sowieso schon stark ähneln und daher schwer zu bestimmen sind. Hybridbildung ist vor allem in der Familie Cyprinidae sehr verbreitet.

Sofern Informationen über die Maximalgröße gefangener Exemplare vorliegen, werden diese in der Artbeschreibung genannt.

Aufgenommen wurden auch Angaben über die Gefährdung der jeweiligen Arten, die sich an den Angaben der IUCN (International Union for the Conservation of Nature and Natural Resources) aus dem Jahre 1994 orientieren. Diese Kategorien sind: **Ausgestorben:** „Wenn mit hoher Zuverlässigkeit angenommen werden kann, dass kein Exemplar überlebt hat." **In der Natur ausgestorben:** „Wenn die Art ausschließlich in Menschenobhut überlebt hat oder wenn es nur noch außerhalb des ursprünglichen Verbreitungsgebietes einzelne, eingebürgerte Populationen gibt." **Vom Aussterben bedroht:** „Wenn für eine Art ein extrem hohes Risiko besteht, dass sie in naher Zukunft in ihrem natürlichen Lebensraum aussterben wird." **Stark gefährdet:** „Wenn eine Art zwar nicht unmittelbar vom Aussterben bedroht ist, aber in naher Zukunft ein erhöhtes Risiko für ein Aussterben in freier Wildbahn zu erwarten ist." **Gefährdet:** „Wenn eine Art nicht vom Aussterben bedroht oder stark gefährdet ist, aber mittelfristig ein erhöhtes Risiko für ein Aussterben in der Natur zu erwarten ist." **Geringes Gefährdungsrisiko:** „Wenn Untersuchungen gezeigt haben, dass die Art nicht ‚vom Aussterben bedroht', ‚stark gefährdet' oder ‚gefährdet' ist". **Unzureichende Datengrundlage**: „Wenn die vorhandenen Informationen nicht ausreichen, um aufgrund von Vorkommen und/oder Populationsgröße die direkte oder indirekte Einstufung in eine der Gefährdungskategorien vorzunehmen." **Nicht eingestuft**: „Wenn eine Art hinsichtlich der genannten Kriterien noch nicht beurteilt wurde."

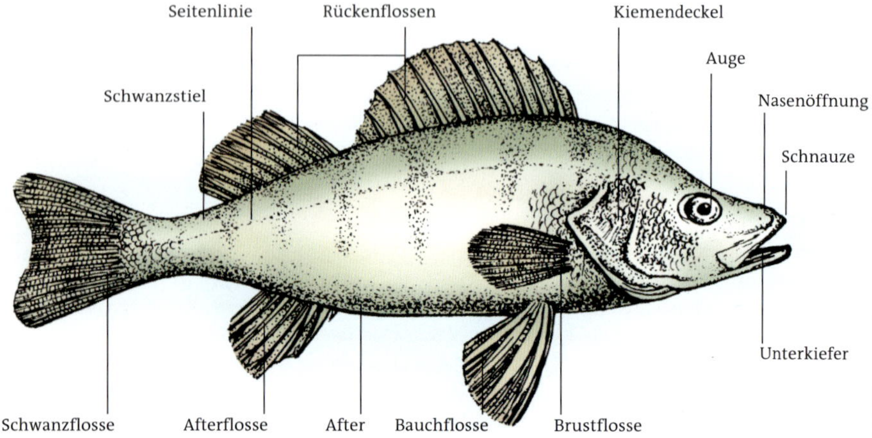

Das vorliegende Buch ist in vier große Abschnitte gegliedert. Der erste enthält einen Bestimmungsschlüssel, mit dem sich europäische Süßwasserfische bestimmten Familien zuordnen lassen. Aufgebaut ist dieser Schlüssel dichotom, das heißt, es werden immer zwei unterschiedliche Merkmale gegenübergestellt, aus denen der Benutzer das am ehesten zutreffende auswählen muss. Von dort führt der Weg zu weiteren Verzweigungspunkten, bis man am Ende des Bestimmungspfades dann zum Namen der betreffenden Familie gelangt, wobei sich das Ergebnis anhand einer Farbabbildung überprüfen lässt.

Im zweiten Abschnitt finden sich allgemeine Informationen über Fische – über ihre Anatomie, Physiologie und ihr Verhalten, aber auch über die Entwicklung, Ökologie und Verbreitung. Ergänzt wird dieser Teil durch Angaben zur Nutzung durch den Menschen, sowohl in kommerzieller Weise als auch durch Sportangler bzw. Teich- und Aquarienbesitzer, sowie Informationen zu Gefährdung und Schutz der jeweiligen Art.

Der dritte und umfangreichste Teil dient der Bestimmung der einzelnen Arten, die entsprechend ihrer Familienzugehörigkeit in Gruppen zusammengefasst sind. Nachdem die Familie mit Hilfe des ersten Schlüssels identifiziert wurde, geht man zu einem vergleichbaren Schlüssel innerhalb der betreffenden Familie und setzt die Bestimmung dort fort. Auch hier lässt sich das Ergebnis anhand einer Abbildung überprüfen und manchmal auch mit Hilfe einer Karte, auf der die Verbreitung rot (bzw. schwarz im Küstenbereich) markiert ist.

Oft kann der Bestimmungsweg aber auch abgekürzt werden, vor allem wenn es sich um sehr ungewöhnlich aussehende oder weithin bekannte Arten handelt. So kann man einen Fisch mit aalförmigem Körper, bei dem Rücken-, Schwanz- und Afterflosse einen durchgehenden Saum bilden und dem die Brustflossen fehlen, allein mit Hilfe des Familienschlüssels identifizieren, denn es gibt in Europa nur eine Art aus der Familie Anguillidae – den Europäischen Aal *(Anguilla anguilla)*.

Neben den umgangssprachlichen Namen sind bei den einzelnen Arten auch die wissenschaftlichen Bezeichnungen aufgeführt. Diese bestehen aus zwei Teilen: dem Gattungsnamen, den man in etwa mit einem Nachnamen vergleichen kann, und dem Artnamen, der dann dem Vornamen entsprechen würde. Allerdings gibt es nicht für alle Arten einen deutschen Namen, so dass man sich in solchen Fällen am wissenschaftlichen Namen orientieren muss.

Zu jeder Art gibt es neben der Abbildung und der Verbreitungskarte noch zahlreiche weitere Informationen. Diese wurden so weit wie möglich standardisiert, um Vergleiche zu erleichtern. Im Einzelnen sind Angaben zu Größe, Lebensraum, Verbreitung, Fortpflanzung, Nahrungsgewohnheiten, wirtschaftlicher Bedeutung und Artenschutz aufgeführt. Auf der Karte ist jeweils die Verbreitung im Süßwasser und gegebenenfalls im Meer markiert, wobei zu beachten ist, dass die betreffende Fischart *nur* in geeigneten Gewässern des markierten Bereichs vorkommt und nirgendwo sonst. Normalerweise ist für jede Art nur eine Abbildung vorgesehen; wenn sich die Geschlechter jedoch stark unterscheiden, wie etwa beim Dreistachligen Stichling, oder wenn es andersfarbige Zuchtformen gibt, wie bei der Orfe, können es auch zwei sein. Die Geschlechter sind dann mit den entsprechenden Symbolen (♂ für Männchen, ♀ für Weibchen) gekennzeichnet.

Der letzte Teil des Buches schließlich enthält eine Liste von weiterführender Literatur, wobei sich viele dieser Werke auf besondere Aspekte der Fischbiologie oder auf die Fischfauna spezieller Regionen beziehen. Des Weiteren sind ein Glossar und ein Register angefügt.

Bestimmungsschlüssel für die Familien der europäischen Süßwasserfische

1	Keine paarigen Flossen; 7 Kiemenöffnungen auf jeder Seite; kein Unterkiefer, adulte Tiere mit Saugmaul; nur ein Nasenloch zwischen den Augen 	*Petromyzontidae* (Seite 72)
	1 oder 2 paarige Flossen; 1 Paar Kiemenöffnungen, jede durch einen Kiemendeckel geschützt; Unterkiefer vorhanden, kein Saugmaul; paarige Nasenlöcher vor den Augen	2
2	Körper mit knöchernen Ringen; langgestreckte, röhrenartige Schnauze; Schwanzflosse klein oder fehlend 	*Syngnathidae* (Seite 224)
	Körper ohne knöcherne Ringe; keine langgestreckte, röhrenartige Schnauze; Schwanzflosse stets vorhanden und von gewöhnlicher Form	3
3	Stirnpartie zu einem langen, löffelartigen Gebilde ausgezogen 	*Polyodontidae* (Seite 86)
	Kopf anders	4
4	Oberer Lappen der Schwanzflosse viel länger als der untere (heterozerke Flosse); 5 Längsreihen großer Knochenplatten auf dem Körper; sehr lange Schnauze 	*Acipenseridae* (Seite 80)
	Schwanzflosse mehr oder weniger symmetrisch; keine großen Knochenplatten auf dem Körper; Schnauze normal	5
5	Mit kleinen, fleischigen Anhängen über den Augen; einzelne, durchgehende Rückenflosse vom Kopf bis zur Schwanzflosse 	*Blenniidae* (Seite 246)
	Keine kleinen, fleischigen Anhänge über den Augen; Rückenflosse(n) kürzer	6
6	1 Rückenflosse *oder* wenn 2, dann die hintere fleischig und ohne Strahlen (Fettflosse). Bauchflossen, sofern vorhanden, etwa in der Mitte zwischen Brustflossen und After oder in der Nähe des Afters; Verbindung zwischen Schwimmblase und Ösophagus vorhanden	7
	2 Rückenflossen *oder* wenn nur 1, dann in 2 getrennte Teile untergliedert, der vordere mit Stachelstrahlen bzw. aus unverbundenen Stacheln bestehend. *Oder* Körper weitgehend abgeplattet und Augen auf der Kopfoberseite; Bauchflossen unter oder dicht hinter den Brustflossen; keine Verbindung zwischen Schwimmblase und Ösophagus	25

7	Mit Bartfäden am Kopf, das größte Paar länger als die Brustflossen; Rückenflosse mit weniger als 8 Strahlen; Schuppen fehlend	8
	Bartfäden fehlend oder, falls vorhanden, sehr viel kürzer als die Brustflossen; Rückenflosse mit mehr als 8 Strahlen; Schuppen vorhanden (bei 2 Familien allerdings sehr klein)	9
8	4 oder 6 Bartfäden, das obere Paar sehr lang (bis zur Rückenflosse reichend); Afterflosse lang (mit 90–92 Strahlen) 	*Siluridae* (Seite 180)
	8 Bartfäden, das obere Paar sehr kurz (nicht über die Kiemendeckel hinausreichend); Afterflosse kurz (mit 20–22 Strahlen)	*Ictaluridae* (Seite 178)
9	2 Rückenflossen, die hintere fleischig und ohne Strahlen (Fettflosse)	10
	1 Rückenflosse	13
10	Relativ kleine Schuppen, über 100 entlang der Seitenlinie; häufig mit rotem Pigment in der Haut 	*Salmonidae* (Seite 191)
	Relativ große Schuppen, weniger als 100 entlang der Seitenlinie; Haut stets ohne rotes Pigment	11
11	Seitenlinie fast bis zur Schwanzflosse reichend; Zähne fehlend oder schwach entwickelt; Bauchflossenanhänge vorhanden	12
	Seitenlinie vorhanden, aber nur mit 10–20 Schuppen; Zähne gut entwickelt; keine Bauchflossenanhänge 	*Osmeridae* (Seite 184)
12	Rückenflosse groß, selbst in angelegtem Zustand deutlich größer als der Kopf, mit mehr als 20 Strahlen; zumeist mit großen schwarzen Pigmentflecken in der Haut; Zähne vorhanden, aber klein 	*Thymallidae* (Seite 203)
	Rückenflosse normal groß, in angelegtem Zustand nie größer als der Kopf, mit weniger als 20 Strahlen; nie große schwarze Pigmentflecken in der Haut, aber häufig mit kleinen schwarzen Chromatophoren 	*Coregonidae* (Seite 185)

13	Rückenflosse von der Schwanzflosse abgesetzt; Brustflossen vorhanden; Körper nicht stark verlängert	14
	Rückenflosse geht in die Schwanzflosse über; Brustflossen fehlend; extrem langgestreckter Körper 	*Anguillidae* (Seite 87)
14	Schuppen an der Bauchseite gekielt; Seitenlinie nicht vorhanden; Schwanzflossenansatz mit großen, länglichen Schuppen 	*Clupeidae* (Seite 88)
	Schuppen an der Bauchseite nicht gekielt; Seitenlinie vorhanden; Schwanzflossenansatz ohne große, längliche Schuppen	15
15	Rückenflosse größtenteils hinter dem After; Zähne vorhanden	16
	Rückenflosse ganz oder größtenteils vor dem After; Zähne fehlend	21
16	Kopf langgestreckt; großes Maul mit kräftigen Fangzähnen; Seitenlinie vorhanden 	*Esocidae* (Seite 182)
	Kopf und Maul normal groß, Zähne klein; Seitenlinie fehlend	17
17	Afterflosse mit weniger als 8, Rückenflosse mit 13–16 Strahlen 	*Umbridae* (Seite 182)
	Afterflosse mit mehr als 8, Rückenflosse mit 6–13 Strahlen	18
18	Afterflosse bei Männchen zu einem Begattungsorgan umgebildet; lebendgebärend 	*Poeciliidae* (Seite 216)
	Afterflosse bei Männchen normal entwickelt; legt Eier	19
19	Rückenflosse mit weniger als 9 Strahlen 	*Adrianichthyidae* (Seite 213)
	Rückenflosse mit mehr als 9 Strahlen	20

20	Entlang der Seitenlinie 33–38 Schuppen; 18–19 Rückenflossenstrahlen 	*Fundulidae* (Seite 214)
	Entlang der Seitenlinie 25–32 Schuppen; 14–15 Rückenflossenstrahlen	21
21	Zähne kegelförmig und einspitzig; Afterflosse mit 12–14 Strahlen; 29–32 Schuppen entlang der Seitenlinie 	*Valenciidae* (Seite 215)
	Zähne 3-spitzig; Afterflosse mit 9–12 Strahlen; 25–30 Schuppen entlang der Seitenlinie	*Cyprinodontidae* (Seite 218)
22	Unterlippe fleischig, häufig mit haarähnlichen Anhängen (Zotten) 	*Catostomidae* (Seite 164)
	Unterlippe normal und ohne haarähnliche Anhänge	23
23	Kopf mit weniger als 5 Bartfäden; Maul normal groß; Schuppen gut erkennbar 	*Cyprinidae* (Seite 96)
	Kopf mit mehr als 5 Bartfäden; Maul klein; Schuppen nicht immer gut erkennbar	24
24	Mit Dornen unter den Augen und 3 Paar kurzer Bartfäden *oder* ohne Augendornen und mit 5 Paar langer Bartfäden 	*Cobitidae* (Seite 168)
	Keine Dornen unter den Augen; 3 Bartfädenpaare, eines davon länger als die anderen 	*Balitoridae* (Seite 176)
25	Normalerweise mit 2 Rückenflossen (wenn nur 1, dann in 2 deutlich getrennte Teile untergliedert), die vordere mit Stachelstrahlen; Körper nie abgeplattet oder mit Dornen	26
	Nur 1 Rückenflosse; Körper abgeplattet oder mit einer Reihe von Rückendornen	34

26	Kopf mit 1 Bartfaden am Kinn und je 1 kleinen Bartfaden neben den Nasenöffnungen; Afterflosse mit mehr als 60 Strahlen 	*Gadidae* (Seite 204)
	Kopf ohne Bartfäden; Afterflosse mit weniger als 60 Strahlen	27
27	Der größte Teil des Körpers mit gut entwickelten Schuppen bedeckt; vordere Rückenflossenstrahlen starr	28
	Der größte Teil des Körpers ohne gut entwickelte Schuppen; vordere Rückenflossenstrahlen biegsam 	*Cottidae* (Seite 227)
28	Seitenlinie nicht vorhanden; vordere Rückenflosse mit 5 Stachelstrahlen; Rückenflossen deutlich voneinander getrennt (Zwischenraum größer als der längste Stachelstrahl)	29
	Seitenlinie stets vorhanden; vordere Rückenflosse mit mehr als 5 Stachelstrahlen; Rückenflossen miteinander verbunden oder so nahe zusammen, dass der Zwischenraum kleiner ist als der längste Stachelstrahl	30
29	Kopf dorsoventral (waagerecht) abgeplattet; Afterflosse mit weniger als 10 Strahlen 	*Mugilidae* (Seite 205)
	Kopf seitlich abgeplattet; Afterflosse mit mehr als 10 Strahlen 	*Atherinidae* (Seite 210)
30	1 Nasenöffnung an jeder Seite des Kopfes; weniger als 30 Schuppen entlang der Seitenlinie 	*Cichlidae* (Seite 245)
	2 Nasenöffnungen an jeder Seite des Kopfes; mehr als 30 Schuppen entlang der Seitenlinie	31
31	Mit höchstens 2 Afterdornen; entweder mehr oder aber weniger als 9–10 Stachelstrahlen in der ersten Rückenflosse	32
	Mit 3 oder mehr Afterdornen; 9 oder 10 Stachelstrahlen in der ersten Rückenflosse	33

32	Mit 2 Afterdornen; Schwanzflosse eingeschnitten; mehr als 10 Stachelstrahlen in der vorderen Rückenflosse; Bauchflossen nicht verwachsen 	*Percidae* (Seite 236)
	Ohne Afterdornen; Schwanzflosse nicht eingeschnitten; weniger als 9 Stachelstrahlen in der vorderen Rückenflosse;	
	Bauchflossen verwachsen 	*Gobiidae* (Seite 248)
	Bauchflossen nicht verwachsen 	*Eleotridae* (Seite 247)
33	Rückenflossen verwachsen; weniger als 70 Schuppen entlang der Seitenlinie; Rand der Afterflosse nach außen gebogen 	*Centrarchidae* (Seite 231)
	Rückenflossen nicht verwachsen; mehr als 70 Schuppen entlang der Seitenlinie; Rand der Afterflosse nach innen gebogen 	*Moronidae* (Seite 229)
34	Mit 3 oder mehr kräftigen Stacheln vor der Rückenflosse; Körper nicht abgeplattet; Augen an den Kopfseiten; Bauchflossen mit weniger als 3 Strahlen 	*Gasterosteidae* (Seite 220)
	Keine Stacheln vor der Rückenflosse; Körper sehr stark abgeplattet; Augen auf der Kopfoberseite; Bauchflossen mit mehr als 3 Strahlen 	*Pleuronectidae* (Seite 263)

Taxonomische Einordnung

Die taxonomische Einordnung und wissenschaftliche Benennung von Lebewesen erscheint Laien oft ziemlich rätselhaft, nicht zuletzt, weil für die wissenschaftlichen Namen lateinische oder griechische Bezeichnungen verwendet werden. Daher neigen die meisten Laien dazu, umgangssprachliche Bezeichnungen zu benutzen, die allerdings nicht nur von Land zu Land verschieden sind, sondern häufig sogar von Region zu Region. Wie komplex dieses Thema ist, kann man am Beispiel des Hechtes verdeutlichen, der in Europa, Asien und Nordamerika weit verbreitet ist. Biologen aus aller Welt haben für diesen Fisch einen gemeinsamen, eindeutigen wissenschaftlichen Namen eingeführt: *Esox lucius*. Dagegen benutzen Laien in mindestens 18 europäischen Ländern eine eigene umgangssprachliche Bezeichnung (ganz abgesehen von weiteren Dialektnamen), was naturgemäß zur Verwirrung führen muss, so dass der Vorteil eines einzigen, international gebräuchlichen Namens nachvollziehbar ist.

Die zweiteilige wissenschaftliche Bezeichnung für eine Spezies lässt sich im Prinzip mit einem menschlichen Namen vergleichen. Der Gattungsname (hier *Esox*) entspräche dann dem Nachnamen, der Artname (hier *lucius*) dem Vornamen, wobei die Stellung aber gerade umgekehrt ist. Hinter dem Artnamen steht oft noch der Name des Wissenschaftlers, der die Art erstmals beschrieben hat, sowie die Jahreszahl dieser Veröffentlichung (also z. B. *Esox lucius* Linnaeus 1758). Der für jede Art gewählte wissenschaftliche Name bezieht sich meist auf ein bestimmtes Merkmal, zum Beispiel auf die Gestalt des Tieres oder auf den Lebensraum; manchmal sind Arten aber auch nach Personen oder Orten benannt. Gibt es eine Unterart, dann wird der Name dieser Subspezies als dritter angehängt, zum Beispiel *Esox lucius bergi*.

Des Weiteren beschäftigt sich die Taxonomie mit den charakteristischen Merkmalen von Pflanzen und Tieren. Es wird also untersucht, welche Unterschiede oder Gemeinsamkeiten bestimmte Lebewesen aufweisen und wie sie wissenschaftlich korrekt benannt werden sollten. Dafür gibt es komplexe internationale Regeln. Leider ist auf diesem Gebiet noch viel Arbeit zu leisten, so dass der taxonomische Status und die genaue Benennung vieler Arten noch nicht gesichert ist, hauptsächlich bedingt durch unzureichende Informationen über eine genügend große Anzahl von Individuen. Aus diesem Grund stimmen Taxonomen in ihren Einschätzungen auch nicht immer überein. Wer sich tiefer gehend mit diesem Thema beschäftigen will, sollte daher unbedingt die umfassende Arbeit von Kottelat (1997) lesen, die sich kritisch mit der Situation bei den europäischen Arten auseinandersetzt. Kottelat ist der Ansicht, dass viele der beschriebenen Originalarten noch immer zu Recht bestehen, und akzeptiert keine Revisionen mit Aufgliederungen, die zumeist auf modernen Methoden wie DNA-Analysen basieren. Im vorliegenden Buch

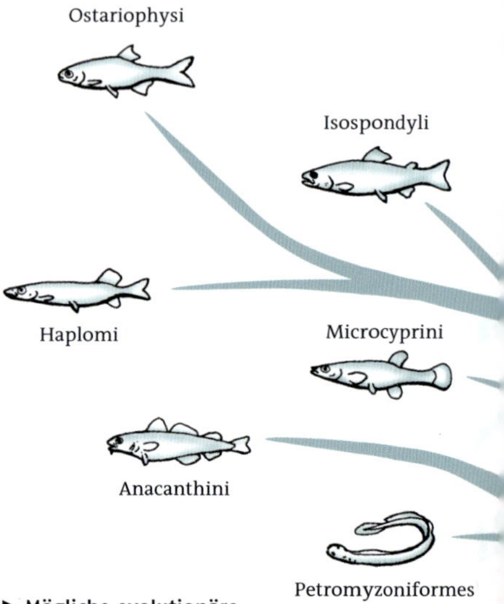

▶ Mögliche evolutionäre Beziehungen zwischen den Ordnungen europäischer Süßwasserfische

	Hecht	Mensch
Unterstamm	**Wirbeltiere**	
Klasse	Osteichthyes (Knochenfische)	Mammalia (Säugetiere)
Ordnung	Haplomi	Anthropoidea
Familie	Esocidae	Hominidae
Gattung	*Esox*	*Homo*
Art	*lucius*	*sapiens*

werden einige der unsicheren „Arten", die man wohl besser als Unterarten oder lokale Rassen einstuft, am Rande erwähnt.

Die Benennung von Arten ist allerdings kein willkürlicher Prozess, entspringt also nicht etwa der Laune des Wissenschaftlers, der die Art neu entdeckt hat. Als Grundlage dient vielmehr die Evolutionstheorie, nach der sich Lebewesen ständig verändern, um sich den jeweiligen Anforderungen ihrer Umgebung besser anzupassen (siehe Diagramm). So können sich Lebewesen, abhängig von den unterschiedlichen Bedingungen in verschiedenen Gewässern, über einen langen Zeitraum hinweg in zwei neue Arten aufspalten, die schließlich so unterschiedlich sind, dass sie sich nicht mehr miteinander fortpflanzen können.

Wie die verschiedenen Arten in zunehmend größeren Gruppen zusammengefasst werden, die jeweils durch verwandtschaftliche Beziehungen verbunden sind, veranschaulicht die Tabelle auf dieser Seite, in der Hecht und Mensch – beides Wirbeltiere – einander gegenübergestellt werden.

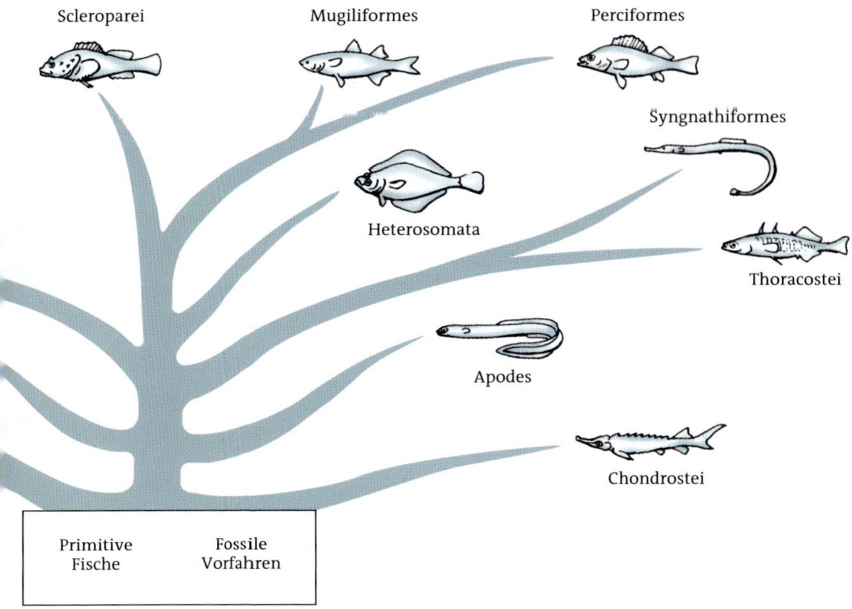

Liste europäischer Süßwasserfische

Auf den folgenden Seiten sind die in diesem Naturführer behandelten Fischarten noch einmal zusammenfassend aufgeführt. Die Auflistung erfolgte nach taxonomischen Gesichtspunkten; neben den umgangssprachlichen und wissenschaftlichen Bezeichnungen sind die Namen der/des Erstbeschreiber/s sowie das Jahr der entsprechenden Veröffentlichung genannt. Arten mit zweifelhaftem Status oder solche, über die sehr wenig bekannt ist (etwa weil sie erst kürzlich entdeckt wurden), sind mit einem Sternchen * versehen; sie sind im Artenteil nur mit einer Kurzbeschreibung ohne Abbildung berücksichtigt.

Neunaugen (Familie Petromyzontidae, Seite 72)

Kaspineunauge *Caspiomyzon wagneri* (Kessler 1870)
Donauneunauge *Eudontomyzon danfordi* Regan 1911
Griechisches Bachneunauge *Eudontomyzon hellenicus* Vladykov, Renaud, Kott & Economidis 1982
Ukrainisches Bachneunauge *Eudontomyzon mariae* (Berg 1931)
Donaubachneunauge *Eudontomyzon vladykovi* Oliva & Zanandrea 1959
Flussneunauge *Lampetra fluviatilis* (Linnaeus 1758)
Bachneunauge *Lampetra planeri* (Bloch 1784)
Arktisches Neunauge *Lethenteron camtschaticum* (Tilesius 1811)
Oberitalienisches Neunauge *Lethenteron zanandreai* (Vladykov 1955)
Meerneunauge *Petromyzon marinus* Linnaeus 1758

Störe (Familie Acipenseridae, Seite 80)

Sibirischer Stör *Acipenser baeri* Brandt 1869
Waxdick *Acipenser gueldenstaedtii* Brandt & Ratzeburg 1833
Adriastör *Acipenser naccarii* Bonaparte 1836
Glattdick *Acipenser nudiventris* Lovetsky 1828
Sterlet *Acipenser ruthenus* Linnaeus 1758
Sternhausen *Acipenser stellatus* Pallas 1771
Stör *Acipenser sturio* Linnaeus 1758
Hausen *Huso huso* (Linnaeus 1758)

Löffelstöre (Familie Polyodontidae, Seite 86)

Löffelstör *Polyodon spathula* (Walbaum 1792)

Flussaale (Familie Anguillidae, Seite 87)

Europäischer Aal *Anguilla anguilla* (Linnaeus 1758)

Heringe (Familie Clupeidae, Seite 88)

Maifisch *Alosa alosa* (Linnaeus 1758)
Finte *Alosa fallax* (La Cepede 1803)
Alosa macedonica (Vinciguerra 1921)
Kaspi-Maifisch *Caspialosa caspia* Eichwald 1838
Kizilagach-Maifisch *Caspialosa curensis* Surowow 1904
Kerchen-Maifisch *Caspialosa maeotica* (Grimm 1901)
Schwarzmeer-Maifisch *Caspialosa pontica* Eichwald 1838
Großaugen-Maifisch *Caspialosa saposhnikovi* Grimm 1901
Suworow-Maifisch *Caspialosa suworowi* (Berg 1913)
Abrau-Sardine *Clupeonella abrau* (Maliatski 1931)
Tyulka-Sardine *Clupeonella cultriventris* (Nordmann 1840)

Karpfenfische (Familie Cyprinidae, Seite 96)

Zope *Abramis ballerus* (Linnaeus 1758)
Güster *Abramis bjoerkna* (Linnaeus 1758)
Blei *Abramis brama* (Linnaeus 1758)
Zobel *Abramis sapa* (Pallas 1814)
Schneider *Alburnoides bipunctatus* (Bloch 1782)
Weißer Ukelei *Alburnus albidus* (Costa 1838)
Ukelei *Alburnus alburnus* (Linnaeus 1758)
Kaukasischer Ukelei *Alburnus charusini* Herzenstein 1889
Saramugo *Anaecypris hispanica* (Steindachner 1866)
Rapfen *Aspius aspius* (Linnaeus 1758)
Barbengründling *Aulopyge hugeli* Heckel 1842
Albanische Barbe *Barbus albanicus* Steindachner 1870
Barbe *Barbus barbus* (Linnaeus 1758)
Barbus bocagei Steindachner 1865
Aral-Barbe *Barbus brachycephalus* Berg 1914
Barbus caninus Bonaparte 1839*
Bulatmai-Barbe *Barbus capito* Gueldenstaedt 1773
Kaukasische Barbe *Barbus ciscaucasicus* Kessler 1877
Iberische Barbe *Barbus comizo* Steindachner 1865
Türkische Barbe *Barbus cyclolepis* Heckel 1837
Barbus euboicus Stephanidis 1950*
Griechische Barbe *Barbus graecus* Steindachner 1896
Barbus graellsii Steindachner 1866*
Barbus guiraonis Steindachner 1866*
Barbus haasi Mertens 1924*
Barbus macedonicus Karaman 1928*
Forellenbarbe *Barbus meridionalis* Risso 1826
Barbus microcephalus Almaca 1967*
Semling *Barbus peloponnesius* Valenciennes 1842*
Südbarbe *Barbus plebejus* Bonaparte 1839*
Barbus prespensis Karaman 1924
Barbus sclateri Günther 1868*
Barbus steindachneri Almaca 1967*
Krimbarbe *Barbus tauricus* Kessler 1877*
Barbus tyberinus Bonaparte 1839*
Goldfisch *Carassius auratus* (Linnaeus 1758)
Karausche *Carassius carassius* (Linnaeus 1758)
Chalcalburnus belvica (Karaman 1924)
Schemaja *Chalcalburnus chalcoides* (Gueldenstaedt 1772)
Chondrostoma arrigonis (Steindachner 1866)*
Kaukasischer Näsling *Chondrostoma colchicum* Kessler 1899
Lau *Chondrostoma genei* (Bonaparte 1839)
Dalmatinischer Näsling *Chondrostoma knerii* Heckel 1843
Chondrostoma kubanicum Berg 1914*
Chondrostoma miegii Steindachner 1866*
Nase *Chondrostoma nasus* (Linnaeus 1758)
Terek-Näsling *Chondrostoma oxyrhynchum* Kessler 1877
Elritzennäsling *Chondrostoma phoxinus* Heckel 1843

Iberischer Näsling *Chondrostoma polylepis* Steindachner 1865
Chondrostoma prespense Karaman 1924*
Chondrostoma scodrense Elvira 1987*
Italienischer Näsling *Chondrostoma soetta* Bonaparte 1840
Südwesteuropäischer Näsling *Chondrostoma toxostoma* Vallot 1837
Chondrostoma turiense Elvira 1987*
Chondrostoma vardarense Karaman 1928*
Chondrostoma variabile Jakowlew 1870*
Chondrostoma willkommii Steindachner 1866*
Graskarpfen *Ctenopharyngodon idella* (Valenciennes 1844)
Karpfen *Cyprinus carpio* Linnaeus 1758
Sumpfelritze *Eupallasella perenurus* (Pallas 1841)
Weißflossengründling *Gobio albipinnatus* Lukasch 1933
Gobio banarescui Dimovski & Grupce 1974*
Po-Gründling *Gobio benacensis* (Pollini 1816)*
Kaukasischer Gründling *Gobio ciscaucasicus* Berg 1932
Gobio elimeius Kattoulas, Stephanidis & Economidis 1973*
Gründling *Gobio gobio* (Linnaeus 1758)
Kesslers Gründling *Gobio kessleri* Dybowski 1862
Steingressling *Gobio uranoscopus* (Agassiz 1828)
Silberkarpfen *Hypophthalmichthys molitrix* (Valenciennes 1844)
Marmorkarpfen *Hypophthalmichthys nobilis* (Richardson 1845)
Iberocypris palaciosi Doadrio 1980
Goldrücken-Moderlieschen *Ladigesocypris ghigii* (Gianferrari 1927)
Moderlieschen *Leucaspius delineatus* (Heckel 1843)
Kaukasischer Döbel *Leuciscus aphipsi* Aleksandrov 1927
Bobyrez *Leuciscus borysthenicus* (Kessler 1859)
Leuciscus burdigalensis Valenciennes 1844*
Leuciscus carolitertii Doadrio 1988*
Döbel *Leuciscus cephalus* (Linnaeus 1758)
Danilewski-Hasel *Leuciscus danilewskii* (Kessler 1877)
Orfe *Leuciscus idus* (Linnaeus 1758)
Jugoslawischer Döbel *Leuciscus illyricus* (Heckel & Kner 1858)
Leuciscus keadicus Stephanidis 1971*
Hasel *Leuciscus leuciscus* (Linnaeus 1758)
Leuciscus lucumonis Bianco 1983*
Makal-Strömer *Leuciscus microlepsis* (Heckel 1843)
Leuciscus montenigrinus Vidovic 1963*
Leuciscus muticellus Bonaparte 1837*
Kroatischer Strömer *Leuciscus polylepis* (Steindachner 1866)
Leuciscus pyrenaicus Günther 1868
Strömer *Leuciscus souffia* Risso 1826
Adriatischer Hasel *Leuciscus svallize* (Heckel & Kner 1858)
Tursky-Strömer *Leuciscus turskyi* (Heckel 1843)
Ukliva-Strömer *Leuciscus ukliva* (Heckel 1843)
Leuciscus zrmanjae (Karaman 1928)*
Pachychilon macedonicum (Steindachner 1892)
Albanische Plötze *Pachychilon pictum* (Heckel & Kner 1858)
Ziege *Pelecus cultratus* (Linnaeus 1758)

Dalmatinische Elritze *Phoxinellus adspersus* (Heckel 1843)
Phoxinellus alepidotus Heckel 1843
Phoxinellus croaticus Steindachner 1866
Phoxinellus epiroticus (Steindachner 1896)
Phoxinellus fontinalis Karaman 1972*
Phoxinellus ghetaldii (Steindachner 1882)
Phoxinellus metohiensis (Steindachner 1901)*
Phoxinellus pleurobipunctatus (Stephanidis 1939)*
Phoxinellus prespensis (Karaman 1924)*
Dubrovnik-Elritze *Phoxinellus pstrossi* (Steindachner 1882)
Poznan-Elritze *Phoxinus czekanowskii* Berg 1932
Elritze *Phoxinus phoxinus* (Linnaeus 1758)
Dickkopfelritze *Pimephales promelas* Rafinesque 1820
Pseudophoxinus beoticus (Stephanidis 1939)
Pseudophoxinus minutus (Karaman 1824)
Griechische Elritze *Pseudophoxinus stymphalicus* (Valenciennes 1844)
Blaubandbärbling *Pseudorasbora parva* (Temminck & Schlegel 1842)
Bitterling *Rhodeus sericeus* (Bloch 1782)
Calandino-Plötze *Rutilus alburnoides* (Steindachner 1866)
Rutilus arcasii (Steindachner 1866)*
Rutilus aula (Bonaparte 1841)*
Rutilus basak (Heckel 1843)*
Schwarzmeerplötze *Rutilus frisii* (Nordmann 1840)
Rutilus heckelii (Nordmann 1840)*
Rutilus karamani Fowler 1977*
Pardilla-Plötze *Rutilus lemmingii* (Steindachner 1866)
Mazedonische Plötze *Rutilus macedonicus* (Steindachner 1892)
Portugiesische Plötze *Rutilus macrolepidotus* (Steindachner 1866)
Perlfisch *Rutilus meidingeri* (Heckel 1851)*
Rutilus ohridanus (Karaman 1924)*
Frauennerfling *Rutilus pigus* (La Cepede 1803)
Rutilus prespensis (Karaman 1924)*
Südeuropäische Plötze *Rutilus rubilio* (Bonaparte 1837)
Plötze *Rutilus rutilus* (Linnaeus 1758)
Rutilus ylikiensis Economidis 1991*
Scardinius acarnanicus Economidis 1991*
Rotfeder *Scardinius erythrophthalmus* (Linnaeus 1758)
Griechische Rotfeder *Scardinius graecus* Stephanidis 1937
Scardinius racovitzai Muller 1958*
Scardinius scardafa (Bonaparte 1837)*
Schleie *Tinca tinca* (Linnaeus 1758)
Tropidophoxinellus hellenicus (Stephanidis 1939)
Tropidophoxinellus spartiaticus (Schmidt-Ries 1943)
Seerüßling *Vimba elongata* (Valenciennes 1844)*
Schiedling *Vimba melanops* (Heckel 1837)
Zährte *Vimba vimba* (Linnaeus 1758)

Sauger (Familie Catostomidae, Seite 164)
Alaska-Saugdöbel *Catostomus catostomus* (Forster 1773)
Kleinmäuliger Büffelfisch *Ictiobus bubalus* (Rafinesque 1819)
Großmäuliger Büffelfisch *Ictiobus cyprinellus* (Valenciennes 1844)
Schwarzer Büffelfisch *Ictiobus niger* (Rafinesque 1820)

Schmerlen (Familie Cobitidae, Seite 168)
Cobitis arachthosensis Economidis & Nalbant 1997*
Cobitis bilineata (Canestrini 1866)*
Cobitis calderoni Bacescu 1962*
Kaspi-Steinbeißer *Cobitis caspia* Eichwald 1838
Kaukasischer Steinbeißer *Cobitis caucasica* Berg 1906
Venezianischer Steinbeißer *Cobitis conspersa* (Cantoni 1882)
Balkan-Steinbeißer *Cobitis elongata* Heckel & Kner 1858
Cobitis elongatoides Bacescu & Maier 1969*
Cobitis hellenica Economidis & Nalbant 1997*
Cobitis maroccana (Pellegrin 1929)
Cobitis megaspila Nalbant 1993*
Cobitis melanoleuca Nichols 1925*
Cobitis meridionalis Karaman 1924*
Cobitis paludica (de Buen 1930)*
Cobitis punctilineata Economidis & Nalbant 1997*
Cobitis stephanidisi Economidis 1992*
Cobitis strumicae Karaman 1955*
Steinbeißer *Cobitis taenia* Linnaeus 1758
Cobitis trichonica Stephanidis 1974*
Cobitis vardarensis Karaman 1928*
Schlammpeitzger *Misgurnus fossilis* (Linnaeus 1758)
Gold-Steinbeißer *Sabanejewia balcanica* (Karaman 1922)
Sabanejewia bulgarica (Drensky 1928)*
Italienischer Steinbeißer *Sabanejewia larvata* (Filippi 1859)
Rumänischer Steinbeißer *Sabanejewia romanica* (Bacescu 1943)

Plattschmerlen (Familie Balitoridae, Seite 176)
Angoraschmerle *Barbatula angorae* (Steindachner 1897)
Schmerle *Barbatula barbatula* (Linnaeus 1758)
Barbatula bureschi (Drensky 1928)
Terek-Schmerle *Barbatula merga* (Krynicki 1840)

Katzenwelse (Familie Ictaluridae, Seite 178)
Schwarzer Zwergwels *Ameiurus melas* (Rafinesque 1820)
Brauner Katzenwels *Ameiurus nebulosus* (Lesueur 1819)
Getüpfelter Gabelwels *Ictalurus punctatus* (Rafinesque 1818)

Echte Welse (Familie Siluridae, Seite 180)
Aristoteleswels *Silurus aristotelis* Garman 1890
Wels *Silurus glanis* Linnaeus 1758

Hechte (Familie Esocidae, Seite 182)
Hecht *Esox lucius* Linnaeus 1758

Hundsfische (Familie Umbridae, Seite 182)
Hundsfisch *Umbra krameri* Walbaum 1792
Amerikanischer Hundsfisch *Umbra pygmaea* (De Kay 1842)

Stinte (Familie Osmeridae, Seite 184)
Stint *Osmerus eperlanus* (Linnaeus 1758)

Renken (Familie Coregonidae, Seite 185)
Kleine Maräne *Coregonus albula* (Linnaeus 1758)
Arktische Wandermaräne *Coregonus autumnalis* (Pallas 1811)
Große Schwebrenke *Coregonus lavaretus* (Linnaeus 1758)
Große Bodenrenke *Coregonus nasus* (Pallas 1776)
Schnäpel *Coregonus oxyrinchus* (Linnaeus 1758)
Peledmaräne *Coregonus peled* (Gmelin 1788)
Kleine Bodenrenke *Coregonus pidschian* (Gmelin 1788)
Weißlachs *Stenodus leucichthys* (Gueldenstaedt 1772)

Lachsfische (Familie Salmonidae, Seite 191)
Huchen *Hucho hucho* (Linnaeus 1758)
Buckellachs *Oncorhynchus gorbuscha* (Walbaum 1792)
Ketalachs *Oncorhynchus keta* (Walbaum 1792)
Coholachs *Oncorhynchus kisutch* (Walbaum 1792)
Regenbogenforelle *Oncorhynchus mykiss* (Walbaum 1792)
Marmorierte Forelle *Salmo marmoratus* Cuvier 1829
Atlantischer Lachs *Salmo salar* Linnaeus 1758
Forelle *Salmo trutta* Linnaeus 1758
Adriatischer Lachs *Salmothymus obtusirostris* (Heckel 1852)
Wandersaibling *Salvelinus alpinus* (Linnaeus 1758)
Bachsaibling *Salvelinus fontinalis* (Mitchill 1814)
Amerikanischer Seesaibling *Salvelinus namaycush* (Walbaum 1792)

Äschen (Familie Thymallidae, Seite 203)
Äsche *Thymallus thymallus* (Linnaeus 1758)

Dorschfische (Familie Gadidae, Seite 204)
Quappe *Lota lota* (Linnaeus 1758)

Meeräschen (Familie Mugilidae, Seite 205)
Dicklippige Meeräsche *Chelon labrosus* Risso 1826
Goldmeeräsche *Liza aurata* (Risso 1810)
Dünnlippige Meeräsche *Liza ramada* (Risso 1826)
Springmeeräsche *Liza saliens* (Risso 1810)
Großköpfige Meeräsche *Mugil cephalus* Linnaeus 1758
Mugil soiuy Basilewsky 1855*
Graue Meeräsche *Oedalechilus labeo* Cuvier 1828

Ährenfische (Familie Atherinidae, Seite 210)
Kleiner Ährenfisch *Atherina boyeri* Risso 1810
Großer Ährenfisch *Atherina hepsetus* Linnaeus 1758
Atherina mochon Valenciennes 1835
Streifenfisch *Atherina presbyter* Cuvier 1829
Odonthestes bonariensis (Valenciennes 1835)

Reisfische (Familie Adrianichthyidae, Seite 213)

Japankärpfling *Oryzias latipes* (Temminck & Schlegel 1846)

Fundulen (Familie Fundulidae, Seite 214)

Blaubandkärpfling *Fundulus heteroclitus* (Linnaeus 1766)

Europäische Kärpflinge (Familie Valenciidae, Seite 215)

Valenciakärpfling *Valencia hispanica* (Valenciennes 1846)
Korfukärpfling *Valencia letourneuxi* (Sauvage 1880)

Lebendgebärende Zahnkarpfen (Familie Poeciliidae, Seite 216)

Kobolkärpfling *Gambusia affinis* Baird & Girard 1853
Guppy *Poecilia reticulata* Peters 1859

Eierlegende Zahnkarpfen (Familie Cyprinodontidae, Seite 218)

Zebrakärpfling *Aphanius fasciatus* (Valenciennes 1821)
Spanienkärpfling *Aphanius iberus* (Valenciennes 1846)

Stichlinge (Familie Gasterosteidae, Seite 220)

Dreistachliger Stichling *Gasterosteus aculeatus* Linnaeus 1758
Pungitius hellenicus Stephanidis 1971
Ukrainischer Stichling *Pungitius platygaster* (Kessler 1859)
Zwergstichling *Pungitius pungitius* (Linnaeus 1758)

Seenadeln (Familie Syngnathidae, Seite 224)

Kleine Schlangennadel *Nerophis ophidion* (Linnaeus 1758)
Schwarzmeer-Seenadel *Syngnathus abaster* Risso 1826
Große Seenadel *Syngnathus acus* Linnaeus 1758
Grasnadel *Syphonostoma typhle* Linnaeus 1758

Groppen (Familie Cottidae, Seite 227)

Groppe *Cottus gobio* Linnaeus 1758
Sibirische Groppe *Cottus poecilopus* Heckel 1837
Vierhörniger Seeskorpion *Triglopsis quadricornis* (Linnaeus 1758)

Wolfsbarsche (Familie Moronidae, Seite 229)

Seebarsch *Dicentrarchus labrax* (Linnaeus 1758)
Gefleckter Seebarsch *Dicentrarchus punctatus* Bloch 1797

Sonnenbarsche (Familie Centrarchidae, Seite 231)

Steinbarsch *Ambloplites rupestris* (Rafinesque 1817)
Großohriger Sonnenbarsch *Lepomis auritus* (Linnaeus 1758)
Grüner Sonnenbarsch *Lepomis cyanellus* (Rafinesque 1819)
Sonnenbarsch *Lepomis gibbosus* (Linnaeus 1758)
Schwarzbarsch *Micropterus dolomieu* La Cepede 1802
Forellenbarsch *Micropterus salmoides* (La Cepede 1802)

Barsche (Familie Percidae, Seite 236)

Don-Kaulbarsch *Gymnocephalus acerina* (Gueldenstaedt 1775)
Donau-Kaulbarsch *Gymnocephalus baloni* Holcik & Hensel 1974
Kaulbarsch *Gymnocephalus cernuus* (Linnaeus 1758)
Schrätzer *Gymnocephalus schraetser* (Linnaeus 1758)
Flussbarsch *Perca fluviatilis* Linnaeus 1758
Percarina *Percarina demidoffi* Nordmann 1840

Groppenbarsch *Romanichthys valsanicola* Dumitrescu, Banarescu & Stoica 1957
Zander *Sander lucioperca* (Linnaeus 1758)
Seezander *Sander marina* (Cuvier & Valenciennes 1828)
Wolgazander *Sander volgensis* (Gmelin 1788)
Rhone-Streber *Zingel asper* (Linnaeus 1758)
Streber *Zingel streber* (Siebold 1763)
Zingel *Zingel zingel* (Linnaeus 1766)

Buntbarsche (Familie Cichlidae, Seite 245)

Chanchito *Cichlasoma facetum* (Jenyns 1842)

Schleimfische (Familie Blenniidae, Seite 246)

Süßwasser-Schleimfisch *Salaria fluviatilis* (Asso 1801)

Schläfergrundeln (Familie Eleotridae, Seite 247)

Chinesische Schläfergrundel *Perccottus glenii* Dybowskii 1877

Grundeln (Familie Gobiidae, Seite 248)

Gebänderte Kaulquappengrundel *Benthophiloides brauneri* Beling & Iljin 1927
Raue Kaulquappengrundel *Benthophilus granulosus* Kessler 1877
Kaulquappengrundel *Benthophilus macrocephalus* (Pallas 1787)
Stern-Kaulquappengrundel *Benthophilus stellatus* (Sauvage 1874)
Kaspigrundel *Caspiosoma caspium* (Kessler 1877)
Economidichthys pygmaeus (Holly 1929)
Economidichthys trichonis Economidis & Miller 1990
Berggrundel *Hyrcanogobius bergi* Iljin 1928
Kaukasische Grundel *Knipowitschia caucasica* (Kawrajsky 1899)
Knipowitschia goerneri Ahnelt 1991*
Langschwanzgrundel *Knipowitschia longecaudata* (Kessler 1877)
Knipowitschia milleri (Ahnelt & Bianco 1990)*
Knipowitschia mrakovcici Miller 1991*
Lagunengrundel *Knipowitschia panizzae* (Verga 1841)
Knipowitschia punctatissima (Canestrini 1864)
Griechische Grundel *Knipowitschia thessala* (Vinciguerra 1921)*
Krötengrundel *Mesogobius batrachocephalus* (Pallas 1814)
Großkopfgrundel *Neogobius cephalarges* Pallas 1811
Flussgrundel *Neogobius fluviatilis* (Pallas 1814)
Nackthalsgrundel *Neogobius gymnotrachelus* (Kessler 1857)
Kessler-Grundel *Neogobius kessleri* (Günther 1861)
Schwarzmundgrundel *Neogobius melanostomus* (Pallas 1814)
Syrman-Grundel *Neogobius syrman* (Nordmann 1840)
Gardaseegrundel *Padogobius martensii* (Günther 1861)
Italienische Grundel *Padogobius nigricans* (Canestrini 1867)
Canestrin-Grundel *Pomatoschistus canestrini* (Ninni 1883)
Strandgrundel *Pomatoschistus microps* (Kroyer 1838)
Marmorierte Grundel *Proterhorinus marmoratus* (Pallas 1814)
Vierstreifengrundel *Relictogobius kryzanovskii* Ptschelina 1939
Schlangenkopfgrundel *Zosterisessor ophiocephalus* (Pallas 1814)

Plattfische (Familie Pleuronectidae, Seite 263)

Flunder *Platichthys flesus* (Linnaeus 1758)
Arktische Flunder *Pleuronectes glacialis* Pallas 1776

Kopf

Die meisten äußerlich sichtbaren Sinnesorgane der Fische befinden sich am Kopf. Hierzu gehören die beiden Augen, die Nasenlöcher (die normalerweise ebenfalls paarig sind) und oft auch noch Bartfäden (Barteln), die bezüglich Anzahl, Größe und Lage von Art zu Art variieren können. Die Stellung des Mauls kann oberständig, endständig und unterständig sein; bei einigen Arten ist die Mundöffnung zu einem Saugmaul umgebildet. Im Bereich des Mauls finden sich mehrere Knochen mit taxonomischer Bedeutung (siehe unten links). Auf diesen sitzen häufig längere oder kürzere Zähne, die dauerhaft sein können oder immer wieder erneuert werden. Ausgewachsene Neunaugen besitzen ein Saugmaul mit ringförmigen Bereichen, die ebenfalls Zähne aufweisen können (siehe S. 72). Die Mundöffnung setzt sich in den Schlund (Pharynx) fort; bei bestimmten Arten sind auch dort Zähne vorhanden, die sogenannten Schlundzähne, die bei der Bestimmung der Cyprinidae (Karpfenfische) eine wichtige Rolle spielen. Einige Beispiele sind unten rechts abgebildet.

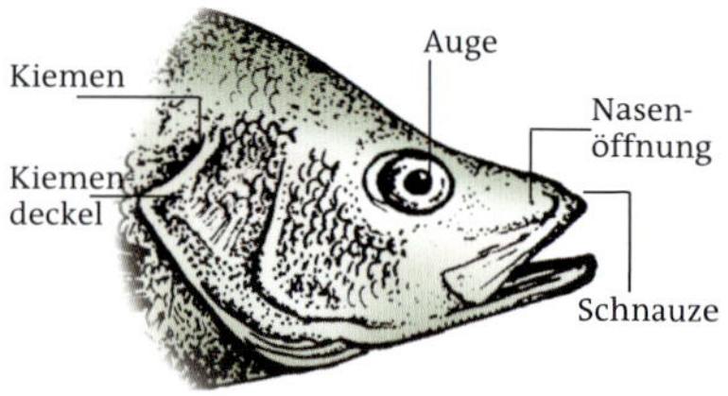

▲ Kopf eines Fisches

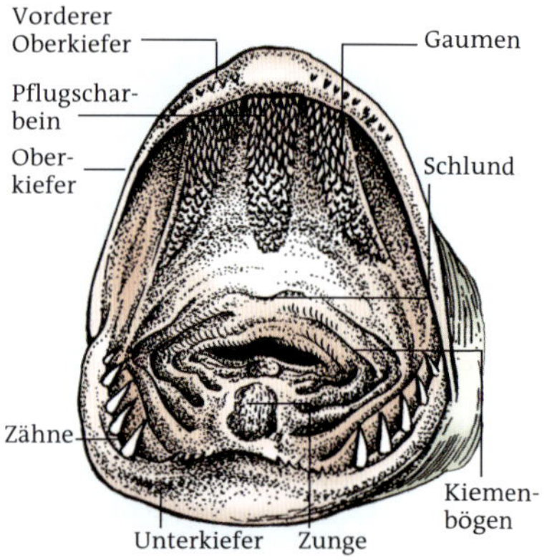

▲ Geöffnetes Maul eines Hechtes

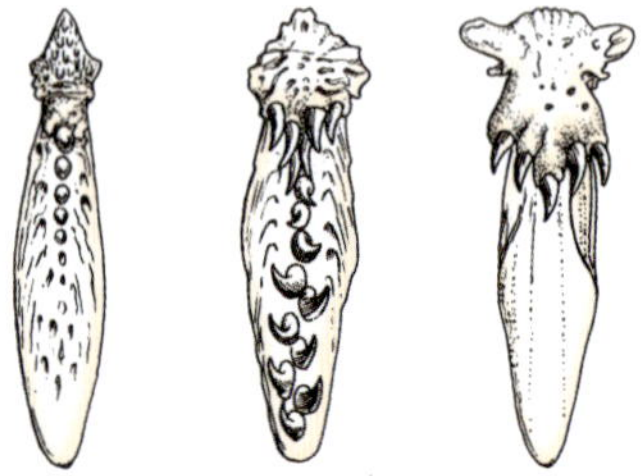

▲ Pflugscharbeinknochen bei Lachsfischen, von links nach rechts: Lachs, Forelle, Seesaibling

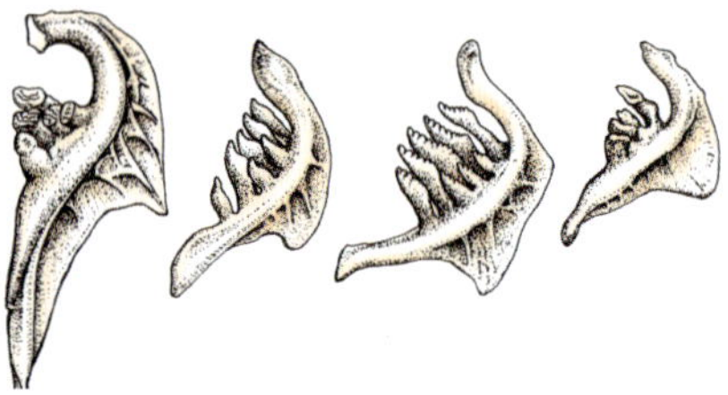

▲ Typische Schlundzähne bei Karpfenfischen, von links nach rechts: Karpfen, Brachsen, Rotfeder, Schleie

Kiemen

An den Seiten des Pharynx sind Öffnungen vorhanden, die zu den Hauptatemorganen, den Kiemen, führen. Jede Kieme besteht aus einem kräftigen Kiemenbogen mit kammähnlichen Fortsätzen (Kiemenreusendornen) an der einen Seite, die verhindern, dass Partikel aus dem Maul auf die dünnwandigen, stark durchbluteten Kiemenblättchen an der anderen Seite des Kiemenbogens gelangen (siehe Abbildung

S. 25 oben). Normalerweise sind bei Fischen auf jeder Seite vier Kiemen vorhanden, über die das Atemwasser fließt, bevor es durch die Kiemenöffnungen wieder nach außen gelangt. Geschützt sind diese Öffnungen bei den meisten Arten durch einen einzelnen verknöcherten Kiemendeckel (Operculum).

► **Typische Fischkieme**

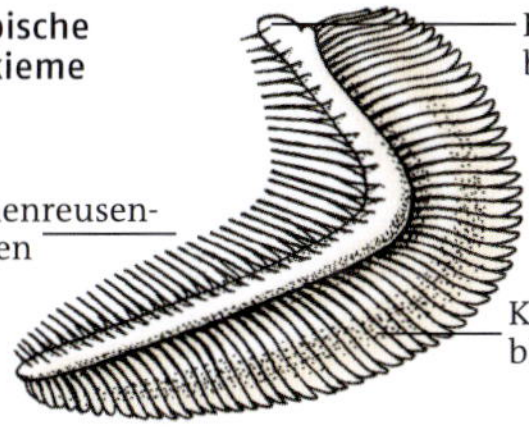

Haut

Der gesamte Fischkörper ist von Haut bedeckt, in die auch die Schuppen eingebettet sind – verknöcherte Strukturen, die eine schützende, aber gleichzeitig sehr flexible Außenhülle bilden. Am Kopf sind normalerweise keine Schuppen vorhanden, weil dieser bereits durch die Schädelknochen geschützt ist. Zahl und Struktur der Schuppen variieren von Art zu Art, so dass man sie teilweise zur Bestimmung verwenden kann (siehe unten). Die Schuppen sind aber nicht bei allen Fischen gleich gut ausgebildet. So existieren vom Karpfen *(Cyprinus carpio)* einige Zuchtformen, die keine Schuppen mehr besitzen (Lederkarpfen) oder nur noch wenige, sehr große Schuppen aufweisen (Spiegelkarpfen); bei anderen Fischen können die Schuppen durch Knochenplatten ersetzt sein. In der Haut sind außerdem Pigmentzellen vorhanden, die den Tieren ihre Färbung verleihen. Diese lässt sich ebenfalls zur Bestimmung heranziehen, wobei man allerdings vorsichtig sein muss, weil die Farbe abhängig von Alter, Geschlecht, Stimmung, Jahreszeit und anderen Faktoren selbst bei verschiedenen Exemplaren einer Art ganz erheblich variieren kann.

Für die Fischbiologen sind Schuppen mehr als nur ein Teil der Fischanatomie. Der Grund ist, dass jede einzelne anhand ihrer Struktur und der Art und Weise, wie sie mit der Haut verbunden ist, Auskunft über das Wachstum des jeweiligen Fisches gibt – ganz ähnlich wie die Wachstumsringe bei Bäumen (siehe S. 26 unten). Daher können Ichthyologen anhand einer einzelnen gut erhaltenen Schuppe oft nicht nur die Art und das Alter des betreffenden Fisches bestimmen, sondern manchmal sogar sagen, wie oft das Tier abgelaicht hat. Bei Wanderfischen lässt sich außerdem häufig feststellen, wie lange das Exemplar im Meer und wie lange es im Süßwasser gelebt hat. Die wichtigsten Fischschuppenmerkmale sind unten abgebildet.

Schuppen aus verschiedenen Körperregionen sind häufig unterschiedlich ausgebil-

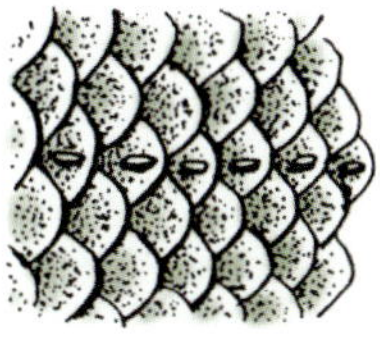

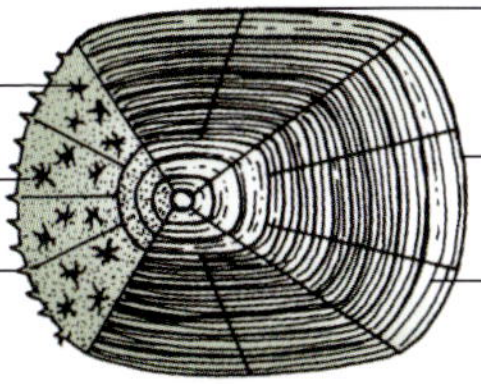

◄ **Fischhaut und Schuppen: Schuppen längs des Seitenlinienorgans (links oben); Schnitt durch das Seitenlinienorgan; die Kanäle führen durch die Schuppen (rechts oben); einzelne Schuppe (unten)**

▶ Der Spiegelkarpfen, eine Zuchtform des in Europa weit verbreiteten Karpfens *(Cyprinus carpio)*, wurde durch Zucht so verändert, dass nur noch einzelne große Schuppen vorhanden sind.

det. Daher beziehen sich die meisten Bestimmungsschlüssel auf die typischen, in großer Zahl vorhandenen, sich stark überlappenden Körperschuppen ober- und unterhalb der Seitenlinie zwischen dem Kopf und dem Schwanz. Auf diesen Schuppen sind normalerweise Zuwachsringe zu erkennen, deren Abstand zueinander Rückschlüsse auf das Alter der Fische zulässt. Dabei bedeuten größere Zwischenräume gute Nahrungsbedingungen (also zumeist Sommer), enge Abstände wenig Futter und daher geringes Wachstum (also normalerweise Winter), wobei die im Winter gebildeten Zuwachsringe als Annuli bezeichnet werden. Neben den Schuppen können aber auch noch andere verknöcherte Teile des Fischkörpers zur Altersbestimmung herangezogen werden; hier sind vor allem die Kiemendeckelknochen, die Otolithen und die Flossenstrahlen zu nennen.

Auf den Flanken der meisten Fische verläuft das sogenannte Seitenlinienorgan. Dabei handelt es sich um einen langen, mit zahlreichen Sinneszellen ausgestatteten Kanal, der unter der Haut liegt, aber über eine Reihe von Poren mit der Außenwelt verbunden ist. Die Hauptaufgabe des Seitenlinienorgans besteht darin, Druckänderungen im Wasser wahrzunehmen. Verzweigungen dieses Systems erstrecken sich normalerweise bis zur Kopfregion, wo sie oft mit weiteren sensorischen Organen verbunden sind.

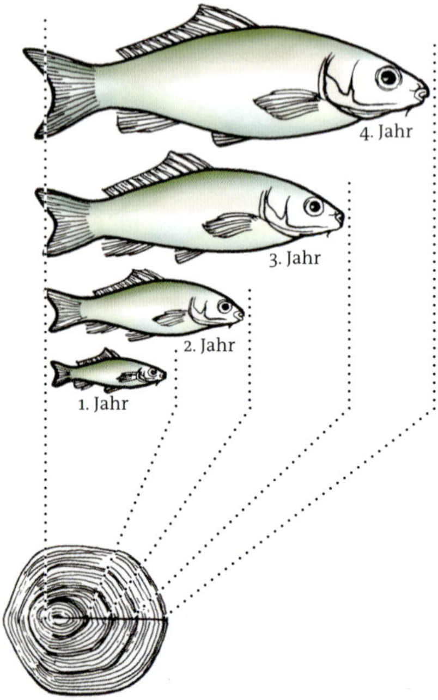

◀ Zusammenhang zwischen Körperlänge und Wachstumsringen der Schuppen bei einem Karpfenfisch

Flossen

Die Abbildung unten zeigt die typische Flossenanordnung eines Fisches. Normalerweise sind zwei Sätze paariger Flossen vorhanden, die Brust- und Bauchflossen, die sich alle an der Bauchseite befinden und den Vorder- bzw. Hinterbeinen der Landwirbeltiere entsprechen. Ebenfalls auf der Unterseite sitzt die unpaare Afterflosse, während sich die Rückenflosse, die bei manchen Arten aus zwei Teilen besteht oder in zwei separate Flossen (oder auch nur einzelne Flossenstrahlen) aufgegliedert ist, auf der Oberseite befindet. Hinter der Rückenflosse sitzt bei vielen Angehörigen der Salmonidae und einigen verwandten Familien eine kleine fleischige, strahlenlose Flosse, die sogenannte Fettflosse. Der hintere Teil des Fischkörpers, die Schwanzregion, verjüngt sich zu einem Schwanzstiel, an dem die Schwanzflosse sitzt. Die Stützelemente der Flossen werden Flossenstrahlen genannt; sie können verzweigt oder unverzweigt sein und werden oft zur Bestimmung herangezogen.

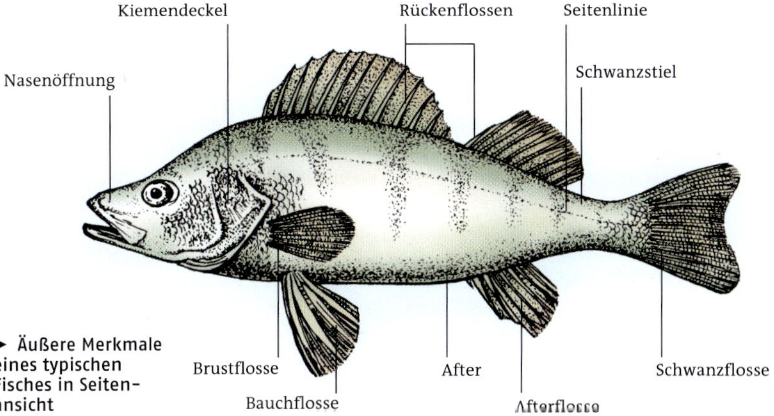

► **Äußere Merkmale eines typischen Fisches in Seitenansicht**

Innere Organe

Im Inneren des Fischkörpers gibt es eine Reihe von anatomischen Merkmalen, die man ebenfalls kennen sollte. So besitzen Fische, genau wie alle anderen Wirbeltiere, eine verknöcherte, aber flexible Wirbelsäule, die den Körper stützt. An ihr sitzen der Kopf und die Flossen sowie vor allem im Bereich der Flanken zahlreiche Muskelsegmente, die teilweise von feinen Knochen (Gräten) durchsetzt sind und der Fortbewegung dienen – sie sind der Grund dafür, dass Fische eine begehrte Nahrung für den Menschen und zahlreiche Tiere sind.

Unterhalb der Wirbelsäule befindet sich die große Leibeshöhle mit vielen lebenswichtigen Organen (siehe S. 28 oben). Dazu gehört der Verdauungstrakt, der gleich hinter dem Rachen mit der Speiseröhre (Ösophagus) beginnt, die direkt in den Magen führt. Dort verweilt die aufgenommene Nahrung einige Zeit, bevor sie zur Verdauung in den Darm weitergeleitet wird; unverdautes Material scheiden die Tiere dann über den Enddarm (Rektum) und den After als Kot aus. Unterhalb des Verdauungstraktes liegt die fettreiche Leber, die vom Menschen als Nahrung oder zur Gewinnung eines vitaminreichen Öls genutzt werden kann.

Weiter hinten in der Leibeshöhle sitzen die Geschlechtsorgane (Gonaden), die bei den meisten Arten relativ primitiv gebaut sind, denn sie bestehen häufig nur aus zwei Röhren, die in die Geschlechtsöffnung neben dem After münden. Das Geschlecht vieler Fische lässt sich nur anhand dieser Organe

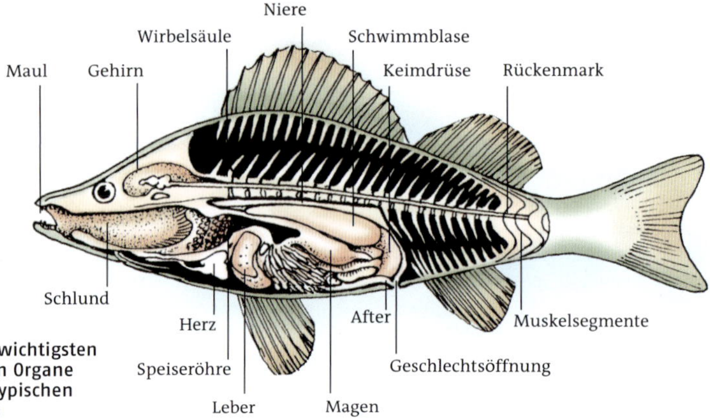

► **Die wichtigsten inneren Organe eines typischen Fisches**

bestimmen, wobei die Ovarien zahlreiche kugelförmige, oft gelbliche oder orangefarbene Eier enthalten, so dass man sie leicht von den zumeist glatten, weißlichen Hoden der Männchen unterscheiden kann.
Direkt unterhalb der Wirbelsäule liegen bei den meisten Arten die Nieren und die Schwimmblase. Letztere dient dazu, über Veränderungen des Volumens mit Hilfe von Gasen den Auftrieb zu regulieren. Dies hat den Vorteil, dass die Tiere keine Energie aufwenden müssen, um ihre Position im Wasser zu halten. Unterhalb des Kopfes und direkt hinter den Kiemen sitzt das Herz, mit dem sauerstoffreiches Blut durch den Körper der Fische gepumpt wird.

Im Kopf liegt, durch Schädelknochen gut geschützt, das Gehirn. Auch wenn es viel einfacher gebaut ist als das der Vögel oder Säugetiere, so handelt es sich dennoch um ein sehr komplexes Organ (siehe Abbildung unten). An der Hinterseite des Kopfes, ebenfalls von Knochen umgeben, liegt das Innenohr (Labyrinth) mit den Bogengängen, die eine wichtige Rolle beim Erhalten des Gleichgewichts spielen. Außerdem enthalten sie bläschenartige Erweiterungen, in denen die Gehörsteinchen (Otolithen) liegen, die aus Kalziumkarbonat bestehen und ebenso wie die Schuppen jedes Jahr ein wenig wachsen, so dass man sie zur Altersbestimmung verwenden kann.

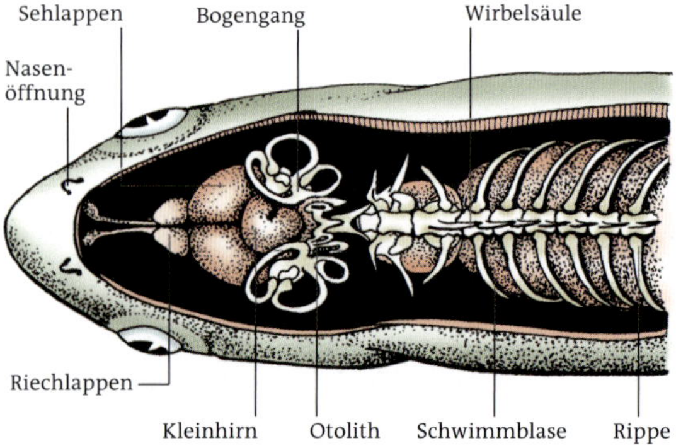

◄ **Gehirn und Gleichgewichtsorgane eines Cypriniden (Karpfenfisches), von oben**

Verdauung

Wie alle Tiere benötigen auch Fische ausreichend Nahrung zum Leben und Wachsen. Zwar stammt diese Nahrung ursprünglich immer von Pflanzen, aber da viele Fische in der Nahrungskette ziemlich weit oben stehen, erhalten sie ihre Nährstoffe häufig auch indirekt durch die Aufnahme von Wirbellosen oder anderen Tieren. Durch Beobachtungen in der Natur, aber auch durch Laborversuche haben Biologen viele Einzelheiten über das Fressverhalten, die Art der Nahrung und den jeweiligen Nährwert für einzelne Fischarten herausgefunden, wobei diese Forschungen häufig in Verbindung mit der kommerziellen Fischzucht durchgeführt wurden, auf die später eingegangen wird.

Das Maul und der Verdauungstrakt von Fischen, die beide an die speziellen Ernährungsgewohnheiten der jeweiligen Art angepasst sind, wurden bereits kurz beschrieben. So sind Speiseröhre und Magen beispielsweise bei räuberisch lebenden Fischen stark dehnbar, damit sie eine relativ große Beute problemlos als Ganzes herunterschlucken können. Die Hauptaufgabe des Verdauungssystems liegt darin, die Nahrung so aufzuspalten, dass sie von der Darmwand absorbiert und dann im Stoffwechsel und für das Wachstum verwendet werden kann. Dabei wirken verschiedene Enzyme, die vom Darm und bestimmten Anhangdrüsen produziert werden, auf die Nahrung ein. Besonders wichtig ist in diesem Zusammenhang die Leber, die Gallensäfte produziert und auch an der Speicherung und Verarbeitung absorbierter Nährstoffe beteiligt ist.

Muskeln in der Darmwand sorgen durch peristaltische Bewegungen dafür, dass die Nahrung im Darm weiterbewegt wird. Dort findet auch hauptsächlich die Aufnahme der Nährstoffe statt; anschließend gelangen sie in Form löslicher Fette, Proteine und Kohlenhydrate in den Blutkreislauf, um dann beispielsweise Energie für Fortbewegung und Wachstum zu liefern oder um alte Zellen zu regenerieren oder zu ersetzen. Da die Körpertemperatur eines Fisches von der jeweiligen Umgebung abhängt, verlaufen diese Stoffwechselprozesse bei höheren Wassertemperaturen schneller als bei niedrigeren. Die Effizienz des Nahrungsumsatzes kann sehr unterschiedlich sein, denn sie hängt von verschiedenen Faktoren ab. Unter den vergleichsweise optimalen Bedingungen einer Zuchtanlage können Regenbogenforellen zum Beispiel einen Umsetzungsfaktor von etwa 3,5 haben, das heißt, sie nehmen jeweils mit 3,5 kg gefressener Nahrung 1 kg an Gewicht zu.

Wachstum

Das Wachstum von Fischen hängt eng mit der Qualität und Menge der aufgenommenen Nahrung zusammen, aber es gibt auch noch zahlreiche andere Faktoren (Lebensraum, Temperatur usw.), die ebenfalls eine Rolle spielen können. Erstaunlich ist die außergewöhnliche Anpassungsfähigkeit der Fische, wenn es um das Wachstum geht. Ist ausreichend Nahrung vorhanden und sind auch die übrigen Bedingungen optimal, wachsen Fische in einem beachtlichen Tempo. Dagegen werden unter ungünstigen Voraussetzungen nur die Lebensfunktionen aufrechterhalten, das Wachstum aber völlig eingestellt. Dies steht im deutlichen Gegensatz zu den meisten Vögeln und Säugetieren, die in dieser Hinsicht viel weniger anpassungsfähig sind und meist schon nach einer relativ kurzen Hungerphase sterben. Ein weiterer Unterschied ist, dass Fische – im Gegensatz zu Vögeln und Säugetieren – auch nach Erreichen der Geschlechtsreife nicht aufhören zu wachsen. Viele kleine Fische, besonders tropische Arten, leben häufig nur ein oder zwei Jahre, während große Fische durchaus 30 Jahre oder älter werden können.

Blutkreislauf

Der Blutkreislauf spielt auch bei den Fischen eine wichtige Rolle für das Funktionieren der Verdauung, Atmung und Exkretion. Seine Hauptaufgabe ist es, Sauerstoff, Kohlendioxid, Mineral- und Nährstoffe

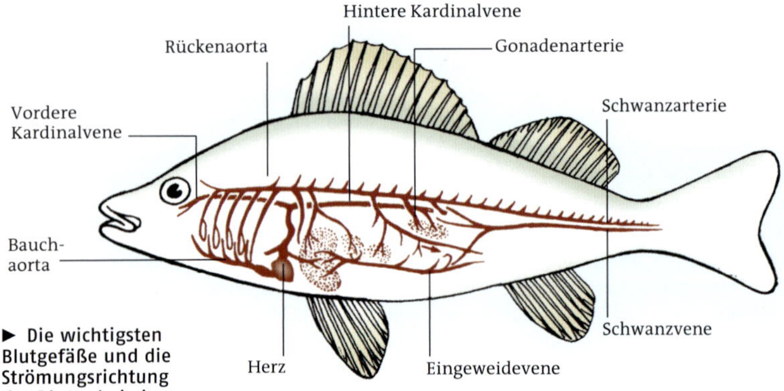

► **Die wichtigsten Blutgefäße und die Strömungsrichtung des Blutes bei einem typischen Fisch**

sowie Abfallprodukte zu transportieren. Ebenso wie bei anderen Wirbeltieren besteht das Blut der Fische aus flüssigem Plasma mit verschiedenen darin gelösten Substanzen sowie Blutzellen von zwei verschiedenen Typen: den weißen Lymphozyten und Leukozyten sowie den roten Erythrozyten, wobei Letztere hauptsächlich für den Sauerstofftransport verantwortlich sind. Die Blutmenge ist bei Fischen relativ gering, sie beträgt normalerweise nur etwa zwei bis drei Prozent des Körpergewichts (bei Säugetieren sind es in der Regel mehr als sechs Prozent).

Der vergleichsweise einfach gebaute Blutkreislauf besteht bei Fischen aus einem verzweigten Röhrensystem mit Herz, Arterien, Kapillargefäßen und Venen (siehe Abbildung oben). Das Herz pumpt das Blut in die Kiemen, die durchsetzt sind mit feinen Kapillaren, die in engem Kontakt zum sauerstoffreichen Wasser stehen, so dass Sauerstoff aufgenommen und Kohlendioxid abgegeben werden kann. Von dort fließt das Blut dann in Adern zu den verschiedenen Körpergeweben, bevor es über Venen zum Herzen zurückgeleitet wird, wobei ein Teil zunächst noch durch Leber und Nieren fließt.

Atmung

Bei der Atmung wird Sauerstoff aufgenommen und Kohlendioxid – ein in größeren Mengen anfallendes Abfallprodukt des Zellstoffwechsels – abgegeben. Bei Fischen spielen in diesem Zusammenhang die Kiemen, die den Lungen vieler terrestrischer Tiere vergleichbar sind, eine besonders wichtige Rolle; bei vielen ausgewachsenen Fischen und zahlreichen Jungfischen gibt es daneben aber auch noch eine zusätzliche Hautatmung.

Grundsätzlich lassen sich bei den Kiemen zwei Haupttypen unterscheiden: Bei den taschenartigen Kiemen der Neunaugen (und anderen Angehörigen der Kieferlosen) hat jeder Kiemensack eine eigene Öffnung zum Pharynx und nach außen. Dagegen befinden sich die Kiemen bei höheren Fischen auf Kiemenbögen, die beiderseits der Speiseröhre (Ösophagus) sitzen und entweder durch eine Reihe von Kiemenspalten (wie bei Haien bzw. Rochen) oder durch eine einzelne, mit einem Kiemendeckel geschützte Öffnung mit der Umgebung in Verbindung stehen. Bei einigen Arten – etwa solchen, die häufig Trockenperioden überstehen müssen – gibt es außerdem ganz spezielle Atmungsorgane, bei denen der Darm oder auch die Schwimmblase einbezogen sind. Das Ziel ist aber bei allen

Systemen gleich: Über die Kiemenkapillaren möglichst viel Blut mit dem Atemwasser in Kontakt zu bringen. Dazu öffnet der Fisch das Maul und lässt Wasser einströmen, bis Mund- und Rachenhöhle gefüllt sind. Danach wird das Wasser dann durch Schließen des Mauls über die Kiemen und an den jetzt geöffneten Kiemendeckeln vorbei nach außen geleitet. Normalerweise fließt das Atemwasser immer in einer Richtung, außer bei den Neunaugen, bei denen das Ansaugen an ihr Opfer den Eintritt des Wassers ins Maul verhindert. Daher leiten sie es durch Pumpbewegungen der Rachenhöhle zu den Kiemen und anschließend an der gleichen Stelle wieder hinaus. Noch effektiver wird das Atmungssystem der Fische dadurch, dass der Blutfluss in den Kiemen und der Wasserfluss außerhalb in entgegengesetzter Richtung erfolgt, denn das Blut fließt vom Herzen aus nach vorn, während das Atemwasser vom Maul aus nach hinten strömt.

Der größte Teil des im Blut gelösten Sauerstoffs wird von den roten Blutzellen transportiert, die sehr viel mehr Sauerstoff aufnehmen können als ein entsprechendes Wasservolumen. Gleichzeitig mit der Sauerstoffaufnahme wird Kohlendioxid abgegeben – das Blut, das von den Kiemen zu den Geweben fließt, ist also sauerstoffreich und kohlendioxidarm.

Exkretion

Eine weitere Funktion der Kiemen ist die Aufnahme und Abgabe verschiedener Salze, denn Fische können Abfallstoffe auf ganz unterschiedliche Weise ausscheiden. Neben den Kiemen spielt in diesem Zusammenhang der Darm, über den der Kot entsorgt wird, eine wichtige Rolle, aber noch mehr die Nieren, mit deren Hilfe lösliche Abfallprodukte über spezielle Kanäle ins Wasser abgegeben werden. Nieren haben bei Fischen sogar eine doppelte Funktion: die Ausscheidung unerwünschter Substanzen und die Kontrolle des Wasser-Salz-Gleichgewichts. Wichtig ist dies, weil sich das Blut der Fische stets in einem konstanten und dynamischen Gleichgewicht mit der Umgebung befindet und somit auf Veränderungen der Salzkonzentration im Wasser reagiert. Dafür verantwortlich ist die sogenannte Osmose – ein Prozess, der in Flüssigkeiten, die durch eine semipermeable („halbdurchlässige") Membran getrennt sind, dafür sorgt, dass Wasser so lange von der geringer konzentrierten Lösung zur höher konzentrierten fließt, bis die Konzentration ausgeglichen ist. Da Meerwasser eine höhere Salzkonzentration hat als Blut, wird den dort lebenden Fischen ständig Wasser entzogen (hauptsächlich über die Kiemen), so dass sie regelmäßig Wasser trinken müssen, um die Verluste auszugleichen. Dagegen nimmt das Blut von Süßwasserfischen ständig Wasser auf, das dann über die Nieren wieder ausgeschieden werden muss. Daher können die meisten Süßwasserfische auch nicht einfach ins Meer abwandern oder umgekehrt, es sei denn, sie besitzen spezielle exkretorische Anpassungen.

Die Nieren der Fische setzen sich aus zahlreichen kleinen Röhren (Tubuli) zusammen. Diese wirken unter dem Druck des Blutes wie winzige Filter, die verschiedene, hauptsächlich stickstoffhaltige Salze aus dem Blut herausfiltern und diese dann – zusammen mit dem überschüssigen Wasser – über die Nierenkanälchen nach außen abgeben. Die dafür notwendige Öffnung liegt in Afternähe.

Ebenso wie bei anderen Wirbeltieren setzt sich auch das Verhalten der Fische aus angeborenen und erlernten Verhaltensweisen zusammen. Erstere spielen im Leben der Fische die weitaus größere Rolle, auch wenn man die Lernprozesse nicht unterschätzen darf. Dies lässt sich beispielsweise beim Besuch einer modernen Fischfarm beobachten, wo die gezüchteten Fische schnell lernen, sich an den üblichen Fütterungsstellen zu versammeln oder die Fütterung sogar durch Drücken eines Hebels selbst auszulösen.

Schwarmbildung

Eine der einfachsten angeborenen Verhaltensweisen ist die Schwarmbildung, die dazu führt, dass manchmal tausende von Einzeltieren ständig in einer Gruppe zusammenleben. Damit unterscheiden sie sich beträchtlich von den solitären Arten, die außerhalb der Paarungszeit Einzelgänger sind. Häufig handelt es sich bei diesen Fischen um relativ große, räuberisch lebende Arten (wie den Hecht), bei denen das Einzelgängerdasein nicht zuletzt darauf zurückzuführen ist, dass große Exemplare regelmäßig kleinere Artgenossen fressen, die bei knappem Nahrungsangebot sogar ihre wichtigste Beute sein können.

Zu den Schwarmfischen gehören dagegen häufig kleinere Pflanzen- oder Allesfresser, die vorzugsweise im offenen Wasser leben. Ein Beispiel dafür ist die Plötze, bei der sich die Jungfische gleich nach dem Schlüpfen zu Schwärmen zusammenschließen. Nachts oder manchmal auch während der Nahrungssuche kann sich diese Einheit vorübergehend etwas zerstreuen, schließt sich dann aber – vor allem bei Gefahr – schnell wieder zusammen. Die Eiablage findet ebenfalls häufig im Schwarm statt, wobei die Tiere oft zuvor an eine bestimmte Stelle eines Sees oder Fließgewässers wandern, um dort ihre Eier abzulegen.

Der Vorteil des Schwarmverhaltens liegt darin, dass die Tiere in der Gruppe besser geschützt sind, denn es ist für Raubfische

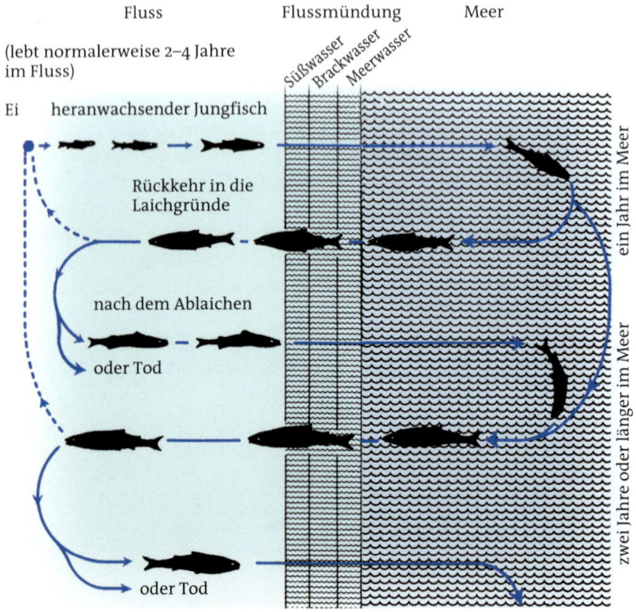

◀ **Lebenszyklus des Atlantischen Lachses**

► Lebenszyklus des Aals (im Uhrzeigersinn von unten links): Junge Larve verlässt die Laichgebiete im Bereich der Sargassosee; heranwachsende Larve (Leptocephalus-Stadium) lässt sich über den Atlantik treiben; in die europäischen Flüsse wandernder Glasaal; ausgewachsener Aal kehrt zum Ablaichen in die Sargassosee zurück.

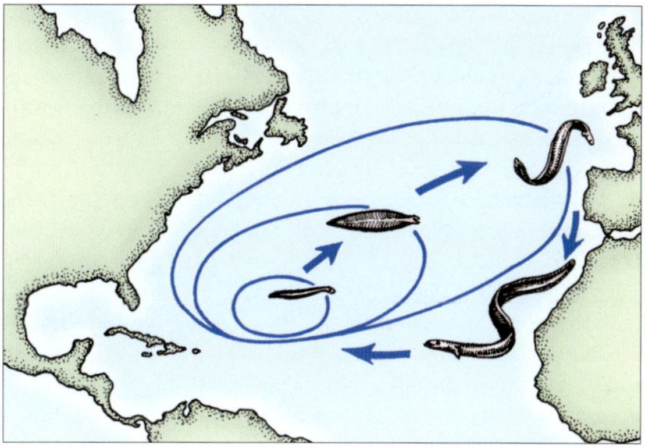

sehr viel schwieriger, sich einem Schwarm unbemerkt zu nähern. Aber auch eine neue Nahrungsquelle, die vielleicht nur von einem der Schwarmmitglieder entdeckt wird, kommt häufig allen zugute. Manchmal finden sich Fische aber auch nur zufällig in größerer Zahl zusammen, ohne dass es zu Wechselwirkungen oder typischen Reaktionen zwischen den Einzeltieren kommt. Ein Beispiel dafür sind Störe, die sich im Winter oft an tiefen Stellen eines Sees oder Flusses versammeln, um dort viele Wochen in einer Art Starre zu verharren.

Wanderungen

Diese Verhaltensweise einiger Fischarten fasziniert Fischbiologen, aber auch viele andere Menschen in ganz besonderer Weise. Tatsächlich unternehmen viel mehr Arten regelmäßige Wanderungen, als weithin angenommen wird. Oft handelt es sich dabei aber nur um kürzere Strecken, so dass die erstaunliche Orientierungsfähigkeit, wie man sie von einigen der bekannten Wanderfische kennt, nicht notwendig ist. Zu diesen Arten gehört die Seeforelle, die in vielen europäischen Seen vorkommt. Typisch für diese Fische ist, dass ausgewachsene Exemplare ein territoriales Verhalten zeigen, also einen großen Teil des Jahres einen kleinen Bereich ihres Lebensraumes gegen Artgenossen verteidigen. Im Herbst ziehen sie dann aber in die Mündungsgebiete der Flüsse und anschließend stromaufwärts bis in ihre Laichgründe, wobei sie in der Regel genau den Fluss wiederfinden, in dem sie selbst geschlüpft sind.

Bei Lachsen liegt ein vergleichbares Wanderverhalten vor, wobei aber ganz andere Entfernungen und zum Teil beachtliche Hindernisse überwunden werden müssen. So erreichen viele Atlantische Lachse im Seegebiet vor Grönland ihre Geschlechtsreife, um anschließend hunderte von Kilometern zur europäischen oder nordamerikanischen Küste zurückzulegen, bis sie den Fluss erreichen, in dem sie einst geschlüpft sind (siehe Abbildung S. 32). Zusätzlich gilt es im Mündungsbereich mit starken Schwankungen des Salzgehaltes und neuerdings auch mit der zunehmenden Gewässerverschmutzung fertig zu werden und zudem auf dem Weg zu den Quellflüssen beträchtliche Hindernisse, darunter über zwei Meter hohe Wasserfälle, zu überwinden. Zwar gibt es inzwischen eine Reihe von Untersuchungen zum Wanderverhalten der Lachse, aber viele Einzelheiten sind weiterhin ungeklärt. Immerhin glaubt man aber zu wissen, dass die Tiere sich in ihren langen Wanderungsphasen, etwa auf dem Weg durchs Meer, an physikalischen Parametern orientieren, wie der Strömung, während bei der Erkennung des richtigen Laichgewässers die Wasserchemie eine größere Rolle spielt.

Arten, die wie der Atlantische Lachs ins Süßwasser ziehen, um sich dort fortzupflanzen, und deren Nachkommen nach der Geschlechtsreife wieder ins Meer abwandern, nennt man anadrome Wanderfische. In diese Gruppe gehören auch der Stör, das Meerneunauge, der Maifisch und einige andere. Dagegen zeigen katadrome Wanderfische das genau entgegengesetzte Verhalten. Sie wachsen also im Süßwasser auf, um dann flussabwärts ins Meer zu ziehen und dort abzulaichen. Aale und einige Flunderpopulationen sind Mitglieder dieser Gruppe (siehe Abbildung S. 33).

Fortpflanzung

Zur Fortpflanzungszeit nimmt das Verhalten der Fische besonders komplizierte und oft sogar bizarre Formen an, und bei vielen Arten ist es nun überhaupt erst möglich, die Geschlechter zu unterscheiden. So wirken Weibchen durch die jetzt zahlreich vorhandenen Eier häufig etwas rundlicher, während die Männchen oft eine kräftigere Färbung bekommen oder auch einen Laichausschlag. Dabei handelt es sich um kleine helle Knötchen, die zumeist im Kopfbereich, manchmal auch an den Flossen oder am Körper geschlechtsreifer Tiere auftreten. Besonders häufig findet man einen Laichausschlag bei den Karpfenfischen (Cyprinidae), er tritt aber auch bei einigen anderen Familien auf, zum Beispiel bei den Renken (Coregonidae). Außerdem kann man während der Paarungszeit eine Reihe typischer Verhaltensweisen beobachten. So sind viele Fische gegenüber Artgenossen oder potenziellen Laichräubern jetzt besonders aggressiv, einige bauen komplizierte Nester, andere bewachen die Jungfische, bis sie für sich selbst sorgen können.

Bei der Mehrzahl der Cypriniden kümmern sich die Elterntiere nicht weiter um den Nachwuchs, sieht man einmal vom Bitterling ab, der eine hoch entwickelte Brutfürsorge betreibt. Bitterlinge sind kleine, unscheinbare Fische, die in Teichen, Kanälen und ruhigen Fließgewässern leben. Die meiste Zeit des Jahres unterscheiden sich die Geschlechter kaum, aber zu Beginn der Laichzeit im späten Frühjahr wird das Männchen deutlich farbenprächtiger, wenn sich Teile des Körpers und der Flossen auffällig blau und rot verfärben; beim Weibchen bildet sich gleichzeitig eine lange, dünne, biegsame Legeröhre an der Genitalöffnung. Außerdem grenzen Paare nun ein Revier ab, und zwar an einer Stelle, wo eine Süßwassermuschel lebt. In die Einströmöffnung dieser Muschel legt das Weibchen dann nach vorausgegangener Balz mit Hilfe der Legeröhre ein oder mehrere Eier ab, die sofort vom Männchen befruchtet werden (siehe Abbildung). Anschließend wiederholt sich dieser Prozess, bis alle Eier abgelegt sind, die sich dann, von der Muschel mit Sauerstoff versorgt, gut geschützt entwickeln können, bis die Jungen ausschlüpfen und ins Freie schwimmen. Nach der Laichzeit verschwinden die äußeren Geschlechtsmerkmale wieder, und die Tiere verlieren auch jegliches Interesse an Muscheln.

Eines der am besten untersuchten Beispiele von Sexual-

◄ Laichverhalten des Bitterlings

► **Ritualisiertes Balzverhalten des Dreistachligen Stichlings (nach Tinbergen)**

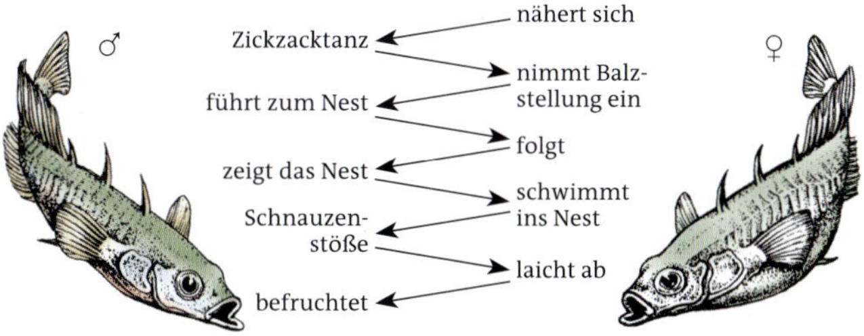

verhalten im gesamten Tierreich ist das des Dreistachligen Stichlings. Außerhalb der Paarungszeit sehen beide Geschlechter unauffällig graugrün aus. Im Frühjahr verfärbt sich das Männchen an Bauch und Kehle leuchtend rot und bekommt schillernd blaugrüne Augen und Flanken, während das nun silberfarbene Weibchen deutlich an Körperumfang zunimmt. Außerdem wird das schon ganzjährig recht aggressive Männchen jetzt noch angriffslustiger und vertreibt alle Eindringlinge aus dem abgegrenzten Revier, in dem es nun auch das Nest baut. Dazu hebt es eine kleine Grube im Boden aus, in der dann das röhrenförmige Nest aus Pflanzenteilen errichtet wird. Außerdem beginnt das Männchen alle laichbereiten Weibchen der Umgebung unermüdlich anzubalzen, um sie zum Nest zu locken, wo die Eier abgelegt und befruchtet werden. Für gewöhnlich wiederholt sich dieser Vorgang mit zwei oder drei weiteren Weibchen; das Nest wird anschließend vom Männchen allein bewacht und betreut. Aber auch nach dem Schlüpfen kümmert es sich noch einige Tage um die Jungen, bis diese schließlich gut genug schwimmen und für sich selbst sorgen können. Nach der Laichzeit geben die Stichlingsmännchen das Revier auf und verlieren ihre Färbung.
Genaue Untersuchungen dieses Verhaltens haben gezeigt, dass es völlig stereotyp abläuft, wobei jede Teilhandlung nur dann stattfindet, wenn sich zuvor ein bestimmter Auslösemechanismus einstellt. Der genaue Ablauf ist in der Abbildung oben schematisch dargestellt. So führt das Männchen bei Anwesenheit eines laichreifen Weibchens einen charakteristischen Zickzacktanz auf, wobei die auslösenden Merkmale des weiblichen Tieres offenbar die silberne Färbung und die rundliche Körperform sind, denn die Männchen zeigen ihr Verhalten auch gegenüber ähnlich aussehenden Attrappen. Jede typische Körperstellung oder Bewegung des einen Partners löst dann die nächste Handlung des anderen Tieres aus, bis die ganze Sequenz abgelaufen ist, wenn sie nicht durch eine fehlende Reizantwort unterbrochen wird.

Nahrungsaufnahme

Auch das Verhalten von Fischen bei der Nahrungsaufnahme ist für Biologen und Angler von größtem Interesse. Hier zeigen die Tiere das größte Lernvermögen, wobei viele Arten dank ihrer Anpassungsfähigkeit die unterschiedlichsten Gewässer besiedeln konnten. Bei manchen Arten, etwa beim räuberisch lebenden Zander oder auch bei Filtrierern, beispielsweise Neunaugenlarven, ist das Fressverhalten stark instinktgebunden und stereotyp, während andere sehr viel anpassungsfähiger sind. So suchen Forellen oft an einem Tag am Gewässergrund nach Wirbellosen, während sie diese am nächsten Tag völlig ignorieren und stattdessen in Ufernähe lebende Eintagsfliegen erbeuten. Am dritten Tag nutzen sie dann möglicherweise keine dieser beiden Nahrungsquellen, sondern fressen auf die Wasseroberfläche gefallene Insekten. Daher sind die anpassungsfähigeren Fischarten in der Lage, unter sich ändernden Bedingungen die am leichtesten zugängliche Nahrung als Energiequelle zu nutzen.

Samenzellen und Eier

Fast alle europäischen Fische sind ovipar, das heißt, Männchen und Weibchen geben Samen (Milch) bzw. Eier (Rogen) gleichzeitig und nah beieinander ins Wasser ab und nach der Befruchtung durchläuft das Ei seine weitere Entwicklung völlig unabhängig von den Elterntieren, auch wenn diese das Gelege unter Umständen beschützen und umsorgen. Allerdings gibt es auch Ausnahmen von dieser Regel, etwa Texaskärpfling und Guppy. Bei ihnen ist die Afterflosse der Männchen zu einem Begattungsorgan (Gonopodium) umgewandelt, mit dem die Eier im Körper des Weibchens befruchtet werden, so dass sich die Jungen dort gut geschützt entwickeln können und anschließend lebend zur Welt kommen. Sie werden aber während der Entwicklung von der Mutter nicht mit Nährstoffen versorgt.

Bei allen anderen europäischen Arten besteht das Fortpflanzungssystem im Wesentlichen aus paarigen Keimdrüsen (Gonaden), also Eierstöcken (Ovarien) beim Weibchen und Hoden (Testikeln) beim Männchen, sowie zur Geschlechtsöffnung führenden Kanälen. Die Zahl der von einem weiblichen Fisch produzierten Eier nimmt in der Regel mit der Größe des Tieres zu. So legen kleine Fische wie der Dreistachlige Stichling oder der Bitterling, deren Nachwuchs sich gut geschützt entwickeln kann, bei jedem Laichvorgang nur relativ wenige (50–100) Eier, während es bei größeren Arten, deren Laich frei und ungeschützt ins Wasser abgegeben wird, weitaus mehr sein können, beispielsweise bis zu einer Million bei der Flunder.

Die Fortpflanzung ist bei fast allen europäischen Fischen ein zyklischer, normalerweise an die Jahreszeiten gebundener Prozess. Kontrolliert wird sie durch Hormone, deren Sekretion von äußeren Faktoren wie Temperatur und Tageslänge abhängt. Die Gonaden, besonders die Ovarien, können sich im Verlauf des Jahres in Größe und Aussehen beträchtlich verändern. Am kleinsten sind sie unmittelbar nach der Laichzeit, ihre maximale Größe erreichen sie direkt vor der nächsten Eiablage (siehe Abbildung S. 37). Die Dauer der Laichzeit ist zwar normalerweise relativ kurz (meist nur wenige Wochen), der Zeitpunkt der Fortpflanzung schwankt aber bei den verschiedenen Arten erheblich; daher ist in Europa praktisch das ganze Jahr hindurch Laichzeit für irgendeine Fischart.

Eiablage und -entwicklung

Die Umstände, unter denen die Jungfische schlüpfen, sind bei den einzelnen Arten oft recht unterschiedlich. So bauen viele Fische ein Nest, in dem die Eier während ihrer Entwicklung relativ geschützt sind. Dabei kann es sich um eine einfache Mulde im Bodengrund handeln, wie beim Sonnenbarsch, oder auch um eine Vertiefung, die nach der Eiablage noch mit Substrat abgedeckt wird, wie beim Atlantischen Lachs oder bei der Seeforelle. Manche Arten legen aber auch kleine Höhlungen unter Steinen an, etwa die Groppe, oder bauen ein aufwendiges Nest aus Pflanzenteilen, wie der Dreistachlige Stichling. Einige Fische bewachen das Gelege und oft auch noch die Jungfische (Sonnenbarsch), andere überlassen die Nester sofort nach dem Ablaichen sich selbst (Atlantischer Lachs).

Sehr häufig erfolgt die Eiablage aber nicht in Nestern, sondern frei. Solche Arten produzieren manchmal Eischnüre, die sich in Pflanzen verfangen; bei anderen sind die Eier klebrig, so dass sie an Steinen (Stör), Pflanzen (Karpfen, Hecht) oder auch an Sand und Wurzeln (Gründling, Steinbeißer) haften bleiben. Weitere Formen sind die bereits beschriebene Eiablage des Bitterlings (siehe S. 34) in einer Muschel und schließlich das Ablaichen im offenen Wasser, wobei die Eier entweder schweben, wie bei der Goldmeeräsche, oder zu Boden sinken, wie bei der Kleinen Maräne.

Die Zeit bis zum Schlüpfen der Jungfische kann nicht nur bei verschiedenen Arten recht unterschiedlich sein, sondern schwankt in Abhängigkeit von der vorherrschenden Temperatur auch innerhalb einer Art oft ganz beträchtlich. Normalerweise entwickeln sich die Larven von Fischen, die im Frühjahr und besonders im Sommer ablaichen, sehr schnell – beim Karpfen innerhalb von drei bis fünf Tagen. Dagegen kann die Entwicklung bei Arten, die ihre Eier im Herbst oder Winter ablegen, etwa beim Atlantischen Lachs, bis zu 150 Tage oder länger dauern.

Während der Entwicklung kommt es im Ei zu gravierenden Veränderungen. Zunächst besteht der größte Teil des Inhalts noch aus Dotter, denn die aus der Vereinigung von Ei

▼ **Typischer Ovarialzyklus des Fischweibchens (Bauchseite aufgeschnitten)**

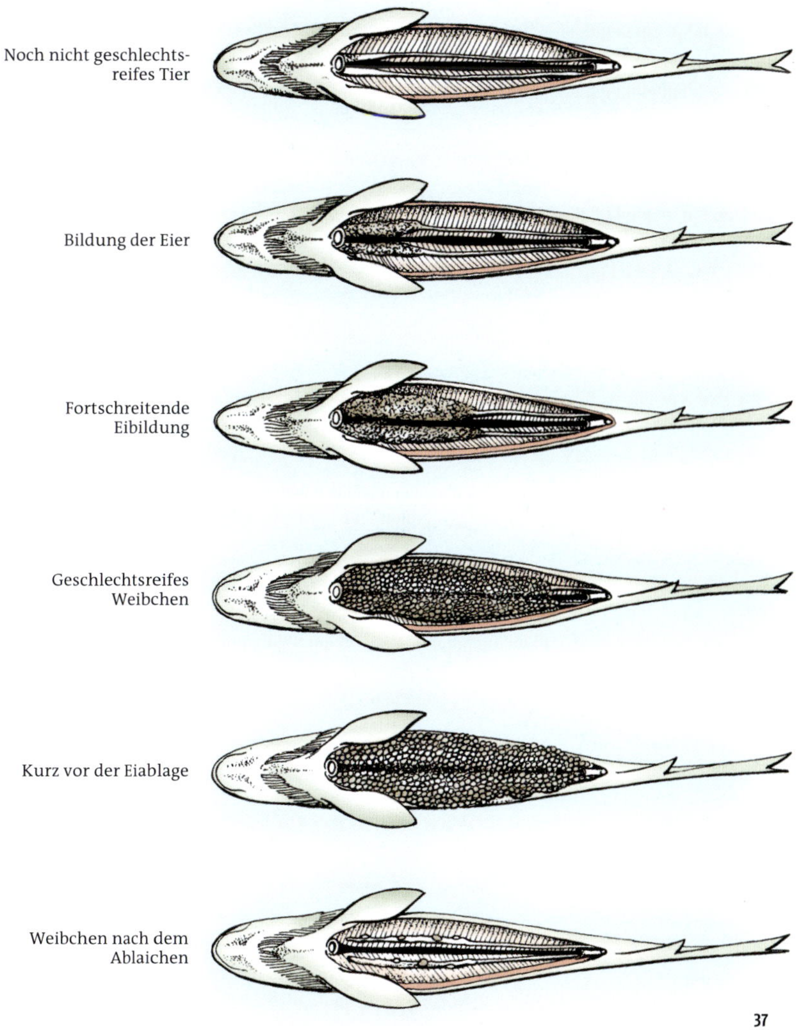

und Spermium entstandene Zelle ist noch sehr klein. Während der Embryo heranwächst, wird der Dottervorrat allmählich verbraucht, bis schließlich nur noch eine kugelige Membran mit einem kleinen, zusammengekrümmten Fisch vorhanden ist, bei dem man jetzt bereits die Augen und das schlagende Herz erkennen kann.

Nach dem Schlüpfen schwimmen manche Fische, etwa junge Renken, sofort davon, in den meisten Fällen ruhen sich die Jungfische aber zunächst noch einige Zeit an einem geschützten Ort aus, bis die Reste des Dottersacks vollständig absorbiert sind. Die Nachkommen des Atlantischen Lachses bleiben während dieser Phase unter dem Kies in ihrem Nest verborgen, während junge Hechte vorübergehend ein Haftorgan ausbilden, mit dem sie sich an Pflanzen anhängen können. Zuvor schwimmen die meisten Larven aber noch an die Wasseroberfläche, um dort ihre Schwimmblase mit Luft zu füllen.

Larven und Jungfische

Für die sehr jungen Fischstadien gibt es eine Reihe unterschiedlicher Namen, von denen viele sehr unpräzise sind. Soll das Stadium zwischen einem gerade geschlüpften und einem voll entwickelten Jungfisch beschrieben werden, wird zumeist die Bezeichnung Larve verwendet (siehe Abbildung unten). Das Larvenstadium kann einige Tage andauern, etwa beim Karpfen, aber auch mehrere Jahre, wie beim Aal oder Meerneunauge. Bei einigen Fischen, zu denen auch die gerade erwähnten gehören, sehen die Larven und die geschlechtsreifen Tiere so unterschiedlich aus, dass sie von Wissenschaftlern ursprünglich für verschie-

Junger Embryo

Heranwachsender Embryo

Absorption des Dotters

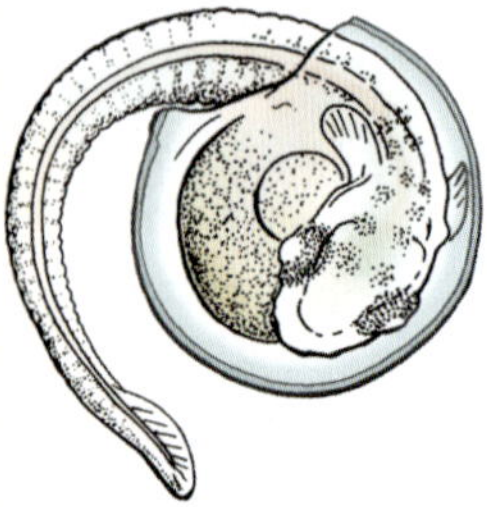
Schlüpfende Larve

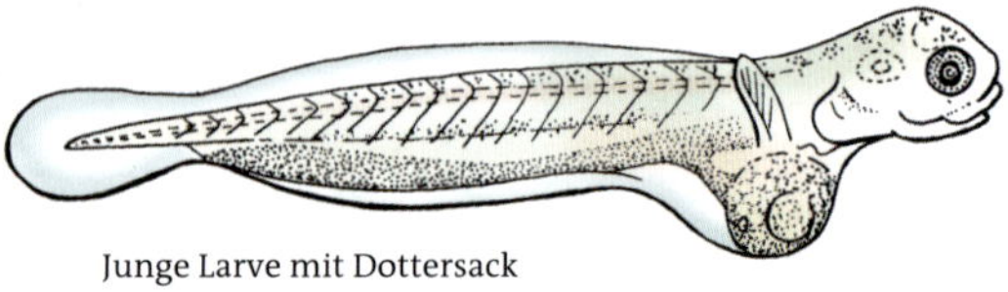
Junge Larve mit Dottersack

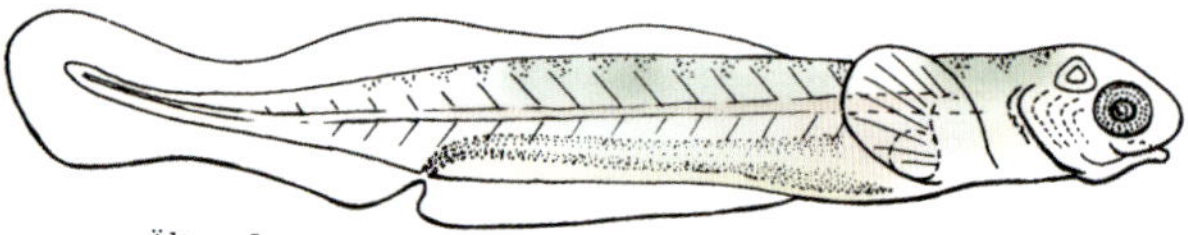
Ältere Larve

Jungfisch

▲ **Frühe Entwicklungsstadien bei der Renke (nach Slack et al.)**

dene Arten gehalten wurden. Das Larvenstadium selbst wird manchmal noch in prolarvales (der Dottersack ist noch vorhanden) und postlarvales (Dottersack ist nicht mehr vorhanden) eingeteilt. Typisch für die meisten Fischlarven ist der durchscheinende Körper, das Fehlen von Schuppen, aber auch das Vorhandensein großer Pigmentzellen und embryonaler, undifferenzierter Flossen. Nach dem Durchlaufen des Larvenstadiums ähneln die Jungfische dann weitgehend ihren Eltern, auch wenn bestimmte Eigenschaften, etwa die charakteristische Färbung oder äußere Geschlechtsmerkmale, erst bei ausgewachsenen Tieren voll ausgebildet sind. Dies ist insofern wichtig, als sich die aufgeführten Merkmale in den meisten Bestimmungsschlüsseln auf geschlechtsreife Exemplare der jeweiligen Art beziehen, so dass eine Einordnung junger Fische ohne spezielle Bestimmungsschlüssel oft nicht möglich ist (das gilt auch für dieses Buch).

Wachstum und Reifung

Das Alter bei Eintritt der Geschlechtsreife ist nicht nur bei verschiedenen Arten, sondern oft auch bei verschiedenen Populationen derselben Art sehr unterschiedlich. Normalerweise hängt die Geschlechtsreife mit der Größe der Fische zusammen, die wiederum durch das Wachstum bestimmt wird. So werden Tiere in schnell wachsenden Populationen häufig früher geschlechtsreif als solche in langsam wachsenden, wobei das Wachstum sowohl von der Nahrung als auch von der Wassertemperatur beeinflusst wird. Daher werden die Fische in kälteren Regionen zumeist später geschlechtsreif als die in wärmeren Landstrichen. Als Beispiel kann die Plötze dienen, die in Finnland die Geschlechtsreife erst nach fünf bis sechs Jahren erreicht, in Südeuropa nicht selten aber schon nach zwei bis drei Jahren.

Generell gilt außerdem, dass kleinere Arten die Geschlechtsreife schneller erreichen als größere, dafür aber im Allgemeinen auch früher sterben. Das gilt beispielsweise für die Stern-Kaulquappengrundel, die innerhalb eines Jahres geschlechtsreif wird und stirbt, während sich der Hausen erst nach 15 bis 20 Jahren fortpflanzt und anschließend oft noch weitere zehn Jahre lebt. Manche Fische laichen nur einmal ab, etwa der Atlantische Lachs, von dem sich nur wenige Exemplare ein zweites Mal fortpflanzen; beim Buckellachs und Aal sterben nach der Eiablage vermutlich sogar alle Tiere. Dagegen kann sich zum Beispiel die Forelle mehrmals fortpflanzen.

Die meisten europäischen Fischarten wachsen während der Sommermonate schneller als im Winter. Diese jahreszeitlichen Schwankungen führen auch zu einem unterschiedlich schnellen Wachstum der Schuppen und einiger Knochen, was für Fischereibiologen bei der Bestimmung des Alters und Wachstums von großem Wert ist. Das Wachstum selbst hängt von vielen Faktoren ab, wobei Nahrung, Temperatur und Erbanlagen die wichtigsten sind. Das Verständnis der genauen Zusammenhänge ist besonders für die Fischbestände in Angelgewässern und Fischfarmen wichtig (siehe Abbildung unten).

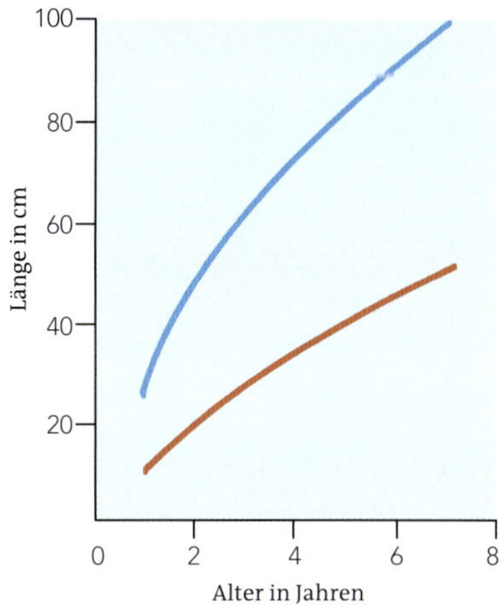

▲ Unterschiedliche Wachstumsraten beim Hecht. Blau: Lough Rea (Irland); rot: Dubh Lochan (Schottland)

Bei allen Fischen hängt das Wachstum natürlich von der verfügbaren Nahrung ab. So wachsen Karpfen in Teichen mit vielen Wirbellosen weitaus schneller als bei geringerem Angebot dieser Nahrungstiere. Verbessern lässt sich das Wachstum durch eine Verringerung der Individuenzahl im Teich oder durch einen Zuwachs an benthischen Organismen, also Tieren und Pflanzen, die am Grund des Teiches leben. Auch bei anderen Arten kann man Veränderungen durch die Qualität und Quantität der Nahrung feststellen. So kommt es zum Beispiel beim Atlantischen Lachs sofort nach der Wanderung vom Süßwasser ins Meer zu einer ganz beträchtlichen Wachstumsbeschleunigung. Ein anderes Beispiel sind Meer- und Seeforelle, die ihre ersten Lebensjahre zusammen in Flüssen verbringen und dort auch gleich schnell wachsen. Sobald die Meerforellen jedoch in Salzwasser ziehen, beginnen sie sehr viel schneller zu wachsen als die im Süßwasser bleibenden Seeforellen. Das Wachstum wird üblicherweise durch Gewichts- oder Längenmessung ermittelt. Die Länge lässt sich nach drei verschiedenen Methoden ermitteln (siehe Abbildung unten); am zuverlässigsten und gebräuchlichsten ist die Messung der Gabellänge.

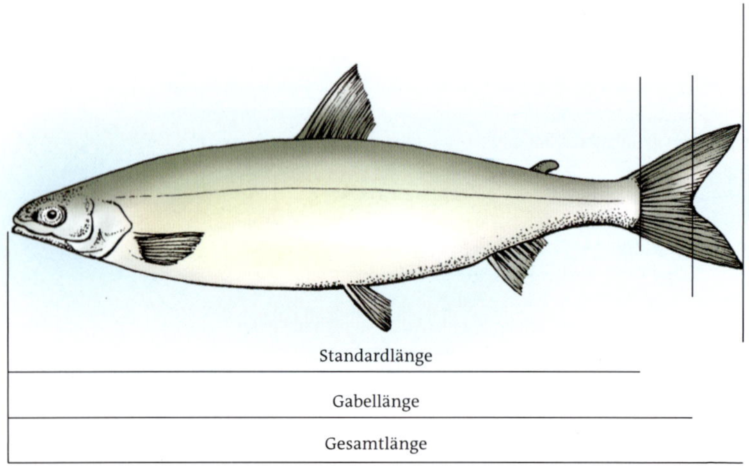

▲ Längenmessung bei Fischen

Die Ökologie beschäftigt sich mit den Wechselbeziehungen der Lebewesen untereinander und mit ihrer Umwelt, wobei es nicht nur um die physikalischen und chemischen, sondern auch um die biologischen Einflüsse geht, etwa durch die Vegetation des Biotops oder durch Räuber-Beute-Beziehungen. Nach Auffassung von Biologen beruht die Artbildung auf der unterschiedlichen Entwicklung von Tier- und Pflanzenarten über Generationen hinweg, bei der sich schließlich ein Typus herauskristallisiert, der in einer ganz bestimmten Umgebung besonders erfolgreich ist. Das gilt auch für die verschiedenen Fische, die auf diese Weise in die Lage versetzt wurden, ganz unterschiedliche Bereiche eines Gewässers zu besiedeln.

Gewässertypen

Grundsätzlich lassen sich bei Süßwasserbiotopen zwei Hauptkategorien unterscheiden: fließende und stehende Gewässer, wobei man erstere daran erkennt, dass sich das Wasser konstant in eine Richtung bewegt. Die Größe der Fließgewässer reicht von kleinen Rinnsalen über Bäche und Flüsse bis zu großen Strömen; Kanäle sind wichtige künstliche Fließgewässer. Zu den stehenden Gewässern rechnet man kleine (oft sogar austrocknende) Tümpel ebenso wie Weiher und große Seen, aber auch künstlich angelegte Teiche oder Stauseen.

Abgesehen von Stellen, wo Flüsse ins Meer münden, beeinflusst vor allem die geologische Beschaffenheit des Untergrundes die chemischen Eigenschaften der Gewässer. Grundsätzlich kann man sagen, dass Gewässer mit basischem Untergrund (Kalksteine, bestimmte Sandsteine) härteres Wasser enthalten als solche mit einem Untergrund aus inertem Material (Granite und andere vulkanische Gesteine). Gewässer der ersten Gruppe finden wir häufig im Tiefland, letztere eher im Gebirge. Einfluss auf die Wasserbeschaffenheit nimmt in vielen Fällen aber auch der Mensch, etwa durch landwirtschaftliche Nutzung.

Nach biologischen Kriterien lassen sich ebenfalls zwei Haupttypen unterscheiden: eutrophe und oligotrophe Gewässer. Erstere weisen nährstoffreiches, trübes, in der Regel basisches Wasser auf (pH-Wert über 7,0). In solchen Gewässern leben zahlreiche wirbellose Tiere, darunter Würmer, Blutegel, Schnecken, Muscheln und Krebse, sowie robuste Fische, etwa Arten aus der Familie Cyprinidae. In oligotrophen Gewässern ist das Wasser dagegen klar und typischerweise neutral bis leicht sauer (pH-Wert 7,0 oder darunter). Zur Wirbellosenfauna dieser Biotope gehören vor allem Insektenlarven, besonders Stein- und Eintagsfliegen sowie Mücken; typische Fische sind Arten aus der Familie Salmonidae. Mit den dystrophen Gewässern gibt es noch einen dritten Typ, der sich durch große Mengen an

▲ Oben: Loch Doine und Loch Voil, typische mesotrophe Gewässer mit Lachspopulationen. Unten: Ein Bergbach, in dem Lachse und Forellen heimisch sind

◄ Der Wye, ein Fluss in Wales mit gemischter Population aus Lachsfischen und anderen robusten Arten

Huminsäuren auszeichnet, die aus Torfablagerungen stammen und das Wasser bräunlich verfärben. In solchen Biotopen leben oft keine Fische.

Flussbiotope

Allerdings lassen sich nicht alle Gewässer ohne weiteres einem der genannten Typen zuordnen, was vor allem an den zahlreichen Übergangsformen liegt. Daher kann man auch jede Kategorie noch weiter untergliedern – je nachdem, welcher Teil des Gewässers untersucht wird. So finden wir in Quellbereichen von Flüssen häufig Torf als Untergrund, während das Wasser ein Stück weiter flussabwärts über nackten Fels oder ein Steinsediment fließt. Die Geländerinne ist zunächst noch schmal, der Mineralsalzgehalt gering, das Gefälle hoch und die Durchschnittstemperatur niedrig, der Pflanzenwuchs gering. Die dominierenden Wirbellosen sind Steinfliegenlarven, und es gibt nur sehr wenige Fische, vor allem Forellen, aber auch Aale, Groppen und einige weitere typische Bergbacharten.

Im Mittellauf führen die Flüsse nicht nur zunehmend mehr Wasser, sondern der Untergrund besteht nun zumeist aus Felsgestein, später dann aus einzelnen Steinen und schließlich aus grobem Kies. Das Gefälle ist jetzt geringer, der Mineralgehalt des Wassers höher, es wachsen zahlreiche Höhere Pflanzen, und es gibt eine beachtliche Vielfalt an Wirbellosen, darunter Eintags- und Köcherfliegenlarven. In diesem Bereich findet man deutlich mehr Fische, darunter Forellen, Äschen, Elritzen und Schmerlen.

Im Unterlauf wird der grobe Kies dann durch Sand ersetzt, und in der Nähe der Mündung besteht der Untergrund zumeist aus Schlick. Nun ist der Fluss breit, das Gefälle gering, der Mineralsalzgehalt relativ hoch und auch die durchschnittliche Wassertemperatur erreicht im Vergleich zum Quellbereich deutlich höhere Werte. Es gibt eine große Vielfalt an Wirbellosen und Pflanzen, von denen einige typisch für Flüsse sind, während andere auch in Teichen und Seen vorkommen; zur artenreichen Fischfauna gehören viele Karpfenfische wie Brachsen, Schleie, Rotaugen und Karpfen, aber auch Barsche, Hechte und Aale.

In Meernähe bilden viele Flüsse ein breites Delta; außerdem ist das Wasser jetzt stark salzhaltig. Dieser Bereich stellt für die meisten Flussfische ein unüberwindliches Hindernis dar, aber es gibt auch einige Arten (etwa Stichling und Hasel), die mit solchen Bedingungen zurechtkommen, ebenso wie zahlreiche Wanderfische, beispielsweise Meerneunauge, Aal, Lachs und Flun-

der, die diese Gebiete regelmäßig passieren. Typische Fische der Mündungsgebiete sind Maifische, Stinte und Meeräschen.
Das Artenvorkommen in den jeweiligen Zonen ist offenbar abhängig von der Vielfalt der Fischfauna im gesamten Flusssystem. So findet man beispielsweise in den meisten Flüssen im Norden Schottlands nur zwei Süßwasserarten (Forelle und Stichling), während es in den Flüssen Südeuropas 20 bis 30 Arten sein können.

Die Nahrung

Die verfügbare Nahrung ist für alle Fische ein wichtiger Faktor, von dem das Überleben jeder Population abhängt. Viele Arten sind in ihrem Fressverhalten sehr viel anpassungsfähiger, als es sich viele Angler und Wissenschaftler vorstellen. So kann es sein, dass Fische an manchen Tagen nur eine ganz bestimmte Nahrung fressen, während sie schon am nächsten Tag überhaupt nicht wählerisch sind. Dennoch lassen sich Fische anhand ihrer Hauptnahrung in bestimmte Kategorien einteilen, wobei aber zu beachten ist, dass sich die Ernährung von jungen und ausgewachsenen Exemplaren oft deutlich unterscheidet.
Eine Reihe von Fischarten ernährt sich überwiegend von winzigen, frei im Wasser schwebenden organischen Partikeln (Detritus) sowie mikroskopisch kleinen Organismen vom Grund des Gewässers. Ein Beispiel sind Neunaugenlarven, die sich ausschließlich von Material ernähren, das über die Mundöffnung eingesaugt und dann herausgefiltert wird. Zooplankton, also kleine, frei im Wasser schwebende Wirbellose, sind eine wichtige Nahrungsquelle für viele junge und einige ausgewachsene Fische, darunter Seesaibling und Renke. Zur Hauptnahrung vieler Arten gehören aber auch benthische Wirbellose, wobei einige Fische diese Futtertiere mit Hilfe von Bartfäden sogar besonders gut aufspüren können. Beispiele dafür sind Störe, Karpfen und Schmerlen. Überwiegende Pflanzenfresser gibt es unter den europäischen Fischen dagegen kaum, Rotfedern und einige andere Allesfresser nehmen aber regelmäßig auch pflanzliche Nahrung auf. Zahlreiche Fische ernähren sich dagegen bekanntlich von anderen Fischen, etwa Hecht und Zander. Häufig handelt es sich bei ihnen sogar um Kannibalen, das heißt, sie überleben auch dort, wo nur Artgenossen vorkommen. So kennt man einzelne Fälle von reinen Hechtpopulationen, in denen sich die Jungfische von Wirbellosen ernähren, um anschließend ausgewachsenen Exemplaren als Beute zu dienen.
Der Energiefluss durch Fressen und Gefressenwerden von einem Organismus zum anderen wird Nahrungskette oder Nahrungsnetz genannt; die Menge an organischem Material, das auf jeder Ebene angehäuft wird, heißt Produktion. Angegeben wird diese zumeist in Gewichtseinheiten oder seltener (wenngleich exakter) in Energieeinheiten (Kalorien oder Joule). Auf jeder Stufe der Kette kommt es aufgrund des Stoffwechsels und anderer Prozesse zu einem beträchtlichen Energieverlust, so dass normalerweise nur zwischen zehn und 30 Prozent auf das nächste Glied der Nahrungskette übertragen werden.
Die Basis der meisten Nahrungsketten ist die von der Sonne gelieferte Energie, die grüne Pflanzen nutzen, um mit Hilfe der Photosynthese aus Kohlendioxid, Mineralsalzen und Wasser Zellgewebe aufzubauen. Von diesen Pflanzen, die Primärproduzenten genannt werden, ernähren sich dann pflanzenfressende Tiere (Sekundärproduzenten), etwa Insektenlarven, die schließlich als Nahrung für fleischfressende Fische (Tertiärproduzenten) dienen. Nahrungsketten können recht einfach aufgebaut sein, zum Beispiel Kieselalgen–Rotfeder–Hecht, oder komplexer, etwa Kieselalgen–Wasserfloh–Wasserkäfer–Forelle–Hecht–Fischadler.

Parasiten

Parasiten wie Viren, Bakterien, Pilze, Einzeller (Protozoa), Fadenwürmer (Nematoda), Bandwürmer (Cestoda), Saugwürmer (Trematoda), Blutegel (Hirudinea) und Fisch-

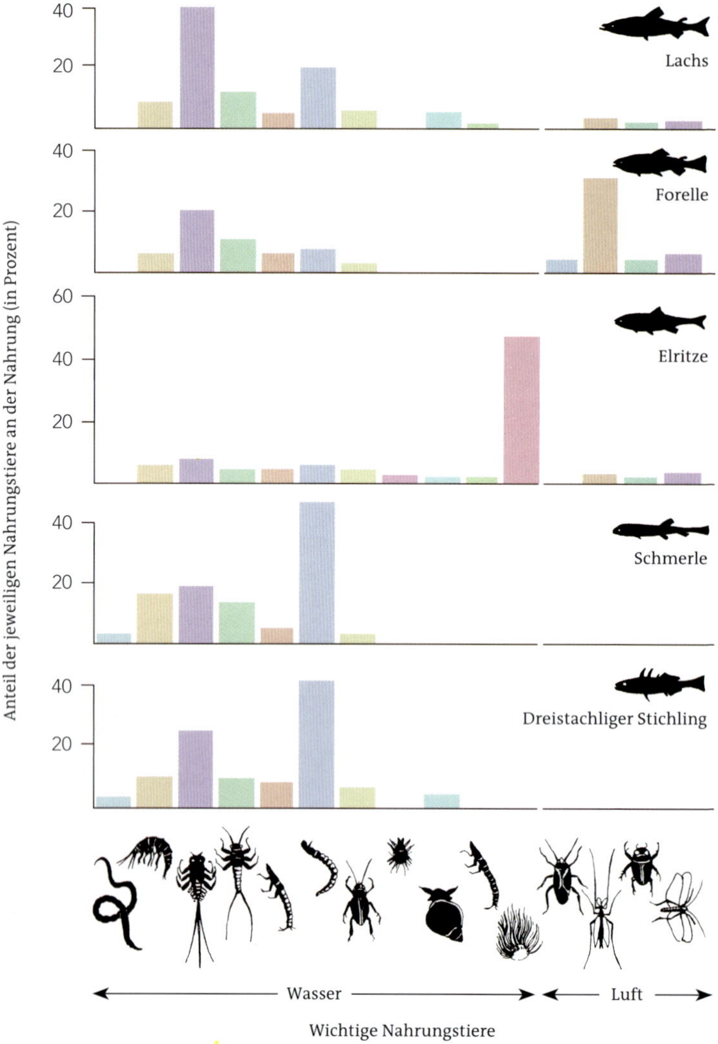

▲ **Nahrungsstruktur von fünf häufigen Fischarten im Endrick, einem Fluss in Schottland**

läuse (Crustacea) können großen Einfluss auf eine Fischpopulation haben. Untergliedern lassen sie sich in Ektoparasiten, die zumeist die Haut, die Flossen oder die Kiemen befallen, und Endoparasiten, die in Darmtrakt, Muskelgewebe, Leber oder anderen Organen leben. In der Natur sind die meisten Fische gleichzeitig von mehreren unterschiedlichen Schmarotzern befallen, wobei nicht selten hunderte von Exemplaren an einem Fisch parasitisieren. Daher ist es fast schon verwunderlich, wie gut die meisten Fische mit solchen Belastungen zurechtkommen, wobei man aber berücksichtigen muss, dass es normalerweise nicht im Interesse der Parasiten liegt, ihren Wirt zu töten. Es gibt aber auch Ausnahmen, wenn es der Lebenszyklus des Parasiten beispielsweise vorsieht, dass ein Wirt bewegungsunfähig gemacht oder auch getötet wird, damit er vom nächsten Wirt, etwa einem Vogel (z. B. einem Reiher) oder einem Säugetier (z. B. einem Otter), gefressen werden kann. Und bei vielen Parasiten ist der gesamte Entwicklungsprozess erst dann abgeschlossen, wenn nacheinander drei oder vier unterschiedliche Wirte befallen wurden (z. B. Wasserfloh–Fisch–Vogel).

In Fischzuchtbetrieben, wo Fische zumeist sehr beengt und oft auch unter Stressbedingungen leben müssen, können Parasiten erhebliche Probleme verursachen. Diese lassen sich zumeist nur durch eine Behandlung mit Antibiotika oder anderen Medikamenten beheben bzw. mit dem Einsatz von Desinfektionsmitteln; außerdem kann es vorkommen, dass in schweren Fällen ganze Bestände getötet werden müssen, um die Ausbreitung der Seuche einzudämmen. So stellt beispielsweise die Meerlaus *(Lepeophtheirus salmonis)*, ein Parasit des Atlantischen Lachses, eine erhebliche Gefahr für die zahlreichen Zuchtanlagen vor der Nordwestküste Europas dar. Zwar erfolgte die Infektion der Zuchtanlagen ursprünglich durch wildlebende Fische, aber inzwischen sind die Netzgehege und die Umgebung so mit Parasiten durchsetzt, dass auch der beobachtete Rückgang von Meerforellen in diesen Regionen auf die starke Parasitendurchseuchung zurückgeführt wird.

Probleme gibt es häufig mit aus anderen Kontinenten eingeführten Fischen, weil diese ihre Parasiten oft mitbringen. Ein gutes Beispiel ist der Plattwurm *Urocleidus principalis*, der mit dem Forellenbarsch in südenglische Seen eingeschleppt wurde. Zuvor war dieser Parasit außerhalb seiner nordamerikanischen Heimat völlig unbekannt. Aber auch innerhalb Europas sind einige Parasiten zusammen mit ihren Wirten in andere Regionen gelangt. Einer davon ist der Saugwurm *Gyrodactylus salaris*, der sich von Lachspopulationen in Schweden auf zuvor parasitenfreie Bestände in Norwegen ausbreitete und diese stark dezimierte. Um ihn auszurotten, mussten die norwegischen Behörden die Populationen ganzer Flusssysteme vernichten.

Fressfeinde

Normalerweise befinden sich Fische und Parasiten aber in einem Gleichgewicht, so dass die Bestände nicht gefährdet sind, und auch Fressfeinde stellen in der Natur nur selten eine echte Bedrohung für die Fischpopulationen dar. Daher sind Vögel wie Reiher *(Ardea cinerea)*, Gänsesäger *(Mergus merganser)* und Kormoran *(Phalacrocorax carbo)* oder Säugetiere wie Otter *(Lutra lutra)* und Nerz *(Mustela lutreola)*, die sich hauptsächlich von Fisch ernähren, für gesunde Fischbestände nur selten ein Problem. Schwierigkeiten gibt es aber häufig, wenn Menschen sich einmischen, wobei gerade Angler oft fälschlicherweise glauben, dass fischfressende Tiere sich bedrohlich auf ihren Sport auswirken. Und auch Fischzüchter meinen häufig, Abwehrmaßnahmen ergreifen zu müssen. Daher wurden viele Vögel und Säugetiere, die sich zumindest teilweise von Fischen ernähren, in der Vergangenheit oft bis an den Rand der Ausrottung verfolgt. Glücklicherweise sind Reiher, Otter und viele andere Fischfresser inzwischen aber gesetzlich geschützt. Im Übrigen denkt offenbar kaum jemand daran, dass kleine Fische, besonders Larven, zur normalen Beute einer Reihe von Insekten gehören, etwa Rückenschwimmern *(Notonecta* spp.*)*, Gelbrandkäfern *(Dytiscus* spp.*)* und Libellenlarven (z. B. *Aeschnas* spp.), so dass Angler glücklicherweise bisher nie Maßnahmen gegen diese Tiere ergriffen haben.

Verbreitung

Die Verbreitung einer Fischart in einer bestimmten geographischen Region kann in zweierlei Sinn verstanden werden: zum einen als das grundsätzliche Vorhandensein der Art innerhalb des betreffenden Gebietes, zum andern als das Vorkommen in bestimmten Gewässern. Die allgemeine räumliche Verteilung der Arten hat hauptsächlich historische Gründe, während ökologische Faktoren bestimmen, ob sich eine Art in einem speziellen Biotop erfolgreich durchsetzt.

In Europa (ca. 10 Millionen km^2) gibt es etwa 316 verschiedene Arten von Fischen, die 36 unterschiedlichen Familien zugeordnet werden, wobei einige der in diesem Buch aufgeführten Arten und Unterarten aber nicht allgemein anerkannt sind. Im Vergleich zu anderen Kontinenten ist diese Artenzahl gering. So kommen zum Beispiel in Nordamerika (ca. 24 Millionen km^2) 687 Arten aus 34 Familien und in Afrika (ca. 30 Millionen km^2) sogar 1425 Arten aus 50 Familien vor. Erklären lässt sich dies unter anderem durch die unterschiedliche erdgeschichtliche Entwicklung, etwa durch das Auftreten von Eiszeiten.

Während der letzten Eiszeit, die vor etwa 10 000 Jahren endete, war fast ganz Nord- und Mitteleuropa von Eis bedeckt. Daher kamen während dieser Phase in den Gewässern des Nordens ausschließlich kältetolerante Formen vor, die in der Lage waren, die extremen Bedingungen zu überleben. Daneben gab es in Europa aber auch noch Meeresfische und in Südeuropa heimische Arten, deren Lebensräume nicht von der Vereisung beeinflusst waren. Im Süden lebten in dieser Periode wohl auch die meisten Fische, die sich dann später wieder nach Norden ausbreiteten und jetzt Teil unserer einheimischen Fischfauna sind.

Insgesamt dürfte die europäische Fischfauna während der letzten 10 000 Jahre aus vier verschiedenen Gruppen hervorgegangen sein: aus einheimischen Arten, die sich von Südeuropa aus allmählich wieder nach Norden ausgebreitet haben; marinen Arten, die es schafften, das Süßwasser zu erobern; Arten, die aus anderen Kontinenten nach Europa einwanderten; und schließlich Arten, die der Mensch aus anderen Ländern eingeführt hat, vor allem aus Nordamerika (wo übrigens umgekehrt auch zahlreiche europäische Arten erfolgreich eingebürgert wurden).

Die Ausbreitung der Arten

Unsere einheimischen Fische haben sich innerhalb Europas unterschiedlich schnell ausgebreitet, weil einige Arten offensichtlich bestimmte Vorteile gegenüber anderen hatten. Wie die Ausbreitung genau geschah, ist nicht bekannt, aber es gibt einige Theorien. So könnten Fischeier an den Füßen von Wasservögeln hängen geblieben und dann verschleppt worden sein, oder sie wurden durch Luftwirbel (Wasserhosen) mitgerissen. Eventuell fand auch eine Ausbreitung zwischen unterschiedlichen Einzugsgebieten über die Oberläufe der Flüsse statt, oder die Tiere konnten in Küstennähe von einer Flussmündung zur nächsten schwimmen, weil es dazwischen Bereiche mit Süß- oder Brackwasser gab. Stichhaltige Beweise gibt es jedoch für keine dieser Annahmen. Sicher ist dagegen, dass die europäische Fischfauna von Süden nach Norden immer mehr verarmt, wie auch vom Festland zu vorgelagerten Inseln, und wahrscheinlich gibt es auch heute noch einen aktiven, wenn auch sehr langsamen Prozess der natürlichen Ausbreitung.

Viele europäische Fische sind anadrom oder katadrom oder können zumindest eine Zeit lang einen ziemlich hohen Salzgehalt tolerieren. Daher kann man sich leicht vorstellen, dass diese Fische sich recht schnell ausbreiteten, als die Inlandeismassen wieder zurückgingen, und tatsächlich gehören solche Arten – etwa Forelle, Aal und Stichling – zu denen, die heute in Europa am weitesten verbreitet sind. Von einigen Arten, die an der südlichen Grenze ihres Verbreitungsgebietes nur in reinem Süßwasser vorkommen, gibt es im Norden anadrome Formen. Ein typisches Beispiel dafür ist der Seesaibling, von dem in Großbritannien, Irland und auf dem europäischen Festland viele isolierte Süßwasserpopulationen existieren, während es sich bei den Beständen auf Island, Grönland sowie in Nordnorwegen, Kanada und Alaska um Wanderfische handelt.

Die Einwanderung von Fischen von benachbarten Kontinenten ist für Europa am wenigsten wahrscheinlich, weil unser Kontinent von den meisten anderen durch ausgedehnte Meere getrennt ist. Zwar gibt es im Osten eine größere Landverbindung nach Asien, aber dort befinden sich hohe Gebirgsmassive, und außerdem war auch das nördliche Asien von Eismassen bedeckt und somit selbst arm an Fischarten. Größere Verschiebungen hat es daher wohl nur im transkaukasischen Bereich gegeben, wo Arten vorkommen, die man sonst nirgendwo in Europa findet.

Der Mensch verschleppt Fische schon seit vielen Jahrhunderten an die unterschiedlichsten Orte, aber die wohl wichtigsten Arten sind vermutlich erst in den letzten 200 Jahren eingebürgert worden. Die meisten nach Europa eingeführten Fische stammen aus Nordamerika, wobei es sich vor allem um Arten aus den Familien Salmonidae, Catostomidae, Ictaluridae und Centrarchidae sowie um vereinzelte Arten aus anderen Gruppen handelt. Diese willkürliche Veränderung des Artenspektrums, aber auch Umweltverschmutzung sowie bestimmte Praktiken in Fischerei- und Landwirtschaft lassen die Vermutung zu, dass die Verbreitung der Fische in Zukunft kaum noch auf natürliche Weise erfolgen wird, sondern hauptsächlich durch menschliche Aktivitäten. Daher ist es notwenig, dass die einzelnen Länder das Einbürgern fremder Arten sehr kritisch hinterfragen. Außerdem wird, da wir immer noch sehr wenig über die Biologie und Verbreitung zahlreicher weniger häufiger Süßwasserarten wissen, noch eine Menge Forschungsarbeit notwendig sein, wenn Europa seine natürliche Artenvielfalt erhalten will.

▲ Maximale Ausdehnung der Vereisung in der letzten Eiszeit vor ca. 10 000 Jahren

Aller Wahrscheinlichkeit nach hat der Mensch auch schon in prähistorischen Zeiten Fische gegessen. Zumindest lässt sich das beispielsweise aus Höhlenmalereien oder speziellen Steinfallen schließen, die man gefunden hat. Seither haben Fische als Nahrungsmittel für den Menschen immer eine große Rolle gespielt, wie wir zahlreichen alten Schriften und Bildern entnehmen können, und bekanntlich werden auch heute noch Fische nahezu jeder Größe gegessen, angefangen bei Jungfischen bestimmter Arten, die man frittiert als Ganzes verspeist, bis hin zu sehr großen Fischen wie Stören und Haien. Meist wird der Fisch vor der Mahlzeit gekocht, aber man kann ihn auch roh, getrocknet, geräuchert oder gepökelt essen und eingefroren oder in Konservendosen lagern.

Fangmethoden

Es gibt die unterschiedlichsten Möglichkeiten, Fische zu fangen, wobei sich die im Süßwasser und im Meer angewandten Verfahren im Prinzip ähneln. Zu den ältesten Fangtechniken gehört sicher das Fischstechen mir Speeren, das sich vor allem für die Jagd von Plattfischen, beispielsweise Flundern, in flachem Wasser eignet, aber auch für den Fang großer Fische, etwa Lachsen, in kleineren Fließgewässern. Heute wird diese Methode in Europa nur noch von Sportfischern angewendet.

Mit einem Köder versehene Haken wurden ebenfalls schon sehr früh eingesetzt, wobei man diese ursprünglich aus gebogenen Knochen oder Dornen und später dann aus Metall herstellte. Die Größe des Hakens wird, ähnlich wie die Maschengröße eines Netzes, möglichst genau auf die Größe der Fische abgestimmt, die gefangen werden sollen. So legen Berufsfischer heute in geeigneten Gewässern über einen bestimmten Zeitraum (z. B. über Nacht) lange Leinen mit hunderten oder sogar tausenden von Haken aus, an denen sich Köder aus Fisch- oder Weichtierfleisch befinden. Zu den Süßwasserarten, die sich auf diese Weise fan-

► Die vier wichtigsten Netztypen für den kommerziellen Fischfang

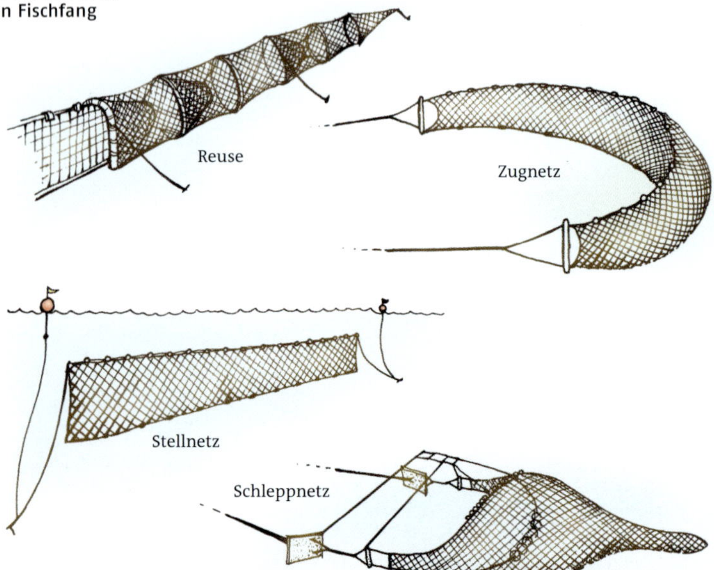

Fischfang und Fischzucht im Jahr 2002

	Seefischerei	Süßwasserfische	Fischzucht
Weltweite Produktion in t	84 000 000	8 700 000	39 800 000
Prozentualer Anteil	63,4	6,6	30,0
Wichtigste Produzenten	China und Peru	Afrika und Asien	China
Prozentualer Anteil	25	90	70
Wichtigste Nutzfischgruppen	Anchoveta	Verschiedene	Cyprinidae

gen lassen, gehören Aale, Welse, Quappen und – im Meer – Lachse, wobei die Methode aber für die Seefischerei nur von relativ geringer Bedeutung ist.
Neben Speeren und Haken wurden auch schon früh einfache Reusen für den Fischfang benutzt, wie sie in weiterentwickelter Form auch heute noch in Gebrauch sind. Fast alle Fallen dieses Typs basieren darauf, dass der Fisch in eine Art Trichter gerät und von dort in eine gesonderte Kammer, aus der er kaum wieder entkommen kann, nicht zuletzt, weil Fische fast immer an den Seiten eines Raumes entlangschwimmen und nur selten in der Mitte, wo sich die kleine Eingangsöffnung befindet. Die ersten Fallen dieser Art wurden aus Steinen oder geflochtenen Zweigen hergestellt, und man benutzte sie vor allem, um Lachse, Aale und andere Wanderfische zu fangen. Heute bestehen die meisten Fallen dieser Art aus Netzen, die an Pfählen befestigt und mit Schwimmkörpern und Gewichten in der richtigen Lage gehalten werden. Außerdem besitzen sie oft ein langes Führungsnetz und doppelte Trichterfallen, so dass es für die Fische kaum noch ein Entkommen gibt, wenn sie erst einmal ins Innere der Reuse geraten sind.
Die kommerzielle Fischereiwirtschaft verwendet heute vor allem fest installierte oder bewegliche Netze (siehe Abbildung S. 48) für den Fischfang. Ursprünglich wurden diese aus Naturfasern hergestellt, inzwischen bestehen sie aber überwiegend aus synthetischen Materialien wie Nylon oder Terylen, die nicht nur leichter und reißfester sind, sondern auch nicht so schnell verrotten. Hauptsächlich werden heute in der Binnen- und Seefischerei drei unterschiedliche Netztypen verwendet: Stellnetze (Kiemennetze), Zugnetze (Waden) und Schleppnetze.
Stellnetze bestehen aus einer Netzwand, die mit Hilfe von Auftriebskörpern sowie Bleigewichten und Ankern im Wasser ausgebracht und fixiert wird. Da solche Netze sehr unauffällig sein müssen, damit die Fische auch tatsächlich hineinschwimmen, sind sie in der Regel aus sehr feinem Material gefertigt und dem Wasser zudem farblich angepasst. Besonders effizient sind solche Netze, wenn man sie in trüben Gewässern oder bei Dunkelheit auslegt. Gefangen werden die Fische, wenn sie in eine einzelne Masche schwimmen und sich dann beim Versuch, rückwärts herauszuschwimmen, mit den Kiemendeckeln im Netz verfangen. Dies funktioniert allerdings nur, wenn die Maschengröße den Fischen, die gefangenen werden sollen, angepasst ist.
Ebenfalls sehr beliebt sind Zugnetze, mit denen man einen bestimmten Bereich des Gewässers einschließlich der darin vorhandenen Fische umschließt. Bei den meisten Zugnetzen vereinigen sich die beiden Flügel am Ende zu einem Sack, in dem der Fang dann eingeholt wird. In der Küstenfischerei legt man solche Netze, die auch Strandwaden genannt werden, zumeist mit einem kleinen Boot in einen Halbkreis aus, um sie dann mit zwei Booten zum Ufer zu ziehen. Dagegen werden die Zugnetze für das offene Wasser normalerweise von zwei Booten ausgebracht und von diesen dann auch gemeinsam wieder eingeholt. Eine spezielle Form dieses Netztyps ist das Ringwaden-

netz (Beutelnetz), das in einem geschlossenen Kreis ausgelegt wird; außerdem ist am unteren Rand des relativ tiefen Netzes eine Reihe von Ringen angebracht, durch die eine Leine verläuft. Wird diese zusammengezogen, schließt sich das Netz und kann dann eingeholt werden.
Schleppnetze ähneln den Zugnetzen, werden aber von einem Schleppfahrzeug mit konstanter Geschwindigkeit durchs Wasser gezogen. Charakteristisch für diesen Typ sind der große Sack sowie ein Mechanismus, der das Netz offen hält. Bei den Süßwasserschleppnetzen lassen sich zwei Haupttypen unterscheiden: Beim einen wird die Öffnung durch Holzpfähle offen gehalten, beim anderen durch sogenannte Scherbretter an den Seiten und Schwimmkörper bzw. Gewichte in der Mitte. Die Beutel solcher Netze sind sehr lang, damit die gefangenen Fische nicht wieder durch die Öffnung hinausschwimmen können.

Fischprodukte

Fische bestehen zu einem großen Teil aus Muskelgewebe oder Fleisch (manchmal sind es mehr als 50 Prozent). Die beliebtesten Speisefische besitzen zumeist weißes oder rosa Fleisch mit wenigen Gräten und mildem Geschmack und Geruch, während die weniger begehrten Arten mit zahlreichen Gräten durchsetzt sind und zudem stark ölig riechen. Fischfleisch, das einen hohen Nährwert hat und sich durchaus mit hochwertigem Rindfleisch oder anderen Fleischsorten messen kann, besteht überwiegend aus Wasser, Protein und Fetten (etwa im Verhältnis 70 : 20 : 10), enthält aber auch eine Reihe wichtiger Vitamine. Der Fettgehalt kann – abhängig von der Jahreszeit und von den Bedingungen, unter denen das Tier gelebt hat – stark schwanken, wobei die Fette, im Gegensatz zu denen der Säugetiere, ungesättigt und daher für den menschlichen Gebrauch besonders gut geeignet sind.
Da die meisten europäischen Länder einen Zugang zum Meer haben, stammt die Mehrzahl unserer Speisefische aus dem Salzwasser; nur in Teilen Mitteleuropas und wenigen anderen Gebieten werden überwiegend Süßwasserfische gegessen. Allerdings ist die Zahl der Süßwasserarten, die für den menschlichen Verzehr gefangen werden, vergleichsweise gering, was hauptsächlich auf das Vorurteil zurückgeht, Fische aus den lokalen Gewässern seien minderwertig. Tatsächlich ist bei einigen Arten sogar das Gegenteil der Fall, so dass man sie eher als Delikatessen bezeichnen muss. Das beste Beispiel dafür ist der Lachs.
Fische versorgen den Menschen aber nicht nur mit Fleisch, sondern auch noch mit anderen nützlichen Produkten. Aus vielen Arten lässt sich Öl gewinnen, etwa Vertretern der Familien Clupeidae und Gadidae, man kann Fische aber auch zu Fischmehl oder Dünger verarbeiten. Dazu werden normalerweise Abfallprodukte aus Fischfabriken verwendet, aber manchmal auch Tiere, die zu klein oder zu minderwertig sind, um sie als Speisefische zu verkaufen. Aus dem Fischmehl und zusätzlichen Kohlenhydraten stellt man dann zumeist Futter für Geflügel, Schweine, Rinder und Zuchtfische her. Außerdem lässt sich aus der Haut bestimmter Fische Leim herstellen, und die Schwimmblase einiger Süßwasserarten (z.B. Stör und Karpfen) war früher eine wichtige Quelle für das sogenannte Isinglas (Hausenblase), das man zum Klären von Wein und Bier verwendete, während aus den Schuppen der Ukelei ein Pigment gewonnen wurde, das bei der Herstellung künstlicher Perlen eine wichtige Rolle spielte.

Fischzuchtbetriebe haben die Aufgabe, größere Mengen an Fischen zu produzieren, um diese dann in Angelgewässern auszusetzen oder für Nahrungszwecke zu verkaufen. Im erstgenannten Fall handelt es sich normalerweise um Jungfische (manchmal auch Laich), die als Besatz an Interessenten abgegeben werden; inzwischen kommt es aber auch immer häufiger vor, dass ausgewachsene Exemplare ausgesetzt werden, damit Angler ihnen möglichst schnell nachstellen können.

Für die Speisefischproduktion sind vor allem Größe und Qualität der einzelnen Exemplare wichtig. Um wirtschaftlich arbeiten zu können, werden die Zuchtfische unter extrem unnatürlichen Bedingungen gehalten, und auch das Futter entspricht nicht ihrer normalen Nahrung. Dadurch kommt es nicht selten zu größeren Problemen, so dass die Fischzucht – obwohl einige Arten schon sehr lange in menschlicher Obhut herangezogen werden – längst nicht so effizient ist wie andere Bereiche der Tierproduktion. Dies hängt vor allem damit zusammen, dass die meisten Fische, die heute auf den Markt kommen, immer noch in ihren natürlichen Gewässern gefangen werden und die Haltungsbedingungen daher noch lange nicht so gut erforscht sind wie bei den sehr viel weiter verbreiteten Haustieren wie Kühen, Schweinen oder Hühnern. Dennoch entwickelt sich auch die Fischzucht zu einem immer wichtigeren Wirtschaftsfaktor, und man macht ständig weitere Fortschritte in der Genetik, der Bekämpfung von Fischkrankheiten und der Fütterung.

In China und Ägypten hielt man Fische schon vor vielen Jahrhunderten in Teichen, und auch für die Römer waren solche Tiere ein wichtiger Teil ihrer Ernährung. In Europa lag die Fischzucht im Mittelalter hauptsächlich in den Händen von Nonnen und Mönchen, wobei vor allem Karpfen gehalten wurden. Innerhalb der letzten 100 Jahre und noch mehr in den vergangenen 20 Jahren gewann die Fischzucht in Europa dann aber immer mehr an Bedeutung, und auch die Zahl der gezüchteten Arten nahm ständig zu. Dafür gibt es mehrere Gründe. Einer davon ist der Mangel an geeigneter

▲ Ein typischer moderner Fischzuchtbetrieb mit ins Wasser eingehängten Käfigen; die einzelnen Abteile sind über einen Steg zugänglich. Die Fütterung erfolgt mit Futterautomaten.

Nahrung, besonders Protein, so dass weitere Land- und Wasserressourcen für die Produktion genutzt werden mussten; aber auch die Verfügbarkeit neuer Futtersorten zur Verbesserung des Wachstums sowie die wachsende Nachfrage nach Delikatessen (wofür vor allem die Zunahme der Lachszucht ein gutes Beispiel ist) spielten eine wichtige Rolle.

In Europa werden inzwischen zahlreiche Süßwasserarten gezüchtet (siehe Tabelle S. 53); davon sind viele nicht einheimisch, sondern wurden aus Nordamerika und Asien speziell für Zuchtzwecke importiert, wobei deren Zahl in Zukunft zweifellos noch zunehmen wird. Und ebenso wie bei allen Haustieren dürfte auch in der Fischzucht die Genetik künftig eine immer wichtigere Rolle spielen. Das heißt, man wird Exemplare für die Weiterzucht auswählen, die besonders wünschenswerte Eigenschaften besitzen, etwa hinsichtlich des Wachstums oder der Resistenz gegenüber Krankheiten, und man wird Kreuzungen zwischen verschiedenen Arten durchführen, um möglichst ideale Tiere für die Weiterzucht zu erhalten.

Fischteiche

In den meisten Fällen erfolgt die Fischzucht in künstlich angelegten Teichen bzw. in Käfigen innerhalb der Teiche. Manchmal nutzt man aber auch natürliche Gewässer, etwa kleine Seen, oder man teilt einzelne Bereiche von größeren Seen bzw. vom Meer ab. Teiche, besonders solche, die speziell für die Fischzucht angelegt wurden, haben gegenüber anderen Gewässern erhebliche Vorteile. Sie können leicht geleert und neu gefüllt werden, man kann die Fische ohne Schwierigkeiten mit Netzen oder durch Ablassen des Wassers fangen, und auch die Fütterung ist einfach; außerdem lassen sich Fischräuber wie Reiher oder Möwen, aber auch Krankheiten bzw. Parasiten relativ leicht kontrollieren. Die Größe der Fischteiche kann erheblich variieren. So umfassen manche nur Bruchteile eines Hektars, während andere sich über hunderte von Hektar ausdehnen. Die in Europa übliche Größe liegt zwischen 0,1 und 1 Hektar.

Bei der Planung einer Fischzuchtanlage müssen zwei wichtige Voraussetzungen besonders beachtet werden: der Untergrund und das Wasser. Vom wirtschaftlichen Standpunkt aus wären sandige, sumpfige oder andere Böden, die landwirtschaftlich nicht genutzt werden, die beste Wahl, aber leider ist ein solcher Untergrund häufig ungeeignet, vor allem wegen der starken Durchlässigkeit dieser Böden, so dass es normalerweise empfehlenswerter ist, ein wasserreiches Gelände mit undurchlässigem Untergrund (aber kein Überschwemmungsgebiet) zu wählen. Berücksichtigen muss man auch das Gefälle des Geländes. Idealerweise sollte der Teich so angelegt werden, dass er ohne eine Pumpe entleert werden kann, etwa in einen Fluss oder Bach; günstig ist auch, wenn eingeleitetes Frischwasser für eine kontinuierliche Strömung sorgt.

Das für den Teich verwendete Wasser sollte frei von Verunreinigungen und in Menge und Qualität der gehaltenen Fischart möglichst gut angepasst sein. Grundsätzlich lassen sich Zuchtfische in zwei Gruppen einteilen: Lachsfische im weiteren Sinne, die sauberes, kaltes Wasser (unter 20 °C) mit hohem Sauerstoffgehalt benötigen, und Karpfenfische, die weitaus geringere Ansprüche an die Wasserqualität stellen; für ein ordentliches Wachstum benötigen sie allerdings den größten Teil des Jahres etwas höhere Temperaturen (am besten über 20 °C). Prinzipiell besteht daher auch die Tendenz, Lachsfische in höher gelegenen oder nördlichen Regionen Europas zu züchten und Karpfenfische im Flachland bzw. im südlichen Europa.

Die Aufzucht

Beim Aufbau einer Fischzuchtanlage muss aber nicht nur die Umgebung gute Voraussetzungen bieten, sondern man muss die Biologie der ausgewählten Art möglichst genau kennen. So lassen sich bei der Aufzucht von Fischen drei Phasen unterschei-

In Europa häufig gezüchtete Süßwasserfische

Umgangssprachlicher Name	Wissenschaftlicher Name	Zuchtzweck
Sterlet	*Acipenser ruthenus*	Nahrung
Stör	*Acipenser sturio*	Naturschutz
Maifisch	*Alosa alosa*	Nahrung
Ketalachs	*Oncorhynchus keta*	Nahrung/Besatz
Buckellachs	*Oncorhynchus gorbuscha*	Nahrung/Besatz
Atlantischer Lachs	*Salmo salar*	Nahrung/Angeln
Forelle	*Salmo trutta*	Nahrung/Angeln/Besatz
Regenbogenforelle	*Oncorhynchus mykiss*	Nahrung/Angeln/Besatz
Wandersaibling	*Salvelinus alpinus*	Nahrung
Bachsaibling	*Salvelinus fontinalis*	Nahrung/Besatz
Amerikanischer Seesaibling	*Salvelinus namaycush*	Angeln
Kleine Maräne	*Coregonus albula*	Nahrung
Blaufelchen	*Coregonus lavaretus*	Nahrung
Äsche	*Thymallus thymallus*	Angeln
Hecht	*Esox lucius*	Nahrung/Angeln
Rotauge	*Rutilus rutilus*	Angeln
Moderlieschen	*Leucaspius delineatus*	Köder
Orfe	*Leucaspius idus*	Zierfisch
Elritze	*Phoxinus phoxinus*	Köder
Rotfeder	*Scardinius erythrophthalmus*	Angeln
Schleie	*Tinca tinca*	Angeln
Ukelei	*Alburnus alburnus*	Köder/Herstellung künstlicher Perlen
Karausche	*Carassius carassius*	Nahrung
Goldfisch	*Carassius auratus*	Zierfisch
Karpfen	*Cyprinus carpio*	Nahrung/Angeln
Graskarpfen	*Ctenopharyngodon idella*	Reinhaltung von Teichen (Abweiden höherer Pflanzen)
Silberkarpfen	*Hypophthalmichthys molitrix*	Reinhaltung von Teichen (Abweiden von Algen)
Marmorkarpfen	*Hypophthalmichthys nobilis*	Nahrung
Wels	*Silurus glanis*	Nahrung/Angeln
Aal	*Anguilla anguilla*	Nahrung
Großköpfige Meeräsche	*Mugil cephalus*	Nahrung
Dünnlippige Meeräsche	*Mugil capito*	Nahrung
Flussbarsch	*Perca fluviatilis*	Nahrung/Angeln
Zander	*Sander lucioperca*	Nahrung/Angeln

den: die Inkubationszeit des Fischlaichs, die Aufzucht der Fischbrut und die Entwicklungsphase vom Jungfisch zum ausgewachsenen Tier. Die in Fischfarmen verwendeten Eier stammen zwar manchmal von im Teich ablaichenden Exemplaren oder auch von Tieren aus natürlichen Gewässern, häufiger geht man aber so vor, dass man die Fische zur Laichzeit einfängt und Eier und Spermien in eine Wanne abstreift, wo in-

nerhalb weniger Minuten die Quellung und Befruchtung erfolgt. Anschließend wird der Laich gut gespült und zur Inkubation in spezielle Aufzuchtbehälter überführt.
Bis zum Schlüpfen der Larven bewahrt man den Laich zumeist in Gebäuden auf, weil sich dort die Bedingungen, wie Wasserdurchfluss und Wasserqualität (besonders Temperatur, Sauerstoffgehalt und Reinheit), leichter kontrollieren lassen. Die Eier schwimmen zu Tausenden oder gar Millionen in flachen Wannen oder anderen offenen Gefäßen, in denen man die benötigten Bedingungen optimal eingestellt hat, zudem wird der Laich ständig von fließendem Wasser umspült. Die Ansätze werden regelmäßig überprüft und nicht befruchtete oder abgestorbene Eier entfernt, damit der übrige Laich nicht vergiftet wird.
Nach dem Schlüpfen der Jungtiere, was beim Karpfen nach fünf bis zehn Tagen der Fall ist, bei Forelle und Lachs dagegen frühestens nach 100 bis 150 Tagen, kommen die Larven dann in der Regel in einen anderen Bereich des Zuchtbetriebes.
Larven mit großem Dottersack, etwa Lachsfische, müssen die ersten Tage nach dem Schlüpfen nicht gefüttert werden; anschließend benötigen sie dann aber regelmäßig (zumeist mehrmals täglich) ausreichend geeignetes Futter. Dieses muss so bemessen sein, dass die Larven zwar gut wachsen, aber der Sauerstoffgehalt des Wassers nicht zu stark abnimmt, denn nicht gefressenes, verfaulendes Futter, zusammen mit den gleichzeitig stark zunehmenden Ausscheidungen der Fische, kann schnell Sauerstoffmangel verursachen, der dann nicht selten zu einer hohen Fischsterblichkeit führt.
Wenn die Larven zu Jungfischen von etwa drei bis zehn Zentimeter Größe herangewachsen sind, können sie – sofern sie als Besatz für natürliche Gewässer vorgesehen sind – ausgebracht werden. Allerdings ist das Aussetzen von Jungfischen bei Biologen nicht unumstritten, denn es ist bekannt, dass ausgesetzte Jungfische es schwer haben, sich in einer natürlichen Umgebung einzugewöhnen. So finden sie oft nicht ausreichend Nahrung, und sie werden auch viel häufiger von Räubern erbeutet als normal aufgewachsene Jungfische.
Sind die Fische für den Verkauf vorgesehen, beginnt in den Zuchtbetrieben nun die letzte Phase der Aufzucht, in der die Tiere eine geeignete Größe für den Verzehr erreichen sollen. Sie können jetzt aber auch an Anglervereine abgegeben werden, die sie dann für den baldigen Wiederfang aussetzen. Diese Phase der Fischaufzucht ist die aufwendigste und teuerste, denn nun benötigt man viel Platz, hochwertige Nahrung und zumeist auch zusätzliche Arbeitskräfte. So müssen die meisten Arten regelmäßig zweimal täglich (oder sogar noch häufiger) gefüttert werden, wobei einige, etwa Lachsfische, sehr proteinreiches und daher recht teures Futter benötigen. Meist besteht die Nahrung für Zuchtfische aus gepressten Kügelchen, die häufig aus Fischmehl hergestellt werden, das aus Abfällen von Fischfabriken stammt. Während der letzten Phase der Aufzucht überprüft man die Fische regelmäßig auf ihre Größe, damit nur Tiere annähernd gleicher Größe zusammenleben. Des Weiteren wird ständig auf Parasiten und Krankheiten kontrolliert, und viele Teiche müssen regelmäßig gereinigt werden oder man muss einen Wasseraustausch durchführen, damit die Fische gesund bleiben.
In Europa entstehen zwar immer noch neue Fischzuchtbetriebe, aber die Nahrungsknappheit auf der Erde werden sie kaum beheben können, denn man benötigt zu viel hochwertiges Proteinfutter, das zudem noch nicht einmal sehr effektiv in Fischfleisch umgesetzt wird. Daher muss man die Produkte von Fischfarmen wohl überwiegend als Luxusgüter ansehen. Es gibt aber auch einige pflanzenfressende Fische, die bereits in Europa gezüchtet werden und die man mit Pflanzenmaterial (oft Abfällen) füttern kann, das die Tiere dann in hochwertiges Protein umwandeln. Dieser Ansatz ist unterstützenswert, wenn das Augenmerk auf der Erzeugung preiswerter Nahrung liegt.

Kein Freiluftsport hat mehr aktive Anhänger als das Angeln. Wie jüngste Untersuchungen in Großbritannien gezeigt haben, gehen dort mehr als vier Millionen Menschen mindestens einmal im Jahr zum Fischen; in Frankreich ist die Zahl ähnlich hoch, in Deutschland sind es rund 3,3 Millionen, in den Niederlanden 1,5 Millionen und in Skandinavien insgesamt 5,3 Millionen. Daher verwundert es auch nicht, dass sich inzwischen ein ganzer Industriezweig mit der Herstellung von Angelbedarf befasst, wobei die meisten Angeln in Großbritannien, Frankreich und Schweden produziert werden, während ein Großteil der Angelschnüre aus Deutschland stammt. Aus diesem Grund wären auch die Arbeitsplätze zahlreicher Menschen gefährdet, wenn dieser Sport plötzlich aus der Mode kommen würde. Betroffen wären davon aber nicht nur die Hersteller von Angelgeräten und -zubehör, sondern auch zahlreiche andere Betriebe, etwa die Züchter von Fischködern sowie die Eigentümer von Lachsgewässern, die für eine Angelerlaubnis teilweise vierstellige Summen pro Woche verlangen.

Eine umfassende Beschreibung der Ausrüstung, die Angler benötigen, und der vielen unterschiedlichen Angelmethoden würde

▲ Ein Angler holt seinen Fang mit einem Kescher ans Ufer.

ein dickes Buch füllen. Und tatsächlich gibt es reichlich Literatur zu diesem Thema. Am wichtigsten ist natürlich die Angelrute, die heute fast ausschließlich aus glasfaserverstärkten Kunststoffen hergestellt wird oder auch aus Kohlefasern. Früher wurden Ruten aus unterschiedlichen Holzsorten gefertigt, wobei der hohle und daher leichte Bambus besonders beliebt war. Ebenfalls wichtig ist die Angelschnur, die genau auf die jeweilige Rute und Beute abgestimmt werden muss. Ist die Schnur zu schwach, zerreißt sie beim Anschlagen eines Fisches, ist sie zu stark, wird die Rute häufig zu sehr beansprucht.

Je nach Art der verwendeten Geräte lassen sich verschiedene Formen des Angelns unterscheiden. So wird der Köder beim Posenfischen von einem Schwimmer (Pose) in einer bestimmten Wassertiefe gehalten, wobei die Pose dem Angler signalisiert, was unter Wasser geschieht. Dagegen legt man beim Grundangeln einen Köder mit Hilfe eines Bleigewichtes am Gewässerboden aus, während beim Fliegenfischen eine möglichst naturgetreue Attrappe eines Insektes an der Wasseroberfläche bewegt wird, damit Fische danach schnappen. Beim Spinnangeln schließlich wird ein künstlicher oder auch ein echter (heute normalerweise toter) Köderfisch durch das Wasser gezogen, um auf diese Weise einen Raubfisch anzulocken.

Neben den Ruten, die je nach Art der Fische, denen man nachstellt, ganz unterschiedlich beschaffen sein können, benötigen Angler noch eine ganze Reihe weiterer Ausrüstungsgegenstände. So besitzen viele Sportfischer eine Segeltuchtasche zum Transport ihrer Angelruten, einen Schirm zum Schutz vor der Sonne, unterschiedliche Metallgabeln zum Abstützen der Ruten und einen Korb, in dem sich in der Regel ein Kasten mit Schwimmern, Bleigewichten, Spulen, Schnüren, Grund- und Hakenködern sowie zahlreiche weitere Ausrüstungsgegenstände befinden. Der Korb dient häufig als Sitz, und in der Segeltuchtasche wird normalerweise auch noch der Setzkescher transportiert, in dem der Fang aufbewahrt wird, sowie ein Kescher mit teleskopartig ausziehbaren Handgriffen, mit dem sich größere Fische aus dem Wasser bergen lassen. Außerdem enthält die Tasche meist noch eine Büchse mit lebenden Ködern, vor allem Fliegenlarven oder -puppen sowie Würmern.

Aquarien und Gartenteiche

Viele Menschen verbinden mit einem Aquarium kaum mehr als die Vorstellung von einem einfachen Goldfischglas mit einem einsamen Fisch oder von einem grell beleuchteten Becken in einem Restaurant mit farbigem Kies und künstlichen Pflanzen, in dem manchmal sogar künstliche Plastikfische schwimmen. Die Haltung von Fischen kann aber sehr viel mehr sein, nämlich ein interessantes Hobby, an dem sich bereits tausende von Menschen in Europa und anderswo erfreuen. Aquarien sind nicht nur ein Blickfang für die Wohnung, sondern können auch dazu dienen, Einblicke in das Verhalten von Fischen und anderen Wasserlebewesen, etwa Krebsen, zu erhalten. Und mit der heute verfügbaren Technik kann man inzwischen fast alle Fischarten im Aquarium halten – von den Bewohnern der Tiefsee einmal abgesehen.

Grundsätzlich lassen sich zwei Typen von Aquarien unterscheiden. So kann es sich um rein zweckmäßige Behälter zur Haltung von Fischen handeln, die für bestimmte Untersuchungen zur Verfügung stehen sollen; man kann in einem Becken aber auch ein kleines Biotop schaffen, das dem Lebensraum der Fische in der Natur ähnelt und das außer Fischen auch Wasserpflanzen und Wirbellose enthält. Solche Aquarien bieten dann nicht nur Einblicke in das Leben verschiedener Fische, sondern sind zudem meist sehr ästhetisch anzuschauen, ebenso wie viele Gartenteiche.

In der Forschung dienen Aquarien dazu, Fische unter verschiedenen Bedingungen zu testen. Dabei kann es sich um den Einfluss von Licht, Temperatur, Strömung oder Wasserqualität (einschließlich des Sauerstoffgehalts) handeln, wobei es möglich sein muss, alle Variablen während der Experimentierphase zu ändern. Viele Arbeiten auf diesem Gebiet sind theoretischer Natur, aber einiges lässt sich später auch in der Praxis anwenden und ist daher von allgemeinem Interesse. Untersuchungen zur Fischgenetik und zur Verwertung verschiedener Futtersorten sind zwei Beispiele für Forschungsschwerpunkte, die besonders für die Fischzucht von Interesse sind. Aber auch der Einfluss der Wasserverschmutzung lässt sich in Aquarien untersuchen. So macht man beispielsweise Versuche mit bestimmten Fischen, um deren Reaktionen auf verschiedene Verunreinigungen bzw. Schadstoffkonzentrationen zu testen, damit sich eine Art „Standardfisch" herauskristallisiert, mit dessen Hilfe es möglich ist, die Wasserqualität eines Gewässers zu überprüfen. Dazu füllt man das zu untersuchende Wasser in ein Aquarium oder hängt einen Käfig mit Fischen in ein Gewässer. Solche Tests haben gegenüber Untersuchungen mit chemischen Methoden den Vorteil, dass sie nicht sehr zeitaufwendig sind und zudem mehrere Schadstoffe gleichzeitig getestet werden können. Zumeist wird heute die Regenbogenforelle für diese Tests eingesetzt.

► Ein natürlich gestalteter Gartenteich mit tieferen und flacheren Zonen

◀ Ein großer, modern gestalteter Gartenteich mit attraktiven Kois

Der Hauptanreiz für die Einrichtung eines Aquariums in der Wohnung besteht darin, sich einen kleinen Mikrokosmos zu erschaffen, wie man ihn ganz ähnlich auch in der Natur finden könnte. Allerdings lassen sich die Kreisläufe natürlicher Lebensräume in einem Aquarium nicht vollständig nachbilden. So muss man zusätzliches Futter zur Verfügung stellen, Ausscheidungen der Fische und andere Schadstoffe regelmäßig entfernen und die eingesetzten Pflanzen pflegen. Für viele Faktoren lässt sich allerdings auch im Aquarium ein funktionierendes Gleichgewicht einstellen.

Dazu können auch die Aquarienpflanzen beitragen, die bestimmte Ausscheidungen der Fische, darunter Kohlendioxid, aus dem Wasser aufnehmen, um sie für ihren eigenen Stoffwechsel zu verwenden. Dadurch werden diese unerwünschten Substanzen aus dem Wasser entfernt; außerdem stellen die Pflanzen mit Hilfe der Photosynthese lebenswichtigen Sauerstoff für die Atmung der Fische zur Verfügung (ein Großteil des Sauerstoffs diffundiert aber auch über die Wasseroberfläche ein). Genaueres über diesen Themenkomplex kann man aus zahlreichen Büchern erfahren. Außerdem gibt es überall in Europa unzählige Aquarianervereine, denen man sich als Interessent anschließen kann.

Der Wert, den Aquarien für die Erziehung und Bildung haben, sollte nicht unterschätzt werden, denn bei richtiger Haltung kann man bei vielen Fischen sogar ihren vollständigen Lebenszyklus verfolgen. Und selbst wenn dies nicht der Fall ist, so lässt sich bei zahlreichen Arten zumindest ein breites Spektrum ihrer natürlichen Verhaltensweisen beobachten, etwa das Paarungsverhalten. Aber auch Kenntnisse über die Ökologie, Anatomie und Physiologie von Fischen lassen sich mit Hilfe eines Aquariums vertiefen. Zu den häufigeren europäischen Arten, die für diesen Zweck gern in Aquarien gehalten und vermehrt werden, gehören Elritze, Bitterling, Goldfisch, Dreistachliger Stichling und Groppe; typische Beispiele für außereuropäische Arten sind Guppy, Steinbarsch, Sonnenbarsch und Chanchito.

Da viele Menschen unsere einheimischen Fische nur von der Ladentheke des örtlichen Fischhändlers kennen, besteht bei der Erweiterung unseres Wissens über die europäische Fischfauna durchaus Nachholbedarf. Und weil es sehr schwierig ist, die Tiere in ihrem natürlichen Lebensraum zu beobachten, können die Anstrengungen einiger öffentlicher Aquarien, das ganze Spektrum der Fische eines Landes zu zeigen, nicht hoch genug eingeschätzt werden. Schließlich sind diese Arten bei genauer Betrachtung zumeist ebenso attraktiv und oft noch viel interessanter als die prächtig gefärbten exotischen Zierfische, die normalerweise in Schaubecken gehalten werden.

Für eine nähere Untersuchung lassen sich Fische mit sehr unterschiedlichen Methoden fangen. So stellt man größeren Arten vor allem mit der Angel nach, während kleinere meist mit einem Handnetz gefangen werden. Daneben gibt es noch eine Reihe weiterer Methoden für das Fangen von Fischen, von denen einige zwar sehr effizient, aber oft auch verboten sind. Dazu gehören das Elektrofischen und das Betäuben mit Gift, und natürlich lassen sich viele Arten auch mit Stell-, Zug- und Schleppnetzen oder Reusen fangen. Viele dieser Methoden sind sehr selektiv, so dass man nur Fische einer bestimmten Größe, einer bestimmten Art und manchmal sogar nur eines Geschlechts einfängt. Will man dagegen einen Überblick über die gesamte Fischpopulation eines Gewässers bekommen, empfiehlt es sich, verschiedene Methoden zu kombinieren.

Ausgewachsene Fische lassen sich normalerweise gut vor Ort bestimmen, so dass es keinen Anlass gibt, sie ins Labor zu bringen. Am besten setzt man sie nach der Identifizierung gleich wieder in ihr Gewässer zurück, es sei denn, sie sollen für Nahrungszwecke, für die Forschung oder andere legitime Ziele verwendet werden. Wenn es nicht möglich ist, die Tiere direkt zu bestimmen, muss man sie natürlich mitnehmen. Das kann in vielen Fällen lebend geschehen, aber oft ist es auch notwendig, die Fische zu töten, etwa wenn es sich um besonders große oder empfindliche Exemplare handelt oder wenn die Tiere für die Bestimmung seziert werden müssen.

Wenn nicht anders vermerkt, lassen sich mit den Bestimmungsschlüsseln dieses Buches keine Jugendstadien identifizieren. Der Hauptgrund ist, dass sich die Jungen der meisten Fische nach dem Ausschlüpfen einige Zeit lang ständig und sehr schnell verändern, so dass sie sich nur schwer bestimmen lassen.

Töten, Einfrieren und Fixieren

Eine der humansten Methoden, Fische ohne weitere Beschädigung zu töten, ist das Eintauchen in ein flüssiges Betäubungsmittel. Dieses narkotisiert die Tiere sehr schnell, so dass sie anschließend schmerzlos eingefroren oder in eine geeignete Fixierlösung gelegt werden können. Auf jeden Fall sollten Fische so frisch wie möglich untersucht werden, besonders dann, wenn die Färbung ein wichtiges Merkmal für die Bestimmung ist.

Bei eingefrorenen Fischen bleiben die Farben deutlich besser erhalten als bei fixierten Exemplaren. Am besten gibt man jedes Tier einzeln in einen Kunststoffbeutel mit etwas Wasser, der mit einem geeigneten Etikett versehen wird, und friert es so rasch wie möglich ein, wobei unbedingt darauf zu achten ist, dass die Flossen nicht beschädigt werden.

Allerdings lassen sich selbst derart behandelte Fische nicht unbegrenzt lagern. Das gilt vor allem, wenn sie zwischendurch für Untersuchungen aufgetaut und wieder eingefroren werden. Daher muss man Exemplare, die länger aufbewahrt werden sollen, in irgendeiner Form fixieren. Dazu wird zumeist vierprozentige Formaldehydlösung verwendet, die man allerdings sehr vorsichtig handhaben muss, da es sich um eine karzinogene Substanz handelt. Man legt die Fische zum Fixieren auf der Seite in ein flaches Gefäß, spreizt die Flossen und bedeckt das Tier dann vollständig mit der angesetzten Lösung, die dann mehrere Tage einwirken soll, um eine vollständige Fixierung sicherzustellen. Exemplare mit mehr als 30 cm Länge werden an der Bauchseite ein wenig aufgeschnitten oder man injiziert eine kleine Menge 40-prozentiges Formaldehyd in die Körperhöhle, um auf diese Weise eine vollständige Fixierung sicherzustellen. Anschließend kommen die Exemplare zur Aufbewahrung in beschriftete Kunststoffbeutel oder Glasgefäße mit vierprozentigem Formaldehyd oder weniger problematischen Konservierungsmitteln wie 70-prozentigem Alkohol oder einprozentigem Propylenphenoxetol.

Stehen die genannten Fixierlösungen nicht zur Verfügung, kann man sich auch mit leichter erhältlichen „Notfallmaterialien" behelfen, etwa mit Methylalkohol (7 Teile Alkohol, 3 Teile Wasser), Salz (1 Teil Salz, 2 Teile Wasser) oder Weinessig (Essigsäure) aus der Küche. Eier oder Larven lassen sich gut in Reagenzgläsern mit vierprozentigem Formaldehyd oder 70-prozentigem Alkohol aufbewahren. Wichtig ist, jeden Beutel oder Behälter mit einem Etikett zu versehen, auf dem alle wichtigen Daten (Art, Fundort, Datum, Angaben zum Biotop und Name des Sammlers) festgehalten sind.

Dokumentieren und Archivieren

Einige Fischarten lassen sich allein anhand ihrer Schuppen identifizieren; außerdem kann man aus gutem Material von den Flanken häufig das Alter der Tiere bestimmen sowie weitere wichtige Hinweise erhalten. Die Schuppen bewahrt man am besten in einem kleinen, zum Verschließen eingefalteten Umschlag auf, in dem sie sich fast unbegrenzt halten. Auch diese Probe sollte sorgfältig beschriftet werden (Fischart, Fundort, Datum, Name des Sammlers, Länge, Gewicht und Geschlecht des Tieres). Für die Untersuchung reinigt man die Schuppen und schaut sie sich dann trocken oder in Glyzerin eingelegt auf einem Objektträger unter dem Mikroskop an. Die Länge eines Fisches lässt sich auf unterschiedliche Weise bestimmen; meist misst man von der Schnauzenspitze bis zur Spitze des mittleren Strahls der Schwanzflosse.

Wie bei anderen Wirbeltieren sind auch bei Fischen die Knochen oft recht nützlich für die Bestimmung, und in einigen Fällen, zum Beispiel bei den Schlundknochen der Cyprinidae und den Pflugscharbeinen der Salmonidae, kann man allein mit ihrer Hilfe die genaue Art bestimmen. Manche Knochen können aber auch bei der Ermittlung des Alters hilfreich sein oder Hinweise auf den Wachstumsverlauf geben (z. B. die Kiemendeckel von Percidae und Esocidae). Das Präparieren und Konservieren solcher Knochen ist relativ einfach; wichtig ist aber, frisches oder eingefrorenes, also unfixiertes Material zu verwenden. Zur Untersuchung werden die betreffenden Knochen aus dem Fisch herausgetrennt und von Geweberesten befreit. Anschließend legt man sie einige Minuten in sehr heißes Wasser und reinigt sie dann vorsichtig mit einer kleinen, harten Bürste. Dieser Vorgang wird so oft wiederholt, bis die Knochen völlig sauber sind; danach legt man sie auf ein sauberes Stück Papier und lässt sie an einem warmen, aber nicht zu heißen Ort trocknen. Angaben wie Artname, Fundort, Datum, Name des Sammlers, Länge, Gewicht und Geschlecht des Fisches schreibt man am besten auf ein kleines Stück Karton, das man mit einem Faden direkt am Objekt befestigt, oder schreibt sie auf einen Umschlag oder kleinen Karton, in dem die Knochen aufbewahrt werden. So aufbereitete Knochen lassen sich nahezu unbegrenzt lagern.

Grundsätzlich ist es mit Hilfe dieses Buches möglich, alle in Europa vorkommenden Süßwasserfischarten zu bestimmen. Allerdings benötigt man in einigen Fällen etwas Übung und Erfahrung, um auf das richtige Ergebnis zu kommen. Außerdem muss man mit der Möglichkeit rechnen, dass man einen Hybriden oder eine ausgesetzte, also hier eigentlich nicht heimische Art vor sich hat. In solchen Fällen sollte man ein oder mehrere Exemplare der betreffenden Art wie beschrieben töten, konservieren und dann mit allen notwendigen Angaben zur Prüfung an einen Ichthyologen schicken. Es ist nicht ratsam, frische Exemplare per Post zu verschicken, weil Fische sehr schnell verderben. Bei fixiertem Material sollte man vor dem Versand das Konservierungsmittel entfernen; anschließend wickelt man die Tiere in weichen Baumwollstoff ein und legt sie in einen Kunststoffbeutel, der dann in einer gut ausgepolsterten Schachtel verschickt wird. Auf diese Weise bleibt der Fisch für mehrere Tage in gutem Zustand. Für gewöhnlich sind Museen die beste Adresse für seltene oder besonders schwierig zu bestimmende Exemplare.

Der Mensch nutzt Fische schon seit tausenden von Jahren – die meiste Zeit ohne erkennbare Auswirkungen auf die Populationen. In den letzten 200 Jahren und vor allem in den vergangenen Jahrzehnten hat der Einfluss des Menschen aber dramatisch zugenommen, so dass der Erhalt zahlreicher Bestände in Frage gestellt ist. Weil zudem viele der bedrohlichen Veränderungen in enger Wechselwirkung miteinander stehen, lassen sich die komplexen Folgen kaum vorhersagen.

Fischerei

Der Einfluss von Berufsfischern wie auch von Anglern auf einzelne Fischbestände reicht von völliger Ausrottung bis zu einem mehr oder weniger gesunden Verhältnis von Entnahme und Besatz, wie man es noch in vielen traditionsreichen Fanggebieten findet. Der Schlüssel zum Erfolg liegt dabei in der Aufrechterhaltung eines gesunden Gleichgewichts der Bestände mit genauer Überwachung der Fangquoten, die präzise Aussagen über eventuell notwendige Besatzmaßnahmen ermöglicht. Außerdem liegt es im ureigenen Interesse der Fischereibetriebe und Angler, die Schonzeiten genau zu beachten, nur Exemplare ab einer gewissen Größe zu fangen und die Fangquoten so auszurichten, dass die Bestände langfristig erhalten bleiben.

Eine Aufstockung der Bestände galt in der Vergangenheit – und bisweilen auch heute noch – als wichtigste Maßnahme zur Erhaltung der Fanggründe. Nun sind gesunde Fischbestände für alle Fischgründe unerlässlich, aber unterstützende Maßnahmen müssen eigentlich nur dort erfolgen, wo Laichgründe und spezielle Ruhezonen für Jungfische fehlen, so dass die Verluste durch eine Entnahme nicht ausgeglichen werden können. Die Zahl der Gewässer, in denen dies der Fall ist, hat allerdings stark zugenommen und wird in Zukunft vermutlich noch weiter anwachsen. Daher wird inzwischen vielfach eine strikte Form der Bewirtschaftung mit Einsetzen und Abfischen betrieben.

Jahr für Jahr werden unzählige Fische ausgesetzt, was insofern problematisch ist, als es nur sehr wenige aquatische Lebensräume gibt, in denen eine solche Maßnahme ohne schwerwiegende Folgen für das gesamte Ökosystem bleibt. Daher sollte man sich einen solchen Schritt vorher unbedingt sehr sorgfältig überlegen. Besonders gilt das für einheimische Arten, die außerhalb ihrer angestammten Verbreitungsgrenzen ausgesetzt werden. So sind beispielsweise mehrere Fälle bekannt, in denen neu eingeführte Hechte die im Gewässer vorhandenen Forellenpopulationen völlig ausrotteten.

Will man Fremdarten aussetzen, sollte damit ein bestimmter Zweck verbunden sein, etwa die Nutzung als Angelfisch. Außerdem muss man darauf achten, dass die neu eingeführten Fische keinen zerstörerischen Einfluss auf das Ökosystem haben. So müssen sich zum Beispiel Raubfische in das vorhandene Räuber-Beute-System einfügen und Pflanzenfresser dürfen die Vegetation des Biotops nicht zu stark schädigen. Außerdem sollte gewährleistet sein, dass man die neue Art leicht unter Kontrolle halten kann, etwa weil aufgrund der klimatischen Bedingungen eine Fortpflanzung ausgeschlossen ist.

Unter Umständen kann es aber gute Gründe dafür geben, einheimische Arten in neue Lebensräume umzusetzen, etwa weil eine frühere Population durch Umwelteinflüsse stark geschädigt wurde, die Bedingungen sich inzwischen jedoch wieder normalisiert haben. Aber auch neu geschaffene Gewässer, etwa Stauseen, werden durch Besatzmaßnahmen schneller besiedelt. Auf keinen Fall sollten aber neue Fischarten in ein Gewässer mit gefährdeten Arten eingesetzt werden, während es durchaus wünschenswert sein kann, gefährdete Fische aus Gründen der Arterhaltung in ein neues, geeignetes Biotop umzusetzen.

Gewässerverunreinigung und Eutrophierung

Die meisten Gewässerverunreinigungen werden durch Abwässer aus Haushalten, Industrieanlagen und Landwirtschaft verursacht, wobei die ins Wasser gelangenden Substanzen oft für alle, manchmal aber auch nur für einige, zumeist besonders empfindliche Arten gefährlich sind. Häufig verändern sich die Umweltbedingungen durch die Abwässer aber auch in einer Weise, die die Ausbreitung einer bestimmten Art fördert, während eine andere beeinträchtigt wird.

Dank der großen Zahl von Flüssen und der ausgedehnten küstennahen Gebiete in Europa sind die stehenden Gewässer hier weniger von Verschmutzung bedroht, weil die meisten Abwässer in die Flüsse oder direkt ins Meer geleitet werden, so dass vor allem die Fische dieser Ökosysteme betroffen sind. Als besonders gefährdet gelten dabei Süßwasserarten mit Bindung ans Meer, denn die Unterläufe und Mündungsgebiete vieler Flüsse sind besonders stark verunreinigt, und genau diese Gewässerzonen müssen die Tiere in irgendeiner Phase ihres Lebenszyklus passieren. So kann die Verschmutzung in einem bestimmten Teil eines Flusssystems die gesamte Fischpopulation des Gewässers gefährden, denn sie wirkt wie eine Barriere, mit dem Ergebnis, dass manchmal die Biodiversität eines Flusses allein durch ein verschmutztes Mündungsgebiet halbiert wird.

Die Eutrophierung eines Gewässers kann als schleichende Verschmutzung betrachtet werden. Das Phänomen tritt dann ein, wenn nach und nach immer mehr Nährstoffe ins Wasser gelangen, die meist aus Haushalten, Industrieanlagen und landwirtschaftlichen Betrieben stammen (der Prozess kann aber auch natürliche geologische Ursachen haben). Folge der Gewässer-Eutrophierung ist ein verstärktes Algenwachstum, verbunden mit Veränderungen der Wirbellosen- und Fischfauna.

Bei Fischen lässt sich als Reaktion auf Eutrophierung zunächst eine deutliche Erhöhung der Wachstumsrate feststellen; es scheint aber auch eine direkte Beziehung zwischen beschleunigter Eutrophierung und erhöhtem Auftreten von Fischparasiten zu bestehen. Mit dem Übergang von sauberem, sauerstoffreichem zu eutrophiertem, trübem, sauerstoffarmem Wasser nutzen viele Fische ihre angestammten Laichgründe häufig nicht mehr so regelmäßig wie zuvor. Besonders betroffen sind Arten, die in tieferem Wasser ablaichen, etwa Renken. In Seen, die im Laufe ihrer Entwicklung eine natürliche Eutrophierung durchlaufen, scheint es eine Sukzession in der Dominanz einzelner Fischarten zu geben, die von Lachsfischen über Renken und Barsche bis zu Karpfenfischen führt. Die Ursachen dafür sind bisher noch nicht genau erforscht.

Versauerung von Gewässern

Saure Niederschläge haben in den letzten Jahren viele Fischbestände, vor allem in Skandinavien und auf den Britischen Inseln, stark beeinträchtigt. Als besonders gefährdet gelten Lachsfische (Salmonidae), aber auch viele andere Fischarten. So zeigte sich bei einer Untersuchung der Fischpopulation in 50 südschwedischen Seen, dass im Fall einer Versauerung die Bestände an Forellen, Saiblingen, Plötzen und Elritzen deutlich in Mitleidenschaft gezogen wurden, und Lachse sind in den letzten Jahrzehnten aus einigen schwedischen Flüssen sogar völlig verschwunden. Saurer Niederschlag hat auch Fischpopulationen in Südnorwegen vernichtet, die sich zuvor hauptsächlich aus Lachsen, Forellen und Saiblingen zusammengesetzt hatten.

Ein typischer Effekt von Versauerung auf die betroffenen Fischbestände ist der Ausfall einzelner Generationen. Dadurch kommt es zu einer veränderten Altersstruktur und Dezimierung des Bestandes, weil viele Fische ähnlicher Größe um die gleiche Nahrung konkurrieren. Angler haben allerdings den Eindruck, die Bedingungen hätten sich verbessert, weil sie größere Fische fangen, wenn auch in geringerer Zahl. Ohne Besatzmaßnahmen gehen die Fänge allerdings immer weiter zurück, bis schließlich überhaupt keine Fische mehr vorhanden sind.

Forstwirtschaftliche Maßnahmen

Die Aufforstung mit Nadelbäumen, aber auch andere forstwirtschaftliche Maßnahmen, etwa das Fällen größerer Baumbestände oder Erdarbeiten, können sich negativ auf Süßwasserbiotope auswirken. So wird nach einer Aufforstung durch die neuen Bäume mehr Wasser verbraucht, das nun nicht mehr in die Flüsse versickert, während das Fällen einer größeren Zahl von Bäumen den Wasserstand zu bestimmten Jahreszeiten deutlich erhöhen kann. Nach Baumfällarbeiten wird der ungeschützte Oberboden verstärkt in die Flüsse abgeschwemmt, und in den Sommermonaten verdunstet mehr Wasser aus Gewässern, die nun nicht mehr beschattet werden.

Auch die Wasserqualität kann sich durch forstwirtschaftliche Maßnahmen verändern. So wird das Wasser häufig nährstoffreicher, vor allem durch eingeschwemmte fruchtbare Erde oder sogar Dünger, der frisch gepflanzten Bäumen das Anwachsen erleichtern sollte. Hinzu kommen Luftschadstoffe (besonders Sulfate), die, von den Nadelbäumen aufgefangen, mit dem Regen auf den Boden gelangen und ihn ansäuern. In Regionen mit basischen Böden ist dies weniger dramatisch, weil die sauren Substanzen zum Teil neutralisiert werden, aber in Regionen mit sauren Böden kommt es häufig zu Problemen, weil Aluminium und andere Schwermetalle, die aus sauren Böden leichter ausgeschwemmt werden, in die Gewässer gelangen.

Die genannten Veränderungen können die Pflanzen und Tiere des Süßwassers auf unterschiedlichste Weise beeinflussen. So verschlechtern höhere Temperaturen aufgrund niedriger Wasserstände vor allem die Lebensbedingungen vieler Tiere, während sich höhere Wasserstände und eine damit verbundene stärkere Strömung negativ auf das Pflanzenwachstum auswirken, wenn in größerer Tiefe nicht mehr ausreichend Sonnenlicht vorhanden ist und die Schlammbildung zunimmt. Die Anreicherung des Wassers mit Nährstoffen kann im Wasser eine Algenblüte verursachen, die häufig das tierische und pflanzliche Leben beeinträchtigt. Auch eine Verringerung des pH-Wertes kann die Struktur der Pflanzen- und Wirbellosengesellschaften stark verändern und damit die Lebensbedingungen für Fische

▲ Durch die Aufforstung mit Nadelbäumen ist das Wasser in vielen Stauseen deutlich saurer geworden.

und andere Wirbeltiere wie Amphibien oder Vögel beeinträchtigen, bis hin zum völligen Verschwinden.

Wasserkraftwerke

Wasserkraftwerke können ebenfalls lokale Fischbestände schädigen, vor allem die des Atlantischen Lachses. Dagegen scheinen Saiblinge weniger betroffen zu sein als andere Lachsfische, denn einige Populationen hauptsächlich Plankton fressender Arten profitieren ganz offensichtlich von schwankenden Wasserständen, während Forellenbestände unter solchen Bedingungen eher zurückgehen. Der Grund dafür könnte sein, dass schwankende Wasserstände die Flora und Fauna der Uferzonen beeinträchtigen, die gerade für Forellen eine wichtige Nahrungsquelle darstellen. Dagegen wird das Planktonvorkommen kaum beeinflusst, so dass die Saiblinge ausreichend Nahrung finden.

Zu Beeinträchtigungen oder gar Verlusten kommt es häufig auch, wenn in den zugehörigen Stauseen größere Wasserregulierungsmaßnahmen notwendig sind. Außerdem werden schon bei der Planung der Kraftwerke und Stauseen schwere Fehler gemacht. So sterben beispielsweise jedes Jahr im Loch Lee in Schottland zahlreiche Saiblinge, weil es ganz in der Nähe ihrer Laichgründe einen Überlauf gibt, in den die Tiere nach der Eiablage leicht geraten.

Sonstige Landnutzung

Auch andere Formen der Landnutzung können bestimmte Fischpopulationen beeinflussen. So werden beispielsweise oft kleine Flüsse in große Seen verwandelt, weil ein Staudamm zur Elektrizitätsgewinnung oder Wasserversorgung gebaut wird. Manchmal kommt es in diesen Reservoiren auch noch zu starken Wasserstandsschwankungen, was nicht nur zur Beeinträchtigung der am Ufer lebenden Organismen führt, von denen sich bestimmte Fische ernähren, sondern auch die Laichgründe im flachen Uferbereich oder in den überfluteten Nebenflüssen zerstört, auf die manche Fischarten angewiesen sind.

In Spanien und einigen anderen europäischen Ländern handelt es sich bei der Mehrzahl der stehenden Gewässer um Stauseen, deren Dämme normalerweise ein unüberwindliches Hindernis für Wanderfische darstellen. Zwar wird inzwischen versucht, diese Probleme durch den Bau von Fischtreppen und ähnlichen Vorrichtungen, aber auch durch Anlegen von Ersatzlaichgründen zu beheben, aber bisher macht man sich diese Mühe fast nur bei Arten, die für Angler interessant sind.

Ein weiteres ernstes Problem ist die Trockenlegung und das Auffüllen von Tümpeln, Weihern, Teichen und kleinen Seen oder anderen, unbedeutend erscheinenden Gewässern. Solche Lebensräume sind für viele kleinere Fischarten von großer Bedeutung, es gibt aber dennoch nur selten einen Aufschrei der Empörung, wenn diese Biotope zerstört werden. Die Argumente für ihre Vernichtung sind stets die gleichen (man benötigt Platz für eine preiswerte Entsorgung von Abfall oder neue Flächen für die Landwirtschaft oder für Industrieanlagen; man beseitigt eine Gefahrenquelle für Kinder), aber glücklicherweise entstehen heute in manchen Ländern auch wieder neue Gewässer, etwa dort, wo Kies abgebaut wird oder Wasserreservoire für die Landwirtschaft angelegt werden. Zwar stehen hinter diesen Maßnahmen ökonomische Interessen, aber das schließt ja nicht aus, dass die neuen Gewässer dennoch als wichtige Refugien für gefährdete Tier- und Pflanzenarten dienen können.

Auf den Kartenskizzen im Bestimmungsteil des Buches ist das zurzeit bekannte Verbreitungsgebiet der einzelnen Arten angegeben. Vergleicht man diese Angaben mit älteren Karten, so sieht man, dass sich einige Arten inzwischen weiter ausgebreitet haben; bei vielen Süßwasserfischen ist die Verbreitung aber auch rückläufig, und einige sind sogar vom Aussterben bedroht – hauptsächlich durch menschliche Einflüsse. Soll diese Tendenz gestoppt werden, wird noch sehr viel Grundlagenforschung notwendig sein, in die man vor allem weniger häufige Arten einbeziehen muss.

Unter dem Schutz von Süßwasserfischen verstehen verschiedene Menschen oft ganz unterschiedliche Dinge. So haben sich die Maßnahmen in der Vergangenheit hauptsächlich auf Arten konzentriert, die in wirtschaftlicher Hinsicht oder für den Angelsport interessant sind. Inzwischen erkennen aber immer mehr Menschen, welche Bedeutung die Gewässer für uns haben, und der Anblick eines gesunden, klaren Gewässers mit munteren Fischen ist für viele ein wohltuendes Erlebnis.

Auch der pädagogische Wert des Umgangs mit den Wasserbewohnern ist nicht zu unterschätzen. Viele Kinder, aber auch Eltern haben Freude daran, Fische in Teichen oder Aquarien zu halten; an Schulen und Universitäten dienen Fische dazu, Verhaltensweisen zu beobachten und anatomische Einzelheiten kennen zu lernen. Auch ökologische Zusammenhänge lassen sich studieren, nicht zuletzt, weil viele Fische eine wichtige Nahrungsquelle für interessante oder seltene Vögel sind.

Auch zahlreiche wissenschaftliche Studien befassen sich mit Fischen. So werden beispielsweise Untersuchungen zur Resistenz gegenüber Schadstoffen durchgeführt, und man versucht herauszufinden, was zum Schutz seltener Arten oder isolierter Populationen unternommen werden kann.

Europäische Gesetzgebung

In der Zeit vor 1970 gab es in Europa kaum gesetzliche Maßnahmen zum Schutz der einheimischen Süßwasserfische. Eine Ausnahme bildeten lediglich in gewissem Umfang die für Angler interessanten Arten, die zumindest lokal geschützt wurden. Das änderte sich in den 80er und 90er Jahren des letzten Jahrhunderts, als in Europa zahlreiche internationale und nationale Bestimmungen und Gesetze zum besseren Schutz von Süßwasserfischen und ihren Lebensräumen erlassen wurden. Die wichtigsten internationalen Gesetze, die jeder kennen sollte, der sich mit europäischen Süßwasserfischen beschäftigt, sind nachfolgend aufgeführt.

Ramsar-Konvention 1971. Die Ramsar-Konvention war das erste internationale Abkommen zum Schutz von Feuchtgebieten mit internationaler Bedeutung. Bis zum Jahr 2000 wurden 1005 Feuchtgebiete in 116 Staaten unter Schutz gestellt, mit einer Gesamtfläche von 71 Millionen Hektar. Das Hauptziel der Konvention ist der Schutz der jeweiligen Lebensräume, und auch wenn in diesem Abkommen die Fische nicht gesondert erfasst wurden, umfassen doch viele Schutzgebiete große Flächen mit freiem Wasser, die Lebensraum für zahlreiche Süßwasserfische sind.

CITES 1975. Die „Convention on International Trade in Endangered Species of Wild Fauna and Flora", kurz CITES oder auch „Washingtoner Artenschutzabkommen" genannt, ist der Versuch zahlreicher Nationen, den Handel mit bedrohten Tier- und Pflanzenarten zu regulieren und in einigen Fällen auch zu verbieten. In den Anhängen zu diesem Abkommen sind auch Fischarten aufgeführt, darunter auch einzelne europäische, beispielsweise der Stör.

Berner Konvention 1979. Die Berner Konvention ist das erste europäische Abkommen zur Erhaltung der in Europa vorkommenden Pflanzen und Tiere sowie ihrer natürlichen Lebensräume. In den Anhängen sind nicht nur gefährdete Arten aufgeführt, sondern auch Nutzungsbeschränkungen und Bestimmungen zum Schutz von Lebensräumen beschrieben.

Bonner Konvention 1979 und 1994. Die Bonner Konvention ist ein Abkommen zur Erhaltung wildlebender wandernder Tierarten von der Arktis bis Afrika. In Anhang II sind auch Fische aufgelistet, allerdings nur wenige Arten.

Biodiversitäts-Konvention 1992. Die Biodiversitäts-Konvention, auch „Abkommen über die biologische Vielfalt" genannt, wurde während der UN-Konferenz über Umwelt und Entwicklung im Juni 1992 in Rio de Janeiro von 150 Staats- und Regierungschefs unterzeichnet. In der Folge erarbeiteten zahlreiche europäische Staaten detaillierte Strategien, um die Pläne in die Praxis umzusetzen. Dazu gehören die Erhaltung gefährdeter Ökosysteme sowie der Schutz gefährdeter Tiere und Pflanzen, mit dem Ziel, die Biodiversität in den betroffenen Ländern zu erhalten und zu verbessern.

Fauna-Flora-Habitat-Richtlinie 1992 (FFH). Die Europäische Gemeinschaft übernahm im Mai 1992 die Richtlinie 92/43/EWG des Rates der Europäischen Gemeinschaften zur Erhaltung der natürlichen Lebensräume sowie der darin lebenden Tiere und Pflanzen (Directive 92/43/EEC on the conservation of natural habitats and of wild flora and fauna – ECHD). Hauptziel dieser Richtlinie ist es, „die Erhaltung der biologischen Vielfalt in Europa zu fördern, wobei jedoch die wirtschaftlichen, sozialen, kulturellen und regionalen Anforderungen berücksichtigt werden sollen". Um das zu verwirklichen, wurde auch ein länderübergreifendes Schutzgebietssystem innerhalb der EG geschaffen, das als „Natura 2000" bekannt ist. Hierbei lassen sich die nach nationalem bzw. Länderrecht rechtsverbindlich ausgewiesenen besonderen Schutzgebiete im Sinne der Richtlinie 92/43/EWG (Special Area of Conservation, SAC) und Bereiche nach der älteren Richtlinie 79/409/EEC (Special Protection Area, SPA) unterscheiden. Gefordert wird darin, dass alle Mitgliedsstaaten ein wirksames System installieren, um zu verhindern, dass geschützte Tiere und Pflanzen gefangen oder getötet bzw. zerstört werden. Gleichzeitig will man Anstrengungen zur Wiederherstellung oder Erhaltung bestimmter natürlicher Lebensräume unternehmen, die schließlich ein zusammenhängendes europäisches ökologisches Netz bilden sollen, in dem gefährdete Arten langfristig eine Überlebenschance haben. Süßwasserfische sind in den Anhängen II (Tier- und Pflanzenarten von gemeinschaftlichem Interesse, für deren Erhaltung besondere Schutzgebiete ausgewiesen werden müssen), IV (Streng zu schützende Tier- und Pflanzenarten von gemeinschaftlichem Interesse) und V (Tier- und Pflanzenarten von gemeinschaftlichem Interesse, deren Entnahme aus der Natur und Nutzung Gegenstand von Verwaltungsmaßnahmen sein können) aufgeführt.

EG-Wasserrahmenrichtlinie 2000. Die Wasserrahmenrichtlinie (EG-WRRL) Nr. 2000/60/EG, die im Dezember 2000 in Kraft getreten ist, soll einen einheitlichen Ordnungsrahmen der europäischen Gemeinschaft in der Wasserpolitik schaffen. Unter anderem verpflichten sich die Mitglieder darin, ihr Oberflächen- und Grundwasser zu schützen, „um eine weitere Verschlechterung aquatischer Ökosysteme zu verhindern und deren mengen- und gütemäßigen Zustand zu schützen und zu verbessern". Als eines der Hauptkriterien für die Qualität des Wassers gilt das Vorhandensein bestimmter Fischpopulationen in Süßwasserbiotopen, so dass diese Richtlinie zweifellos eine große Hilfe beim Schutz von Süßwasserfischen in Europa sein wird.

Der Punkt „Schutzkategorie" bei den Beschreibungen im Artenteil gibt Auskunft darüber, welche Fische in oben genannten Konventionen oder Richtlinien aufgeführt sind. So bedeutet beispielsweise „FFH IV", dass die Art in Anhang IV der Fauna-Flora-Habitat-Richtlinie der Europäischen Union 1992 (FFH) aufgeführt ist.

Aktiver Naturschutz

Trotz der oben genannten Konventionen und Richtlinien ist der Schutz der meisten europäischen Fische immer noch nicht ausreichend gewährleistet. Etwas besser gestellt sind eine Reihe von Arten, an denen Angler ein Interesse haben. Aber selbst für diese Gruppe existieren in den meisten Ländern keine wirklich ausreichenden Bestimmungen.

Daher gibt es bei den Schutzmaßnahmen für Fische noch sehr viel Nachholbedarf. So muss man nicht nur den Status der einzelnen Fischarten in den verschiedenen geographischen Regionen definieren, sondern auch die Bedingungen für die am stärksten gefährdeten Arten so schnell wie möglich verbessern. Zusätzlich müssen an geeigneten Stellen neue Lebensräume geschaffen werden – entweder, um neue Populationen als Ersatz für bereits verschwundene anzusiedeln, oder um für die wenigen Exemplare, die noch vorhanden sind, bessere Lebensbedingungen zu schaffen. Schließlich muss praktisch jede Art, die nur an wenigen Standorten zu finden ist, als potenziell gefährdet gelten, so dass die Schaffung von zusätzlichen unabhängigen Beständen eine dringende und lohnende Schutzmaßnahme ist.

Leider sind die Lebensräume vieler Fische in der Vergangenheit stark geschädigt worden, und die Situation lässt sich wohl kurzfristig auch kaum beheben. Daher sind in vielen Fällen bereits einzigartige Vorkommen vollständig verschwunden. Eine wichtige Zwischenlösung könnte die Schaffung neuer Biotope und die Ansiedlung gefährdeter Arten sein, aber langfristig gesehen ist der Schutz und die Wiederherstellung der ursprünglichen Lebensräume sicher die bessere Lösung. Daher sind die Beschlüsse der Ramsar-Konvention und die Fauna-Flora-Habitat-Richtlinie der Europäischen Union auch so wichtig.

Das Umsetzen gefährdeter Arten in andere Gewässer kann ohne jede Gefahr für die vorhandene Population erfolgen, wobei allerdings einige Dinge beachtet werden müssen. Bei den meisten Fischarten ist es möglich, ausgewachsene Exemplare zur Laichzeit einzufangen, um Rogen und Milch abzustreifen. Danach werden die Tiere wieder ins Wasser gesetzt, wo sie dann in den

▲ Loch Skene, wo kürzlich eine neue, der Arterhaltung dienende Population der Kleinen Maräne angesiedelt wurde

nächsten Jahren wieder ganz normal ablaichen werden. Und da die meisten Arten einen großen Überschuss an Eiern produzieren, kann man diese Entnahme auch bedenkenlos durchführen, weil die Population keinen Schaden nimmt. Anschließend wird der befruchtete Laich in das neue Gewässer transportiert, oder man lässt die Jungen in einer Zuchtanstalt ausschlüpfen und setzt später verschiedene Jungfischstadien aus.

Gefährdete Arten

Angesichts der starken Gefährdung vieler Populationen gehört die Entwicklung von Programmen zur Verbreitung gefährdeter Arten zu den wichtigsten Aufgaben. Allerdings ist es oft schwierig, Biotope zu finden, die aus ökologischer und geographischer Sicht für die Neuansiedlung geeignet sind; zudem benötigt man die Genehmigung des Eigentümers. Ein Problem ist aber auch, dass die meisten Gewässer natürlich schon von anderen, häufigeren Arten bewohnt werden.

Die Vermehrung von gefährdeten Tierarten in Gefangenschaft wird heute bereits weltweit durchgeführt, und dies gilt auch für Fische. Allerdings kann es sich bei solchen Maßnahmen in aller Regel nur um ein Notprogramm handeln, nicht zuletzt, weil es bei den zumeist nur wenigen Exemplaren schon in genetischer Hinsicht schnell zu Problemen kommt. Soll jedoch nur eine Generation herangezogen werden, hat dieses Vorgehen für bestimmte Arten durchaus Vorteile, beispielsweise wenn es aus ökologischen oder logistischen Gründen schwierig ist, dem betreffenden Ökosystem ausreichend Eier oder Jungfische zu entnehmen. In solchen Fällen kann es also durchaus sinnvoll sein, wenn einige Exemplare in Gefangenschaft gehalten werden, um deren Nachkommen in größerer Zahl freizusetzen. Um Inzucht zu vermeiden, sollte man sich dabei aber stets auf nur eine Generation beschränken.

Moderne Methoden, bei denen Eier oder Spermien schnell bei sehr niedrigen Temperaturen eingefroren werden (Kryokonservierung), haben sich auch bei Fischen als bedingt erfolgreich erwiesen. So waren Spermien, auch wenn sie mehrere Jahre eingefroren waren, nach dem Auftauen immer noch lebensfähig. Allerdings funktioniert die Methode bei Fischeiern bisher noch nicht, obwohl inzwischen sehr viele

▲ Ein Wandersaibling aus Loch Einich. Leider sind die Bestände dieses hübschen Fisches in vielen Gewässern stark rückläufig.

Versuche unternommen wurden. Daher hat die Kryokonservierung nur eingeschränkten Wert für die Erhaltung gefährdeter Fischarten. Dennoch sollte sie bei Spezies, die akut vom Aussterben bedroht sind, so weit wie möglich Anwendung finden, denn wenn das Verfahren eines Tages perfektioniert ist, könnte es eine wichtige Rolle für die kurzfristige Erhaltung zahlreicher Fischarten spielen.

Zukünftige Entwicklungen

Die oben geschilderten Probleme werden auch in Zukunft weiter bestehen und sich vermutlich sogar noch verschärfen, weil der Bedarf an Wasser für Industrie, Haushalt und Freizeit weiter zunehmen wird. Dabei werden vor allem besonders gefährdete Arten betroffen sein, die bei Anglern weniger begehrt sind. Es wird aber vermutlich auch zu Schäden an bisher intakten Populationen durch Umweltgifte und andere äußere Einflüsse kommen. Auch werden von Anglern durchgeführte Besatzmaßnahmen wahrscheinlich immer häufiger zu instabilen Monokulturen führen, wie es bei der eingebürgerten Regenbogenforelle bereits häufig der Fall ist. Aber auch die Eutrophierung der Gewässer wird vermutlich weiter zunehmen und für Bedingungen sorgen, unter denen sich nur die robusteren und für Angler interessanten Arten durchsetzen werden, etwa der Blei.

Durch die Gewässerverschmutzung wurden in der Vergangenheit bereits eine Reihe von Wanderfischpopulationen und Arten, die hauptsächlich in Flussmündungen zu finden sind, ausgerottet. Diese Gefährdung dürfte in den kommenden Jahren allerdings etwas geringer werden, so dass möglich sein sollte, diese Populationen wieder neu anzusiedeln. In einigen Flüssen, etwa im Clyde und im Rhein, haben sich Teile der Fischfauna sogar auf natürliche Weise regeneriert. Wo die Verschmutzung anhält oder sogar zunimmt, werden allerdings die empfindlicheren Arten, etwa Lachse, vollständig verschwinden und durch robustere Arten wie die Plötze ersetzt werden. Und auch willkürliche Besatzmaßnahmen wird es in Zukunft weiterhin geben, wobei es sich hauptsächlich um für Angler interessante Arten handeln dürfte, einschließlich Köderfischen. Ganz abgesehen von den ökologischen Auswirkungen werden solche Maßnahmen aber zweifellos auch zu einer Verarmung des Genpools führen.

Der menschliche Einfluss auf die Gewässer wird wahrscheinlich in Zukunft dazu führen, dass sich robustere und anpassungsfähigere Fische stärker durchsetzen und empfindlichere Arten zurückgedrängt werden. Beispiele dafür sind Kaulbarsch und Hasel, die sich ständig weiter ausbreiten, während die Zahlen bei den Maränen und Saiblingen rückläufig sind. Durch die Vernichtung kleiner Gewässer werden natürlich auch die Bestände von kleinen Arten, zum Beispiel Hundsfischen, weiter rückläufig sein.

Wenn die Prognosen stimmen, wird in Europa zukünftig noch mit einer Zunahme der Sportfischerei zu rechnen sein – dennoch wird sich die Situation bei den Süßwasserfischen insgesamt aber eher verschlechtern. So wird bei Arten, die häufig geangelt werden, wahrscheinlich ein Verlust an genetischer Vielfalt eintreten, verbunden mit zunehmender Anfälligkeit der Fische für Krankheiten und Parasiten sowie einer geringeren Stabilität vieler Ökosysteme. Aber auch bei Arten, an denen Angler kein Interesse haben, sind ähnliche Veränderungen zu erwarten; außerdem werden nicht nur viele kleine, lokale Populationen verschwinden, sondern in Extremfällen auch Arten aussterben.

Die größte Zukunftshoffnung scheint darin zu liegen, dass in der Sportfischerei die Bereitschaft wächst, mehr Verantwortung für unsere einheimischen Fischbestände zu übernehmen, und auch die Entscheidungsträger in allen Bereichen der Wassernutzung müssen bei ihren Planungen verantwortungsvoller vorgehen. So sollte man die Vernichtung kleinerer Gewässer so weit wie möglich untersagen und zudem neue Tümpel und Teiche in Naturschutzgebieten anlegen. Diese müssen – ebenso wie alle neu geschaffenen Stauseen – so gestaltet werden, dass Ökosysteme entstehen, die sich für die Ansiedlung verschiedenster Fischarten eignen.

Wichtig ist aber auch eine strenge Kontrolle der Einleitung von Abwässern und bei der Umsiedlung von Fischbeständen (auch häufigen Arten) von einem Stausee zum andern. Weiterhin muss der Schutz seltener Arten verstärkt werden, und wertvolle Bestände häufigerer Arten gilt es zu erhalten, indem man ihre Lebensräume sichert und Teile der Population in geeignete Biotope umsiedelt. Eine weitere Maßnahme könnte darin bestehen, häufigere Arten wieder in Ökosystemen anzusiedeln, aus denen sie bereits verschwunden sind (etwa in Mündungsgebieten), sobald sich die Bedingungen dort wieder normalisiert haben. Dafür muss der Besatz aber sehr sorgfältig ausgewählt werden.

Allerdings ist es keinesfalls notwendig, dass in jedem Gewässer Fische leben – vielmehr sollte man sogar darauf achten, dass einige fischfrei bleiben, damit sich dort eine vielfältige und interessante Pflanzen- und Wirbellosengemeinschaft ohne Fische entwickeln kann.

Die europäischen Süßwasserfische

Neunaugen – Familie Petromyzontidae

Die Neunaugen (Petromyzontidae) gehören zu einer kleinen Wirbeltiergruppe, die man als Agnatha bezeichnet, was so viel wie „kieferlos" bedeutet. Dieser Name weist bereits auf einen wichtigen Unterschied zwischen den Neunaugen und den echten Fischen hin, denn während Letztere einen mit dem Schädel verbundenen Ober- sowie einen beweglichen Unterkiefer besitzen, haben adulte Neunaugen keinen Unterkiefer, sondern ein scheibenförmiges Saugmaul mit Hornzähnen. Die Anzahl und Stellung der Zähne unterscheidet sich bei den einzelnen Arten, so dass man sie in vielen Fällen zur Bestimmung heranziehen kann.

Neunaugen zeigen aber noch eine Reihe weiterer typischer Merkmale: Sie haben einen aalähnlichen Körper, besitzen im Gegensatz zu den Aalen aber keine paarigen Flossen und keine Schuppen; sie haben keine Knochen, sondern die Skelettstrukturen bestehen aus einer festen, aber flexiblen Knorpelmasse. Die unpaare Nasenöffnung liegt auf der Kopfoberseite unmittelbar vor den Augen; die Kiemenöffnungen, die keinen Deckel aufweisen, befinden sich in einer Reihe direkt hinter den Augen. Adulte Exemplare haben zwei Rückenflossen, die mit der Schwanzflosse häufig einen durchgehenden Flossensaum bilden.

Der bei den meisten Neunaugenarten sehr ähnlich verlaufende Lebenszyklus schließt eine Wanderung der adulten Tiere in spezielle Laichgewässer ein. Dabei handelt es sich normalerweise um Fließgewässer mit einem Untergrund aus Steinen oder Kies. Dort laichen die Neunaugen paarweise oder in Gruppen ab, wobei die Eier zumeist in einfachen, oft nur aus einer Bodenvertiefung bestehenden Nestern (Laichgruben) abgelegt werden. Diese können sich unter großen Steinen, im Wasser liegenden Baumstämmen oder zwischen Pflanzen befinden, wobei die mit dem Saugmaul ausgehobenen Steinchen häufig zu einem schützenden Ring aufgeschichtet oder sogar zum Bedecken des Geleges verwendet werden. Nach dem Ausschlüpfen siedeln sich die langgestreckten Larven, die „Querder", in ruhigeren Gewässerzonen mit weichem Untergrund an, wo sie die nächsten Jahre im Boden vergraben zubringen. Die Larven, die blind sind und denen noch Saugmaul und Zähne fehlen, filtrieren ihre Nahrung – größtenteils Kleinstlebewesen, darunter Kieselalgen (Diatomeen) – aus dem Wasser; anschließend werden die Nahrungspartikel im Kiemendarm eingeschleimt und ins Verdauungssystem befördert. Die Umwandlung der Larve zum ausgewachsenen Tier (Metamorphose) findet meist innerhalb weniger Wochen statt. In dieser Zeit entwickeln sich das Saugmaul und die Raspelzähne, die Haut verfärbt sich und wird dadurch weniger durchscheinend, außer über den jetzt vorhandenen Augen. Anschließend verlassen die Tiere das Gebiet, in dem sie geschlüpft sind.

Einige Arten nehmen als adulte Tiere keine Nahrung mehr auf, sondern wandern nach der Metamorphose weiter flussaufwärts, laichen ab und sterben. Die meisten Neunaugenarten gehen aber nach der Metamorphose zu einer parasitischen Lebensweise über, als Wirte dienen verschiedene Süß- und Meerwasserfische. Die Tiere heften sich mit ihrem Saugmaul an die Flanke des Fisches, raspeln die Schuppen ab und ernähren sich dann von Muskelfleisch und Körperflüssigkeiten des Wirtes. Nach dem Erreichen der Geschlechtsreife lösen sich die Neunaugen vom Wirtstier und wandern in ihre Laichgründe. In dieser Phase fallen besonders viele Tiere ihren Fressfeinden zum Opfer, zu denen Raubfische, Reiher, Möwen, Otter und Nerz gehören.

Viele Wirtsfische gehen ein, nachdem sich die Neunaugen abgelöst haben, so dass in Nutzfischbeständen erhebliche Verluste entstehen können. Dies war beispielsweise auch in Nordamerika der Fall, wo Meerneunaugen nach dem Bau eines neuen Kanals erstmals Zugang zu den Großen Seen erhielten. Schon bald darauf kam es dort zu einem deutlichen Rückgang verschiedener Nutzfische, besonders dramatisch waren die Verluste beim Amerikanischen Seesaibling. Daher mussten die Behörden eine Zeit lang jährlich rund zehn

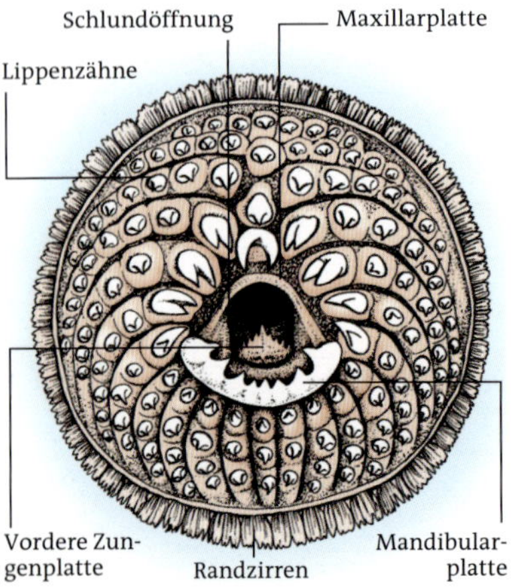

◀ **Bau der Mundscheibe eines adulten Neunauges**

Millionen Dollar ausgeben, um die Ausbreitung des Meerneunauges in Grenzen zu halten. In Europa gelten Neunaugen in einigen Ländern als Delikatesse, zum Beispiel das Meerneunauge in Portugal und das Flussneunauge in Finnland. Auch in England wurden Flussneunaugen – geräuchert oder in Öl eingelegt – früher hoch geschätzt; König Heinrich I. ist angeblich nach überreichlichem Verzehr dieser Tiere, deren Haut ein Gift enthält, gestorben. Verhindern lassen sich solche Vergiftungen angeblich dadurch, dass man die Neunaugen vor der Zubereitung lebend in Salzwasser wirft, worauf sie reichlich Schleim ausscheiden und mit ihm die meisten Toxine.

Weltweit gibt es 34 Neunaugenarten, die man vier unterschiedlichen Gattungen zuordnet; ihre Verbreitung ist auf die gemäßigten Zonen der Nord- und Südhemisphäre beschränkt. In europäischen Flüssen und Seen kommen zehn Arten (sowie eine Reihe von Unterarten) vor.

Bestimmungsschlüssel für die europäischen Arten der Neunaugen

1	Maxillarplatte schmal mit 1 oder 2 Zähnen	2
	Maxillarplatte breit mit 1 Zahn auf jeder Seite	3
2	Maxillarplatte mit 2 Zähnen, Mandibularplatte mit 7–8 Zähnen; Zähne kräftig, scharf; vordere Zungenplatte mit einer Einsenkung in der Mitte	*Petromyzon marinus* S. 79
	Maxillarplatte normalerweise mit 1 Zahn; Mandibularplatte mit 5 Zähnen; Zähne schwach, stumpf und gerundet; vordere Zungenplatte ohne Einsenkung in der Mitte	*Caspiomyzon wagneri* S. 74
3	Mundscheibe außen und innen bezahnt; mediolaterale Lippenzähne 2-spaltig; untere Lippenzähne vorhanden	4
	Äußere laterale Lippenzähne fehlend; mediolaterale Lippenzähne 2- oder 3-spaltig	7
4	Schwanzflosse annähernd quadratisch; obere und untere Lippe unpigmentiert; Rumpf mit mehr als 60 Muskelsegmenten	5
	Schwanzflosse rundlich; obere und untere Lippe stark pigmentiert; Rumpf mit weniger als 60 Muskelsegmenten	*Eudontomyzon hellenicus* S. 75
5	Körpermitte verdickt; Zungenplatte mit 9–13 Zähnen; Körper einfarbig, ohne Punkte oder Flecken	*Eudontomyzon danfordi* S. 74
	Vorderkörper verdickt; Zungenplatte mit 9 oder weniger Zähnen	6
6	Zungenplatte mit 5–9 Zähnen	*Eudontomyzon vladykovi* S. 76
	Zungenplatte mit 5 Zähnen; Körper immer gefleckt oder gepunktet	*Eudontomyzon mariae* S. 75
7	Mediolaterale Lippenzähne 2-spitzig	8
	Mediolaterale Lippenzähne 3-spitzig	9
8	Oralzähne gut entwickelt, Lippenzähne kräftig; 65–77 Körpermuskelsegmente	*Lethenteron camtschaticum* S. 77
	Oralzähne schwach entwickelt, Lippenzähne winzig und stumpf; 52–60 Körpermuskelsegmente	*Lethenteron zanandreai* S. 78
9	Mandibularplatte mit 7–10 Zähnen, alle kräftig und scharf; Rückenflossen getrennt	*Lampetra fluviatilis* S. 76
	Mandibularplatte mit 5–9 Zähnen, alle schwach und stumpf; Rückenflossen miteinander verbunden	*Lampetra planeri* S. 77

Kaspineunauge *Caspiomyzon wagneri*

Größe 20–40 cm, maximal 55 cm (dieser Fisch wog 205 g). **Merkmale** Charakteristisches Zahnschema; ausgewachsene Exemplare sind einfarbig, normalerweise grau. **Verbreitung** Kaspisches Meer und einige einmündende Flüsse. **Fortpflanzung** März–Mai; die 20 000–32 000 Eier werden in Nestern zwischen Steinen oder im Kies abgelegt. Die Larven (Querder), die in weichem Sand oder Schlamm leben, durchlaufen nach etwa 3 Jahren eine Metamorphose und wandern dann ins Meer. **Nahrung** Die Larven filtern organisches Material (Algen und Detritus) aus dem Wasser; ausgewachsene Tiere ernähren sich wahrscheinlich von anderen Fischen, in einigen Exemplaren wurden aber auch Pflanzenreste gefunden. **Nutzung** Geschätzter Nutzfisch, der – vor allem während der Wanderungen – mit Netzen und Reusen gefangen wird. Anfang des 20. Jahrhunderts wurden im Unterlauf der Wolga jährlich 15–30 Millionen Tiere als Nahrung verwertet. Für Angler ohne Bedeutung. **Schutzkategorie** Gefährdet.

Kaspi-
neunauge

Größe: 20–40 cm,
maximal 55 cm

Donauneunauge *Eudontomyzon danfordi*

Größe 15–25 cm, maximal 30 cm. **Merkmale** Größter Körperumfang etwa in der Mitte; 9–13 Zähne auf der Zungenplatte, der mittlere am längsten. **Verbreitung** Reine Süßwasserart; kommt nur im Donaubecken und dessen Einzugsgebiet vor. **Fortpflanzung** April–Mai, zumeist in kleineren Nebenflüssen. Die Larven leben 3–4 Jahre in weichem Boden, bevor sie nach der Metamorphose in größere Flüsse abwandern. Geschlechtsreife nach etwa 1 Jahr; nach dem Ablaichen gehen die Tiere ein. **Nahrung** Die Larven ernähren sich von ausgefilterten organischen Partikeln; ausgewachsene Exemplare leben parasitisch an verschiedenen Fischen. **Nutzung** Ohne kommerzielle Bedeutung; kein Angelfisch. **Schutzkategorie** Gefährdet.

Größe: 15–25 cm,
maximal 30 cm

Donau-
neunauge

Griechisches Bachneunauge
Eudontomyzon hellenicus

Größe Als Larve 12–14 cm, maximal 19 cm; eine 18,9 cm lange Larve wog 12,3 g (das entspräche einem ausgewachsenen Tier von 15,9 cm und 7,4 g). **Merkmale** Charakteristische Mundscheibe, typisches Zahnschema; abgerundete Schwanzflosse. **Verbreitung** Reine Süßwasserart, die nur im Bereich von Strimon (Einzugsgebiet Ägäis) und Louros (Einzugsgebiet Ionisches Meer) in Griechenland vorkommt. **Fortpflanzung** Januar–Mai, in sauberen Karstquellgewässern und im Oberlauf von Flüssen. Die Larven leben bis zur Metamorphose nach etwa 4–6 Jahren im Boden; ausgewachsene Tiere sterben nach 3–4 Monaten. **Nahrung** Larven ernähren sich von Algen und Detritus, ausgewachsene Exemplare fressen nicht mehr. **Nutzung** Ohne kommerzielle Bedeutung; kein Angelfisch. **Schutzkategorie** Bern III, FFH II. Vom Aussterben bedroht.

Griechisches Bachneunauge

Größe: 12–14 cm als Larve; maximal 19 cm

Ukrainisches Bachneunauge
Eudontomyzon mariae

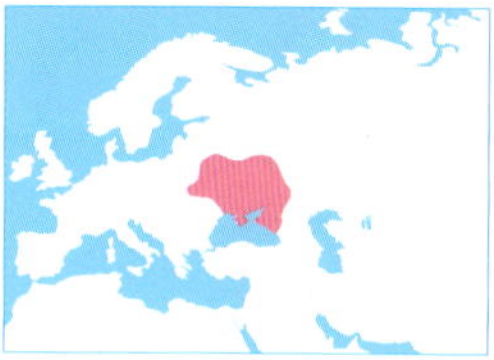

Größe 15–20 cm, maximal 21 cm. **Merkmale** Zahlreiche kleine äußere Lippenzähne am Rand der Mundscheibe (meist in mehreren Reihen); innere Lippenzähne unregelmäßig angeordnet. *E. stankokaramani* (Karaman 1974) ist möglicherweise eine Unterart von *E. mariae*. **Verbreitung** Reine Süßwasserart; kommt in Flüssen vor, die von Norden ins Schwarze Meer fließen (z.B. Don, Dnjepr und Dnjestr). **Fortpflanzung** März–Mai, hauptsächlich in kleineren Fließgewässern. Die Larven leben 4–6 Jahre in Weichboden; nach Metamorphose und Eiablage sterben die Tiere. In einem Weibchen von 14,7 cm Länge wurden 2429 Eier gefunden. **Nahrung** Die Larven filtrieren organische Partikel aus dem Wasser; ausgewachsene Exemplare fressen nicht mehr. **Nutzung** Ohne kommerzielle Bedeutung; kein Angelfisch. **Schutzkategorie** Bern III, FFH II. Gefährdet.

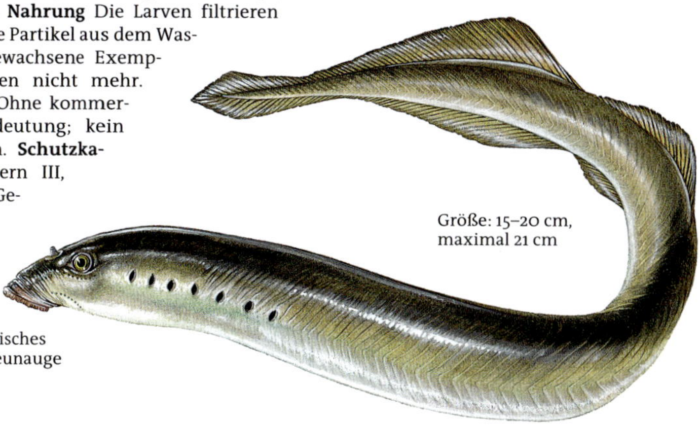

Größe: 15–20 cm, maximal 21 cm

Ukrainisches Bachneunauge

Donaubachneunauge *Eudontomyzon vladykovi*

Größe 15–20 cm, maximal 21 cm. **Merkmale** Körper vorn am dicksten; Zungenplatte mit 5–9 Zähnen; innere laterale Lippenzähne normalerweise mit 2–4 Spitzen. **Verbreitung** Reine Süßwasserart; kommt nur in Teilen des Donaubeckens vor. **Fortpflanzung** April–Mai, in kleineren Nebenflüssen. Die Larven leben 4–6 Jahre in Weichböden, die Eiablage findet schon kurz nach der Metamorphose statt. **Nahrung** Die Larven ernähren sich durch Ausfiltern feinster organischer Partikel; ausgewachsene Exemplare fressen nicht mehr. **Nutzung** Ohne kommerzielle Bedeutung; kein Angelfisch. **Schutzkategorie** Bern III. Gefährdet.

Größe: 15–20 cm,
maximal 21 cm

Donaubach-
neunauge

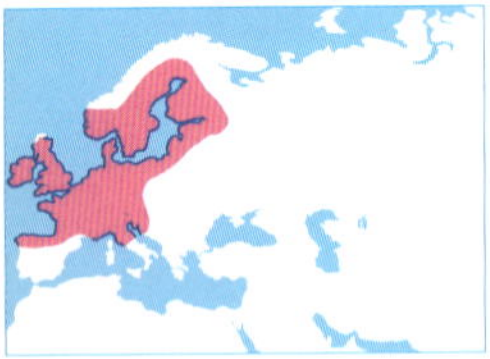

Flussneunauge *Lampetra fluviatilis*

Größe 30–35 cm, maximal 50 cm und 150 g; das Durchschnittsgewicht eines 32–34 cm langen Weibchens beträgt etwa 62 g; es gibt auch Zwergformen. **Merkmale** Maxillarplatte breit; untere Lippenzähne fehlen; Mandibularplatte mit 7–10 Zähnen. **Verbreitung** In weiten Teilen Westeuropas von Südnorwegen bis ins westliche Mittelmeer; lebt normalerweise im Meer und einmündenden Flüssen, es gibt aber auch reine Süßwasserpopulationen. **Fortpflanzung** April–Mai; 19 000–20 000 Eier werden in Laichgruben zwischen Steinen abgelegt. Die Larven leben 3–5 Jahre im Boden; die nach der Metamorphose etwa 10–12 cm großen Tiere wandern ins Meer (oder in einen großen See). Nach 12–18 Monaten ziehen die ausgewachsenen Fische wieder flussaufwärts. Beide Geschlechter sterben nach dem Ablaichen. **Nahrung** Larven filtrieren organisches Material aus dem Wasser, ausgewachsene Tiere leben parasitisch. **Nutzung** In Skandinavien ein wichtiger Nutzfisch, der bei der Wanderung flussaufwärts gefangen wird. Da der Verdauungstrakt leer ist und keine Knochen vorhanden sind, können die Tiere ohne weitere Zubereitung geräuchert oder gegrillt und dann verzehrt werden. Die Larven nutzt man gern als Köder. **Schutzkategorie** Bern III, FFH II & V. Gefährdet.

Größe: 30–35 cm,
maximal 50 cm

Fluss-
neunauge

Bachneunauge *Lampetra planeri*

Größe 12–15 cm, maximal 21 cm. Ausgewachsene Querder sind größer als geschlechtsreife Tiere. **Merkmale** Mit breiter Maxillarplatte, äußere und untere Lippenzähne fehlen; Mandibularplatte mit 5–9 stumpfen Zähnen. **Verbreitung** Reine Süßwasserart, besiedelt Bäche in weiten Teilen Westeuropas, besonders im Einzugsbereich von Nord- und Ostsee. **Fortpflanzung** April–Juni, die 850–1400 Eier werden in Laichgruben zwischen Steinen abgelegt. Die Larven, die im Sandboden von Bächen und Flüssen leben, durchlaufen nach 3–5 Jahren eine Metamorphose; anschließend wandern die Tiere flussaufwärts, laichen ab und sterben. **Nahrung** Larven ernähren sich von ausgefiltertem organischem Material, ausgewachsene Tiere fressen nicht mehr. **Nutzung** Ohne kommerzielle Bedeutung, aber die Larven werden gelegentlich als Angelköder verwendet. **Schutzkategorie** Bern III, FFH II. Gefährdet.

Arktisches Neunauge *Lethenteron camtschaticum*

Größe 40–60 cm, maximal 63 cm; Tiere mit einer Durchschnittslänge von 54 cm wiegen ca. 146 g. **Merkmale** Breite Maxillarplatte mit gut entwickelten unteren Lippenzähnen. **Verbreitung** Die in Nordeuropa, Asien und Nordamerika heimische Art findet man in Flüssen, die in arktische Gewässer oder in den Pazifik münden. **Fortpflanzung** Mai–Juni, in Flüssen, die vom Meer aus leicht zugänglich sind. Die Larven leben 3–4 Jahre im Boden und wandern nach der Metamorphose ins Meer, wo sie heranwachsen. Die Weibchen können 80 000–100 000 Eier legen. **Nahrung** Larven filtrieren organisches Material aus dem Wasser, ausgewachsene Tiere leben parasitisch. **Nutzung** Wird lokal kommerziell genutzt; die Larven lassen sich als Angelköder verwenden. **Schutzkategorie** Gefährdet.

Oberitalienisches Neunauge
Lethenteron zanandreai

Größe 10–20 cm, maximal 22 cm; aus einer 21,6 langen Larve wird ein etwa 20 cm langes Adulttier. **Merkmale** Mittlerer Zahn der mediolateralen Reihe mit 2 Spitzen; Rumpf mit 55 Muskelsegmenten. **Verbreitung** Nur im Einzugsbereich des Po in Italien, dort besonders im Gebiet um Saluzza, Villafranca und Bielese. Typische Biotope sind kalte Quellflüsse mit Sand- oder Schlammsediment in den Gebirgsausläufern der Region. **Fortpflanzung** Januar–März, in Gewässern mit Kiesuntergrund. Die Larven sind nach einem Jahr 35–50 mm lang. Insgesamt dauert die larvale Phase etwa 4–5 Jahre; adulte Tiere leben ca. 6–8 Monate. Die Weibchen können etwa 2 000 Eier legen. Es gibt Berichte über gelegentlich auftretende Neotenie im weiblichen Geschlecht. Die ausgewachsenen Tiere sterben kurz nach dem Ablaichen. **Nahrung** Nichtparasitäre Art, bei der adulte Tiere keine Nahrung mehr aufnehmen; die Larven sind Filtrierer, die sich von Algen und Detritus ernähren. **Nutzung** Ohne kommerzielle Bedeutung, aber die Larven werden gelegentlich als Angelköder verwendet. **Schutzkategorie** Bern II & III, FFH II & V. Stark gefährdet.

Oberitalienisches Neunauge

Größe: 10–20 cm, maximal 22 cm

Meerneunauge *Petromyzon marinus*

Größe 50–70 cm, maximal 86 cm; ein 53 cm langes Exemplar wiegt etwa 360 g. **Merkmale** Größtes europäisches Neunauge mit sehr charakteristischem Zahnschema; ausgewachsene Exemplare sind dunkel marmoriert. **Verbreitung** Anadrome Wanderart, kommt an den Atlantikküsten und in gut zugänglichen küstennahen Flüssen Westeuropas und des östlichen Nordamerika vor. **Fortpflanzung** März–Mai, die Eier werden in Nestern zwischen Steinen in Fließgewässern abgelegt. Die länglichen, blinden Larven leben 2–5 Jahre im Boden; nach der Metamorphose wandern sie ins Meer, wachsen dort heran und kehren nach 3–4 Jahren zum Laichen ins Süßwasser zurück. Die Weibchen können 34 000–240 000 Eier legen. **Nahrung** Larven filtrieren feine organische Partikel (Diatomeen, Bakterien u. a.) aus dem Wasser, ausgewachsene Exemplare parasitisieren an Fischen. **Nutzung** Wird heute noch in einigen europäischen Flüssen für den Verzehr gefangen (z. B. in Portugal). In den großen nordamerikanischen Seen richtet die Art erhebliche Schäden unter den Nutzfischen an. **Schutzkategorie** Bern III, FFH II, Gefährdet.

Größe: 50–70 cm, maximal 86 cm

Meerneunauge

Ausgewachsenes Exemplar

Larve (Querder)

Störe – Familie Acipenseridae

Die Störe (Acipenseridae) sind eine höchstinteressante Familie von großen, primitiven Fischen, die sich erheblich von allen anderen rezenten Knochenfischen unterscheiden. Es gibt vier Gattungen mit 24 Arten, die ausschließlich in der nördlichen Hemisphäre vorkommen. Typisch für Störe ist der langgestreckte Körper; Schuppen sind nicht vorhanden, aber mehrere Reihen charakteristischer Knochenschilde, die bei der Bestimmung sehr hilfreich sein können. Mit zunehmendem Alter werden diese Platten immer glatter und in einigen Fällen verschwinden sie bei älteren Exemplaren sogar vollständig. Der obere Lappen der Schwanzflosse ist länger ausgezogen (heterozerke Flossenform); die Schnauze ist stark verlängert, das Maul befindet sich an der Unterseite, ebenso wie die vier Bartfäden (Barteln), deren Form bei den einzelnen Arten recht unterschiedlich sein kann. Das Maul lässt sich rüsselartig vorstülpen, was den Tieren die Aufnahme der Nahrung erleichtert, die hauptsächlich aus am Gewässerboden lebenden Wirbellosen besteht.

Störe laichen in der Regel zu zweit oder dritt in großen Flüssen oder manchmal auch Seen. In kleineren, schnell fließenden Gewässern findet man die zum Teil sehr großen Tiere, die nicht besonders gut schwimmen, dagegen kaum. Die ungewöhnlich dunkel gefärbten Eier werden in Bodennähe ins Wasser abgegeben, wo sie dann an Steinen oder im Wasser liegendem Holz kleben bleiben. Die Jungen wandern nach dem Ausschlüpfen in andere Biotope, etwa in Seen, in den Unterlauf großer Flüsse oder bei vielen Arten auch ins Meer. Dort wachsen sie sehr langsam heran und erreichen oft erst nach 15 Jahren die Geschlechtsreife (einige Arten werden über 50 Jahre alt); anschließend kehren sie dann in ihre Laichgewässer zurück.

Störe sind schon seit Jahrhunderten, vielleicht sogar schon seit Jahrtausenden sehr begehrte Nutzfische – nicht nur dank ihrer beachtlichen Größe, sondern sie lassen sich zudem leicht fangen, und ihr Fleisch und ihre Eier sind sehr schmackhaft. Da die Tiere sehr langsam wachsen, besteht allerdings die Gefahr einer Überfischung, so dass einige Arten bereits ausgestorben sind; andere wurden durch die Gewässerverschmutzung dezimiert oder aber durch die Errichtung von Hindernissen (z.B. Wehre), die ihnen die Wanderung in die Laichgewässer verwehrten. Störfleisch kann frisch, geräuchert oder getrocknet gegessen werden; der Rogen wird zu Kaviar verarbeitet. Dazu entfernt man die Ovarien geschlechtsreifer Weibchen, reinigt die Eier und macht sie anschließend durch Einlegen in Salz haltbar.

Inzwischen ist es gelungen, einige Störe in Fischzuchtbetrieben nachzuzüchten, wobei der Umstand geholfen hat, dass sich bestimmte Arten miteinander kreuzen lassen. Auch in der Natur kommen Hybriden vor. Beispiele sind *Huso huso* × *Acipenser stellatus*, *Huso huso* × *Acipenser nudiventris*, *Huso huso* × *Acipenser gueldenstaedtii*, *Acipenser nudiventris* × *Acipenser stellatus*, *Acipenser ruthenus* × *Acipenser sturio*, *Acipenser ruthenus* × *Acipenser stellatus*, *Acipenser gueldenstaedtii* × *Acipenser stellatus*.

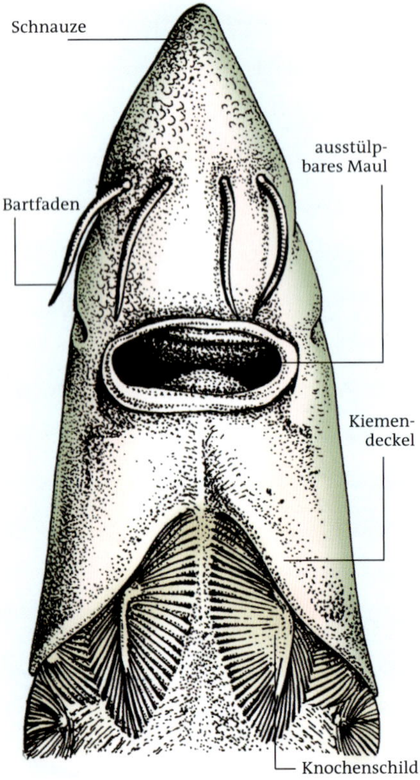

◀ **Kopf und Maul des Glattdicks von unten**

Bei einigen anadromen Arten unterscheidet man – abhängig vom Beginn der Laichwanderung – zwei verschiedene Formen: Eine Sommerform, die im Frühjahr oder Frühsommer zum Ablaichen in die Flüsse aufsteigt, und eine Winterform, die im Spätsommer oder Herbst in die Flüsse wandert, sich dort aber erst im nächsten Frühjahr fortpflanzt. In Europa gibt es acht Störarten.

Bestimmungsschlüssel für die europäischen Störarten

1	Großes sichelförmiges Maul; die miteinander verwachsenen Kiemenhäute bilden unterhalb des Isthmus eine freie Falte	*Huso huso* S. 85
	Kleines, quer stehendes Maul; die Kiemenhäute bilden keine freie Falte, sondern sind mit dem Isthmus verwachsen	2
2	Unterlippe nicht gespalten; Barteln an der Innseite mit Fransen	*Acipenser nudiventris* S. 83
	Unterlippe in der Mitte gespalten	3
3	Schnauze kurz, in der Regel unter 60 Prozent der Kopflänge	4
	Schnauze lang, in der Regel über 60 Prozent der Kopflänge; 26–43 Seitenschilde	*Acipenser stellatus* S. 84
4	Kiemenreusendornen fächerförmig, in mehreren Knötchen endend; 42–47 Seitenschilde	*Acipenser baeri* S. 82
	Kiemenreusendornen nicht fächerförmig, in einer einzelnen Spitze endend	5
5	Mehr als 50 Seitenschilde; Bartfäden mit deutlichen Fransen	*Acipenser ruthenus* S. 84
	Weniger als 50 Seitenschilde; Bartfäden ohne oder nur mit kleinen Fransen	6
6	Schnauze kurz und abgerundet; 21–50 Seitenschilde	*Acipenser gueldenstaedtii* S. 82
	Schnauze lang und spitz	7
7	Seitenschilde weniger als doppelt so hoch wie breit; Schnauze erscheint von oben betrachtet nicht rundlich	*Acipenser sturio* S. 85
	Seitenschilde mehr als doppelt so hoch wie breit; Schnauze erscheint von oben betrachtet ein wenig rundlich	*Acipenser naccarii* S. 83

Sibirischer Stör *Acipenser baeri*

Größe 130–140 cm, maximal 200 cm. **Merkmale** Kiemenreusendornen fächerförmig, in mehreren Knötchen endend; 42–47 Seitenschilde. **Verbreitung** In großen sibirischen Flüssen von Ob bis Petschora sowie im Baikalsee. Eingebürgert im Ladogasee und in der Ostsee, so dass die Art regelmäßig in Westeuropa auftaucht. **Fortpflanzung** Mai–Juni, in großen Flüssen mit steinigem Untergrund. Kommt sowohl in Flüssen als auch in Mündungsgebieten vor, im letzteren Falle ziehen die Fische zum Ablaichen flussaufwärts. Die Population des Baikalsees wandert über 1000 km bis zu ihren Laichgründen im Selenga. Die Jungen schlüpfen bei 17 °C nach etwa 10 Tagen; einige Jahre später wandern sie ins Meer, wo sie nach ca. 12 (Männchen) bzw. 16 Jahren (Weibchen) geschlechtsreif werden. Die Tiere können ein Alter von 60 Jahren erreichen; ein Weibchen von etwa 26 Jahren, das 24 kg wog, enthielt 420000 Eier mit einem Gewicht von 5,8 kg. **Nahrung** Wirbellose Bodenorganismen, besonders Insektenlarven; in Mündungsgebieten auch Krebstiere und Würmer. **Nutzung** Lokal wichtiger Nutzfisch (z.B. am Jenissej); es wird Kaviar gewonnen, man nutzt aber auch das Fleisch. Wertvollster Nutzfisch in Sibirien. **Schutzkategorie** Eingebürgerte Art.

Sibirischer Stör

Größe: 130–140 cm, maximal 200 cm

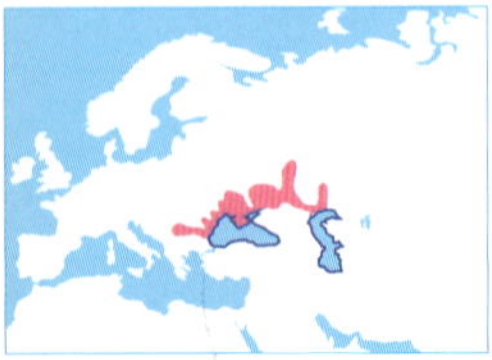

Waxdick *Acipenser gueldenstaedtii*

Größe 100–200 cm, maximal 230 cm; Höchstgewicht über 100 kg. **Merkmale** Kurze gerundete Schnauze; 24–49 Seitenschilde. **Verbreitung** Schwarzes und Kaspisches Meer sowie deren große Zuflüsse (z.B. Wolga); einige Populationen sind durch ausgesetzte Zuchttiere entstanden. Der Persische Stör *(A. persicus)* ist vermutlich eine Unterart des Waxdick. **Fortpflanzung** Mai–Juni, im Unterlauf von Flüssen. Nach 3 Jahren wandern die meisten Jungfische ins Meer, einige bleiben aber auch im Süßwasser. Die Geschlechtsreife wird nach 10–15 Jahren erreicht; Höchstalter bis 50 Jahre. **Nahrung** Wirbellose (hauptsächlich Insektenlarven und Weichtiere), im Meer auch Fische. **Nutzung** Wird während der Wanderung in großen Mengen gefangen; der Rogen wird zu Kaviar verarbeitet. **Schutzkategorie** Bonn II (auch *Acipenser persicus*), FFH V. Stark gefährdet.

Waxdick

Größe: 100–200 cm, maximal 230 cm

Adriastör *Acipenser naccarii*

Größe 100–150 cm, maximal 200 cm. **Merkmale** Schnauze kurz und spitz; 32–44 Seitenschilde, diese mehr als doppelt so hoch wie breit. **Verbreitung** Adria und einmündende Flüsse. **Fortpflanzung** April–Mai, im Mittellauf der Flüsse. Die Jungen wandern ins Meer, wachsen dort heran und ziehen anschließend zum Ablaichen wieder in die Flüsse. **Nahrung** Jungtiere fressen bodenlebende Wirbellose, ausgewachsene Exemplare außerdem Fische. **Nutzung** Früher im Verbreitungsgebiet wirtschaftlich wichtig, inzwischen aber selten geworden. **Schutzkategorie** Bern II, Bonn II, FFH II & IV. Stark gefährdet.

Adriastör

Größe: 100–150 cm,
maximal 200 cm

Glattdick *Acipenser nudiventris*

Größe 100–125 cm, maximal 200 cm; Exemplare mit einer Durchschnittslänge von 150 cm wiegen etwa 20 kg. **Merkmale** Kleines Maul mit nicht gespaltener Unterlippe; Barteln mit Fransen; 50–75 Seitenschilde. **Verbreitung** Schwarzes und Kaspisches Meer sowie Aralsee und deren große Zuflüsse (z. B. Kura und Syrdarja). **Fortpflanzung** April–Mai, im Mittel- und Unterlauf der Flüsse. Die Jungfische wandern ins Meer, wo sie 10–15 Jahre bis zur Geschlechtsreife benötigen. Einige Exemplare dürften bis zu 30 Jahre alt werden und mehrmals während ihres Lebens ablaichen. Die Weibchen produzieren 216 000–1 000 000 Eier. **Nahrung** Jungtiere fressen Wirbellose, ausgewachsene Exemplare manchmal auch Fische. **Nutzung** Wichtiger Nutzfisch, der in seinem Verbreitungsgebiet in großer Zahl gefangen wird. Die Eier werden zu Kaviar verarbeitet. **Schutzkategorie** CITES, Bonn II, FFH V. Stark gefährdet.

Glattdick

Größe: 100–125 cm,
maximal 200 cm

Sterlet *Acipenser ruthenus*

Größe Kleinste Störart: 25–50 cm, maximal 92 cm (dieser Fisch wog 19 kg). **Merkmale** Kleines Maul mit gespaltener Unterlippe und gefransten Bartfäden; 55–70 Seitenschilde. **Verbreitung** Flüsse, die von Norden ins Schwarze Meer, vom Osten ins Kaspische Meer oder in die westliche Ostsee münden. Lebt hauptsächlich in Flüssen und großen Seen, kommt aber manchmal auch im Salzwasser vor. **Fortpflanzung** April–Juni, in schnell fließenden Gewässern mit Kiesboden. Die nach 6–9 Tagen aus den 7800–76400 klebrigen Eiern schlüpfenden Jungfische verteilen sich allmählich flussabwärts. Die Geschlechtsreife wird nach 4–5 Jahren erreicht; die Lebenserwartung beträgt bis zu 25 Jahre. **Nahrung** Hauptsächlich bodenlebende Wirbellose, besonders Insektenlarven. **Nutzung** Begehrter Nutzfisch, der mit Netzen und Reusen gefangen wird. Kleine Exemplare werden häufig im Aquarienhandel angeboten. **Schutzkategorie** CITES, Bern III, Bonn II (Donaupopulation), FFH V., Gefährdet.

Sterlet

Größe: 25–50 cm,
maximal 92 cm

Sternhausen *Acipenser stellatus*

Größe 100–150 cm, maximal 190 cm. **Merkmale** Lange Schnauze; Bartfäden kurz und glatt; 26–43 Seitenschilde. **Verbreitung** Nördliches Kaspisches Meer, Schwarzes sowie Asowsches Meer und deren Zuflüsse; vereinzelt ausgesetzte Bestände; manchmal auch im östlichen Mittelmeer. **Fortpflanzung** April–Juni, im Mittellauf von Flüssen (z. B. Donau). Die Jungfische wandern allmählich zum Meer, wo sie nach 8–12 Jahren die Geschlechtsreife erreichen; Lebenserwartung bis 35 Jahre. **Nahrung** Jungtiere fressen Wirbellose, ausgewachsene Exemplare auch kleine Fische. **Nutzung** Wird während der Wanderung gefangen; genutzt werden das Fleisch und der Rogen (Kaviar). **Schutzkategorie** CITES, Bern III, Bonn II, FFH V. Stark gefährdet.

Sternhausen

Größe: 100–150 cm,
maximal 190 cm

Stör *Acipenser sturio*

Größe 150–250 cm, maximal 345 cm (dieses Exemplar wog 320 kg). **Merkmale** Spitze Schnauze; Seitenschilde (24–39) weniger als doppelt so hoch wie breit. **Verbreitung** Küsten Westeuropas bis ins Schwarze Meer und große Flüsse; eng verwandt mit dem nordamerikanischen Atlantischen Stör *(A. oxyrhynchus)*. **Fortpflanzung** April–Juli, im Mittellauf von Flüssen. Aus den 800 000–2 400 000 klebrigen Eiern schlüpfen nach 3–5 Tagen die Jungfische, die nach 2 Jahren größtenteils ins Meer wandern; es gibt aber auch reine Süßwasserpopulationen (z. B. im Ladogasee). Störe können bis zu 50 Jahre alt werden; im Alter von 7–15 Jahren werden sie geschlechtsreif. **Nahrung** Benthische Wirbellose, ausgewachsene Exemplare auch Fische. **Nutzung** Wurde früher wegen seines Fleisches und für die Kaviarherstellung gefangen. Inzwischen gehört die Art zu den am stärksten bedrohten Fischen Europas. **Schutzkategorie** Bern II, Bonn II, FFH II & IV. Vom Aussterben bedroht.

Größe: 150–250 cm,
maximal 345 cm

Stör

Hausen *Huso huso*

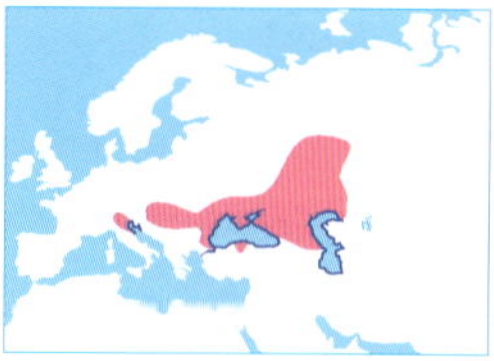

Größe Größte Störart: 150–300 cm, maximal 424 cm; Höchstgewicht 1220 kg. **Merkmale** Sehr stattliche Fische mit großem Maul und 37–53 Seitenschilden. **Verbreitung** Schwarzes und Kaspisches Meer sowie gut zugängliche Zuflüsse (z. B. Wolga, Donau und Don); inzwischen werden manche Bestände mit Zuchttieren aufgefüllt. **Fortpflanzung** April–Mai, die Laichgründe liegen hauptsächlich im Unter- und Mittellauf der Flüsse. Die Jungen wandern bereits im ersten Jahr ins Meer; die Geschlechtsreife tritt dort oft erst nach 15–20 Jahren ein, anschließend kehren die Tiere in ihre Laichgewässer zurück. Man hat 60 Jahre alte Exemplare gefangen. **Nahrung** Als Jungtiere vor allem Wirbellose, im Meer hauptsächlich kleine Fische (z. B. Grundeln und Sardellen). **Nutzung** Sehr begehrter Nutzfisch, wird sehr zahlreich gefangen, wobei Tiere von über 1 000 kg keine Seltenheit sind. Besonders wertvoll sind die Weibchen, denn sie liefern nicht nur Fleisch, sondern ihre Eier werden auch zur Herstellung von Beluga-Kaviar verwendet, der begehrtesten aller Kaviarsorten. **Schutzkategorie** CITES, Bern II & III, Bonn II, FFH V. Stark gefährdet.

Größe: 150–300 cm,
maximal 424 cm

Hausen

Löffelstöre – Familie Polyodontidae

Die Löffelstöre (Polyodontidae) gehören zu einer sehr alten Familie mit nur noch zwei rezenten Vertretern: dem Löffelstör *(Polyodon spathula)* und dem Schwertstör *(Psephurus gladius)*. Beide Arten sind reine Süßwasserbewohner; letztere ist im Jangtsekiang in China heimisch und kann eine Länge von über sechs Metern erreichen.

Löffelstöre sind vergleichsweise primitive Fische ohne Knochschilde; das Skelett ist im Wesentlichen aus Knorpelmasse aufgebaut. Davon ist auch die Chorda dorsalis (Rückensaite) umgeben, der embryonale Vorläufer der Wirbelsäule, der bei diesen Fischen zeitlebens erhalten bleibt. Ebenso wie die nah verwandten Störe besitzen auch diese Fische eine heterozerke Schwanzflosse.

Löffelstör *Polyodon spathula*

Größe 150–220 cm; kann über 90 kg schwer werden. **Merkmale** Sehr großes Maul; die Stirnpartie ist zu einem langen, löffelartigen Fortsatz ausgezogen. Die kleinen Augen sitzen weit vorn am Kopf, direkt über dem Vorderende des Mauls; die lang ausgezogenen Kiemendeckel reichen bis zu den Bauchflossen. Der Schwanz ist tief eingeschnitten; die Haut ist glatt, abgesehen vom Schwanzstiel, auf dem einige Knochenplatten vorhanden sind. Einzige rezente Art der Gattung *Polyodon*. **Verbreitung** Der Löffelstör stammt aus dem Einzugsbereich des Mississippi in Nordamerika, wurde aber im Krasnodar-Stausee und einigen anderen Gewässern in Russland ausgesetzt. **Fortpflanzung** April–Juni; die Tiere laichen vor allem während des Hochwassers in Flussabschnitten mit sauberen Kiesbetten ab. **Nahrung** Hauptsächlich Zooplankton und Insekten, die mit Hilfe der langen, dicht stehenden Kiemenreusendornen aus dem Wasser gefiltert werden, wenn die Fische mit weit geöffnetem Maul durch das Wasser schwimmen. **Nutzung** Früher ein begehrter Speisefisch, dessen Rogen besonders geschätzt wurde, wird heute aber kaum noch genutzt. **Schutzkategorie** Eingebürgert – in seiner nordamerikanischen Heimat sind die Bestände stark zurückgegangen.

Löffelstör

Größe: 150–220 cm

Flussaale (Anguillidae) kommen in Europa, Afrika, Asien sowie Nord- und Südamerika vor. Es gibt nur eine Gattung mit etwa 16 Arten, die alle katadrom sind, das heißt, sie wandern sehr jung ins Süßwasser, bleiben dort bis zur Geschlechtsreife und ziehen dann zum Ablaichen wieder ins Meer (über die Eiablage ist wenig bekannt). Die Vertreter einiger verwandter Familien, darunter viele von stattlicher Größe (z. B. Meeraale und Muränen), leben ausschließlich im Meer, teilweise nur in größerer Tiefe.
Aale haben einen typischen langgestreckten, im Schnitt kreisrunden Körper; Bauchflossen gibt es nicht. Die seitlich stark abgeplatteten, völlig durchsichtigen Aallarven (Leptocephali) lassen sich längere Zeit mit dem Golfstrom treiben und verwandeln sich vor den europäischen Küsten in sogenannte Glasaale, die bereits die Gestalt ausgewachsener Tiere besitzen.
In Europa gibt es nur eine Art; mindestens ein Exemplar des Amerikanischen Aals *(Anguilla rostrata)* ist aber aus Dänemark nachgewiesen.

Europäischer Aal *Anguilla anguilla*

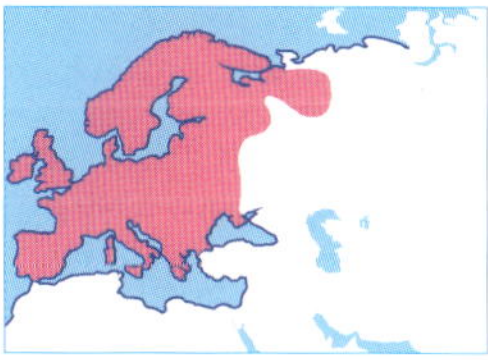

Größe 40–90 cm, maximal etwa 2 m. **Merkmale** Langgestreckter, zylindrischer Körper mit kleinen Kiemenöffnungen; 1 Paar Brustflossen, keine Bauchflossen; Körper mit winzigen Schuppen. **Verbreitung** Europäische Meeresküsten (einschließlich Schwarzes Meer) und von dort gut zugängliche Süßwasserlebensräume. **Fortpflanzung** Laicht in der Sargassosee. Die Larven (Leptocephali) treiben mit dem Golfstrom über den Atlantik zu den europäischen Küsten. Dort wandern sie als „Glasaale" in die Flüsse, wo sie dann als „Gelbaale" nach 8–18 Jahren die Geschlechtsreife erreichen und anschließend als „Blankaale" zurück in die Sargassosee wandern. Die Weibchen können mehrere Millionen Eier ablegen. **Nahrung** Wirbellose (besonders Weichtiere und Krebse) sowie Fische. **Nutzung** In vielen Ländern ein wichtiger Speisefisch, der mit Netzen, Reusen und beköderten Haken gefangen und dann häufig geräuchert wird; in einigen Regionen bei Sportanglern beliebt. Die Zahl der Aale hat in den letzten Jahren in manchen Gebieten stark abgenommen. **Schutzkategorie** Gefährdet.

Heringe – Familie Clupeidae

Die meisten Mitglieder der großen Heringsfamilie (Clupeidae) leben ständig im Meer, es gibt aber auch anadrome Arten oder dauerhaft im Süßwasser vorkommende Vertreter. Insgesamt kennt man 64 Gattungen mit rund 200 Arten, von denen aber nur etwa 50 im Süßwasser zu finden sind.

Bei den meisten Arten handelt es sich um kleine bis mittelgroße Fische mit seitlich abgeplattetem Körper, der mit großen Rundschuppen bedeckt ist. Diese sind insofern ungewöhnlich, als die Zuwachsringe der Schuppen nicht konzentrisch, sondern bogenförmig verlaufen. Der untere Bauchrand ist zumeist mit schildartigen Schuppen besetzt, die von der Seite betrachtet eine gezähnte Kante bilden. Die Augen sind groß mit charakteristischen, fleischigen Augenlidern. Das Maul ist normalerweise endständig, die Zähne sind klein oder fehlen ganz. Die zahlreichen Kiemenreusendornen an der Rückseite des Pharynx sind lang und dünn; ihre Anzahl kann ein wichtiges Bestimmungsmerkmal sein.

Die meisten Arten der Familie leben im freien Wasser, wo sie oft große Schwärme aus tausenden von Exemplaren bilden. Die Hauptnahrung besteht aus Zooplankton, das in bestimmten Bereichen des Meeres in Massen vorhanden ist. Beim Fang dieser Wirbellosen spielen die kammartigen Kiemenreusendornen eine wichtige Rolle, denn mit ihnen wird die Nahrung herausgefiltert, wobei das Wasser durch die Kiemen wieder austritt. Auf der anderen Seite sind Heringsfische aber auch eine wichtige Nahrungsquelle für viele größere Fische und in einigen Teilen der Erde auch für große Seevogelkolonien.

Wegen ihres Auftretens in großen Schwärmen, die zudem leicht einzufangen sind, gehören die Heringsfische zu den wichtigsten Nutzfischen der Welt – sie machen rund 30 Prozent aller vom Menschen genutzten Fischarten aus. Das Fleisch der hauptsächlich in Stell-, Ring- oder Schleppnetzen gefangenen Tiere ist besonders reich an Fetten und Ölen; Fische, die nicht frisch auf den Markt kommen, werden eingefroren, eingesalzen oder geräuchert. Zu kleine Exemplare verarbeitet man zu Fischmehl (zur Fütterung von Haustieren) oder nutzt sie zur Ölgewinnung.

Da Heringsfische in der Ernährung stark auf lokale Zooplanktonvorkommen angewiesen sind, ist die Größe der Population eng mit dem Wachstum des Zooplanktons verbunden. Dieses hängt wiederum vom Phytoplankton ab, also von den Organismen, die den Zooplanktonlebewesen als Nahrung dienen. Das Phytoplankton wächst aber nur dann gut, wenn es ausreichend mit Nährstoffen versorgt wird, die von bestimmten Meeresströmungen an die Oberfläche gebracht werden. Daher tragen die wissenschaftlichen Untersuchungen der Meeresströmungen viel dazu bei, die Schwankungen in den Heringsfischpopulationen besser zu verstehen.

Die meisten europäischen Heringsfische kommen im Meer vor, es gibt aber auch einige Arten, die ständig im Süßwasser leben, während andere gelegentlich oder regelmäßig zum Ablaichen in die Flüsse wandern. Bei vielen dieser anadromen Fische lässt sich seit einigen Jahren ein deutlicher Rückgang feststellen, bedingt durch die Gewässerverschmutzung und erschwerten Zugang zu den Flüssen, in denen sie laichen.

Insgesamt gibt es in Europa 11 Süßwasserarten aus der Familie der Heringe.

▼ **Kiemenreusendornen von zwei typischen Heringsfischen**

Maifisch

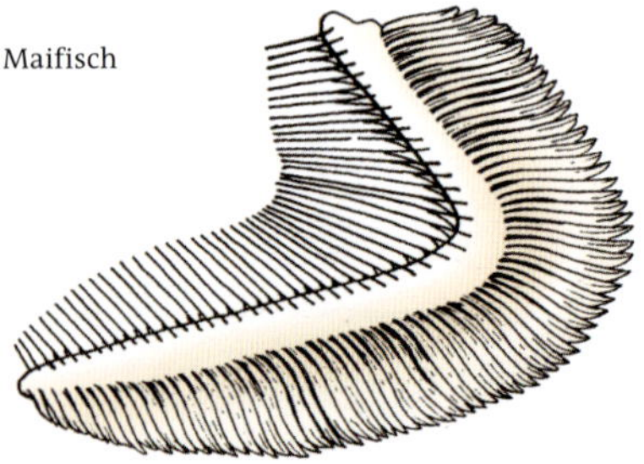

Finte

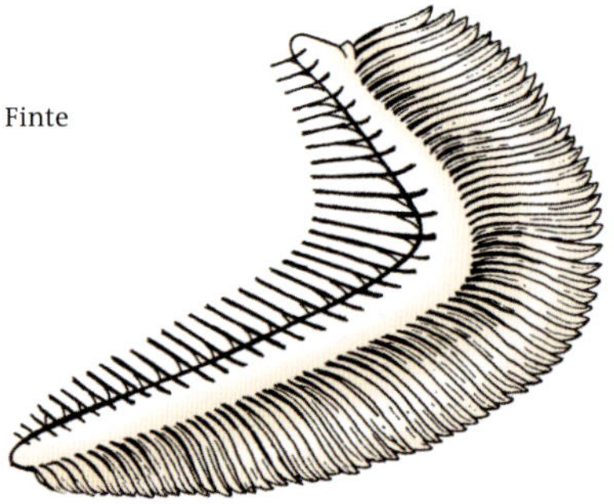

Bestimmungsschlüssel für die europäischen Heringsfische des Süßwassers

1	Oberkiefer mit deutlicher Einkerbung; Unterkiefer reicht bis zum hinteren Augenrand	2
	Oberkiefer nur mit schwacher Einkerbung; Unterkiefer reicht nicht bis zum hinteren Augenrand	10
2	Keine Zähne auf dem Pflugscharbein	3
	Mit Zähnen auf dem Pflugscharbein	4
3	Mehr als 90 Reusendornen auf dem ersten Kiemenbogen; mehr als 70 Schuppen entlang der Seitenlinie	*Alosa alosa* S. 90
	Weniger als 90 Reusendornen auf dem ersten Kiemenbogen; weniger als 70 Schuppen entlang der Seitenlinie	*Alosa fallax* S. 91
4	Mehr als 90 Reusendornen auf dem ersten Kiemenbogen	5
	Weniger als 90 Reusendornen auf dem ersten Kiemenbogen	6
5	Gut entwickelte Zähne auf Pflugscharbein und Gaumendach	*Alosa macedonica* S. 91
	Schwach entwickelte Zähne auf Pflugscharbein und Gaumendach	*Caspialosa caspia* S. 92
6	Weniger als 45 Kiemenreusendornen	7
	Mehr als 50 Kiemenreusendornen	9
7	Oberes und unteres Kopfprofil gerade; Reusendornen kürzer als die Kiemenblättchen	8
	Oberes und unteres Kopfprofil rundlich; Reusendornen länger als die Kiemenblättchen	*Caspialosa curensis* S. 92
8	Augen groß (Durchmesser mehr als 6 % der Gesamtlänge); Körperhöhe mehr als ¼ der Gesamtlänge	*Caspialosa saposhnikovi* S. 94
	Augen klein (Durchmesser weniger als 6 % der Gesamtlänge); Körperhöhe weniger als ¼ der Gesamtlänge	*Caspialosa maeotica* S. 93
9	Normalerweise 50–55 Kiemenreusendornen; Kiemenbögen dünn und schwach; Reusendornen länger als die Kiemenblättchen	*Caspialosa suworowi* S. 94
	Normalerweise 60–90 Kiemenreusendornen; Kiemenbögen dick und kräftig; Reusendornen nicht länger als die Kiemenblättchen	*Caspialosa pontica* S. 93
10	Körper hoch (mehr als ⅕ der Gesamtlänge), 52–64 Kiemenreusendornen	*Clupeonella cultriventris* S. 95
	Körper von geringer Höhe (weniger als ⅕ der Gesamtlänge), 38–52 Kiemenreusendornen	*Clupeonella abrau* S. 95

Maifisch *Alosa alosa*

Größe 30–50 cm, maximal 70 cm. **Merkmale** Flache Einkerbung in der Mitte des Oberkiefers; 85–130 lange Kiemenreusendornen; keine Zähne auf dem Pflugscharbein; mehr als 70 Schuppen entlang der Seitenlinie. **Verbreitung** Küsten Westeuropas von Südnorwegen bis Spanien und im Mittelmeer bis nach Norditalien. Wandert von den Küsten in große, gut zugängliche Flüsse (z. B. Loire, Garonne). **Fortpflanzung** Mai–Juni; die durchsichtigen Eier werden in Fließgewässern mit Kiesuntergrund abgelegt, wo sie mit der Strömung davontreiben. Die Jungen schlüpfen nach 6–8 Tagen und wandern nach 10–20 Monaten flussabwärts ins Meer. Die Geschlechtsreife wird nach 3–4 Jahren erreicht; anschließend ziehen viele zurück in ihre Heimatgewässer. **Nahrung** Wirbellose, vor allem pelagische Krebstiere, aber auch kleine Fische. **Nutzung** Früher von größerer kommerzieller Bedeutung als heute, wird in einigen Mündungsgebieten und im Unterlauf großer Flüsse aber immer noch mit Netzen gefangen. **Schutzkategorie** Bern III, FFH II & V. Stark gefährdet.

Maifisch

Größe: 30–50 cm,
maximal 70 cm

Finte *Alosa fallax*

Größe 25–40 cm, maximal 55 cm. **Merkmale** Tiefe Einkerbung in der Mitte des Oberkiefers; 30–80 kurze Kiemenreusendornen; keine Zähne auf dem Pflugscharbein; weniger als 70 Schuppen entlang der Seitenlinie. **Verbreitung** An vielen Küsten von Südnorwegen bis ins östliche Mittelmeer und in einmündenden großen Flüssen (z. B. Severn, Loire). Außerdem gibt es reine Süßwasserpopulationen, die teilweise als Unterarten geführt werden, z. B. *A. fallax killarnensis* aus dem Loch Leane (Irland). **Fortpflanzung** Mai–Juni, über Kiesbetten im Unterlauf und im Mündungsgebiet der Flüsse. Die Jungen schlüpfen nach 5–8 Tagen und wandern bald darauf ins Meer; bei reinen Süßwasserpopulationen ziehen die Tiere in große Seen (z. B. Killarneyseen, Comer See, Luganer See und Lago Maggiore). Die Geschlechtsreife wird nach 3–4 Jahren erreicht; die Weibchen können 75 000–200 000 Eier legen. **Nahrung** Hauptsächlich Wirbellose, besonders pelagische Krebstiere. **Nutzung** Besitzt nicht mehr die Bedeutung früherer Jahre, wird in einigen Regionen aber immer noch mit Netzen gefangen und in manchen Flüssen auch geangelt. **Schutzkategorie** Bern III, FFH II & V. Gefährdet.

Größe: 25–40 cm, maximal 55 cm

Finte

Alosa macedonica

Größe 20–25 cm, maximal 35 cm. **Merkmale** Deutliche Zähne an Gaumendach und Pflugscharbein; 42–55 Schuppen entlang der Seitenlinie; 48–56 Wirbel. **Verbreitung** Kommt im Volvisee (Griechenland) vor. Reine Süßwasserart, die nicht in die Flüsse wandert. Die Tiere bilden im Sommer größere Schwärme im freien Wasser; halten sich im Winter in tieferen Zonen auf. **Fortpflanzung** Juli–August; die Tiere laichen schwarmweise in flachem Wasser über Kies- und groben Sandböden ab. Jungtiere sind bei der Geschlechtsreife (nach etwa 1 Jahr) ca. 10 cm groß, nach 2 Jahren 15–22 cm. **Nahrung** Vor allem Plankton, große Exemplare fressen auch Fische. **Nutzung** Hauptsächlich als Beifang in unterschiedlichen Mengen (1964 etwa 397 Tonnen; 1967 nur 1 Tonne). **Schutzkategorie** FFH V. Gefährdet.

Größe: 20–25 cm, maximal 35 cm

Alosa macedonica

Kaspi-Maifisch *Caspialosa caspia*

Größe 12–20 cm, maximal 32 cm; Durchschnittsgewicht etwa 100 g. **Merkmale** Oberkiefer mit mittiger Einkerbung; Zähne fehlend oder sehr klein; mehr als 90 Kiemenreusendornen. *C. caspia vistonica* Economidis & Sinis 1986 ist eine endemische Unterart aus dem Vistonissee (Griechenland). **Verbreitung** Schwarzes, Kaspisches und Asowsches Meer. Wandert im Frühjahr in große Flüsse (z. B. Donau, Don). **Fortpflanzung** Mai–Juni, im Unterlauf und Mündungsgebiet der Flüsse. Aus den über dem Grund treibenden Eiern schlüpfen nach 2–3 Tagen die Jungfische, die später ins Meer abwandern, wo sie nach 2–3 Jahren geschlechtsreif werden. Die Weibchen legen 400 000–700 000 Eier. **Nahrung** Hauptsächlich Wirbellose, aber auch kleine Fische. **Nutzung** Wird im Kaspischen Meer in großer Zahl gefangen. **Schutzkategorie** FFH II. Geringes Gefährdungsrisiko.

Kaspi-Maifisch

Größe: 12–20 cm, maximal 32 cm

Kizilagach-Maifisch *Caspialosa curensis*

Größe 14–16 cm, maximal 19 cm. **Merkmale** Oberkiefer ohne Einkerbung; deutlich sichtbare Zähne; große Augen. **Verbreitung** Kaspisches Meer, besonders in der Kizilagach-Bucht im Süden. **Fortpflanzung** April–Mai, im Meer. Über die Biologie der Art ist wenig bekannt. Die Jungen werden nach 3–4 Jahren geschlechtsreif. **Nahrung** Wirbellose, besonders Krebstiere. **Nutzung** Wird besonders im Gebiet der Kizilagach-Bucht mit Netzen gefangen. **Schutzkategorie** Gefährdet.

Kizilagach-Maifisch

Größe: 14–16 cm, maximal 19 cm

Kerchen-Maifisch *Caspialosa maeotica*

Größe 30–45 cm, maximal 49 cm. **Merkmale** Oberkiefer mit Kerbe in der Mitte; Pflugscharbein mit Zähnen; Augen klein. **Verbreitung** Kaspisches und Asowsches Meer. Hauptsächlich in den Mündungsgebieten einiger Flüsse, gelegentlich auch weiter flussaufwärts. Der Dolginka-Maifisch *(C. brashikowii)* ist vermutlich eine Unterart von *C. maeotica*. **Fortpflanzung** April–Juni; die Geschlechtsreife wird nach etwa 3 Jahren erreicht, die Lebenserwartung beträgt etwa 8 Jahre. **Nahrung** Jungtiere ernähren sich von Wirbellosen, ältere Exemplare fressen auch Fische. **Nutzung** Wichtiger Nutzfisch; im Kaspischen Meer werden größere Mengen mit Netzen gefangen. **Schutzkategorie** Geringes Gefährdungsrisiko.

Kerchen-Maifisch

Größe: 30–45 cm, maximal 49 cm

Schwarzmeer-Maifisch *Caspialosa pontica*

Größe 15–20 cm, maximal 41 cm; das Durchschnittsgewicht liegt bei ca. 69 g. **Merkmale** Oberkiefer mit mittiger Kerbe; 60–90 Kiemenreusendornen. **Verbreitung** Schwarzes, Kaspisches und Asowsches Meer. Wandert im Frühjahr in große Flüsse (z. B. Dnjepr, Donau, Wolga). Der Kaspische Schwarzrücken *(C. kessleri)* ist vermutlich eine Unterart dieser Spezies. **Fortpflanzung** April–Juli; laicht im Mittellauf von Flüssen über Sand- oder Kiesuntergrund. Die Jungen wandern einige Monate nach dem Schlüpfen ins Meer, wo sie nach 2–3 Jahren geschlechtsreif werden. Höchstalter etwa 7 Jahre. **Nahrung** Jungtiere fressen Wirbellose, ältere Exemplare auch kleine Fische. **Nutzung** Wichtiger Nutzfisch. **Schutzkategorie** Bern III. Gefährdet.

Schwarzmeer-Maifisch

Größe: 15–20 cm, maximal 41 cm

Großaugen-Maifisch *Caspialosa saposhnikovi*

Größe 20–30 cm, maximal 36 cm; Fische mit einer Durchschnittslänge von 18 cm wiegen etwa 84 g. **Merkmale** Oberkiefer mit deutlicher Kerbe; Zähne kräftig; Augen groß. **Verbreitung** Nördliches Kaspisches Meer und im Wolga-Delta (wandert nicht stromaufwärts). **Fortpflanzung** April; in Mündungsgebieten von Flüssen, die in den nordöstlichen Teil des Meeres fließen. **Nahrung** Vor allem Wirbellose. **Nutzung** Wird kommerziell genutzt (z. B. vor der Küste Dagestans), ist aber nicht so begehrt wie andere *Caspialosa*-Arten. **Schutzkategorie** Geringes Gefährdungsrisiko.

Suworow-Maifisch *Caspialosa suworowi*

Größe 15–20 cm, maximal 27 cm. **Merkmale** Oberkiefer mit mittiger Kerbe; Zähne auf dem Pflugscharbein vorhanden; normalerweise 50–55 Kiemenreusendornen. **Verbreitung** Kaspisches Meer, besonders im nördlichen Teil; wandert regelmäßig ins Wolga-Delta. **Fortpflanzung** Laicht im Meer vor dem Wolga-Delta ab. **Nahrung** Hauptsächlich Wirbellose. **Nutzung** Wird vor allem im nördlichen Kaspischen Meer in größerer Menge mit Netzen gefangen. **Schutzkategorie** Geringes Gefährdungsrisiko.

Abrau-Sardine *Clupeonella abrau*

Größe 6–7 cm, maximal 8,5 cm. **Merkmale** Ohne Kerbe im Oberkiefer; weniger als 53 Kiemenreusendornen. **Verbreitung** Kommt nur im Süßwasser vor, z. B. im Abrausee nahe Novorossijsk und Abulisee bei Bursa (Kleinasien). **Fortpflanzung** Juni–Oktober; aus den frei im Wasser schwebenden Eiern schlüpfen nach etwa 12 Stunden die Jungen. Nach 2 Jahren geschlechtsreif. **Nahrung** Wirbellose, besonders Schwebgarnelen. **Nutzung** Kommerziell und für Angler von geringer Bedeutung. **Schutzkategorie** Gefährdet.

Abrau-Sardine

Größe: 6–7 cm, maximal 8,5 cm

Tyulka-Sardine *Clupeonella cultriventris*

Größe 9–12 cm, maximal 17 cm; Durchschnittsgewicht ca. 5 g. **Merkmale** Ohne Kerbe im Oberkiefer; Unterseite mit Kiel; mehr als 5 Kiemenreusendornen. **Verbreitung** Schwarzes und Kaspisches Meer sowie Unterlauf der großen Zuflüsse (z. B. Donau, Bug); eine isolierte Population existiert im Charkhalsee (Uralbecken). **Fortpflanzung** April–Mai, im Unterlauf und Mündungsgebiet der Flüsse. Aus den in Bodennähe treibenden Eiern schlüpfen nach 3–4 Tagen die Jungen, die dann ins Meer abwandern. Geschlechtsreife nach 2–3 Jahren, die Lebenserwartung beträgt bis zu 5 Jahre. Die Weibchen können etwa 30 000 Eier ablegen. **Nahrung** Hauptsächlich Wirbellose. **Nutzung** Wichtiger Nutzfisch, der häufig zu Konserven verarbeitet wird. **Schutzkategorie** Geringes Gefährdungsrisiko.

Tyulka-Sardine

Größe: 9–12 cm, maximal 17 cm

Karpfenfische – Familie Cyprinidae

Die zahlreichen Angehörigen der Familie der Karpfenfische (Cyprinidae) sind sehr weit verbreitet, fehlen aber in Südamerika und Australien. Es handelt sich fast ausschließlich um Süßwasserarten, von denen man nur wenige gelegentlich auch einmal im Brackwasser von Flussmündungen findet. Die Cypriniden sind die größte Fischfamilie der Erde mit etwa 210 Gattungen und über 2000 Arten, und auch die europäische Süßwasserfauna wird bezüglich der Artenzahl von dieser Gruppe dominiert.
Die verschiedenen Arten unterscheiden sich stark in Größe und Körperform; allen gemeinsam ist aber das stets zahnlose Maul. Dafür besitzen die Tiere Schlundknochen mit 1–3 Zahnreihen und hornigen Platten auf der gegenüberliegenden Seite, zwischen denen die Nahrung zerkleinert wird. Die Anzahl der Schlundzähne und ihre Anordnung sind wichtige Bestimmungsmerkmale. So bedeutet beispielsweise 4.1.1, dass auf dem Schlundknochen drei Zahnreihen vorhanden sind, von denen die innere 4 Zähne aufweist, die beiden anderen jeweils nur einen Zahn (siehe Abbildung S. 24). Am Maul sitzen ein oder zwei sensorische Bartfäden. Die nicht besonders stark entwickelten Flossen haben zumeist weiche Strahlen; bei einigen Arten können die vorderen Strahlen der Rücken- und Schwanzflosse allerdings verstärkt sein. Der Körper ist normalerweise dicht mit Rundschuppen bedeckt; ein Seitenliniensystem ist bei den meisten Arten vorhanden. Zur Laichzeit sind die Männchen häufig an einer kräftigeren Färbung und einem gut entwickelten Laichausschlag an Kopf, Körper oder Flossen zu erkennen, dessen genaue Position sich oft auch zur Bestimmung heranziehen lässt.
Wie bei der großen Zahl der Arten nicht anders zu erwarten, besiedeln die Cypriniden ganz unterschiedliche Süßwasserbiotope; als Nahrung dienen zumeist Wirbellose, nur gelegentlich einmal andere Fische. Einige Arten sind aber auch Allesfresser (omnivor), das heißt, sie ernähren sich sowohl von Tieren als auch Pflanzen; darüber hinaus gibt es reine Pflanzenfresser. Letztere haben sich für den Menschen in zweifacher Hinsicht als nützlich erwiesen: Sie lassen sich als Speisefische verwerten und sorgen außerdem dafür, dass die Pflanzen in Gewässern nicht zu stark wuchern.
Neben heimischen Arten wie *Cyprinus carpio* und *Carassius auratus* gibt es inzwischen in europäischen Gewässern auch eingebürgerte Karpfenfische, von denen viele aus Asien stammen (z. B. *Ctenopharyngodon idellas, Pimephales promelas*), sowie einige Arten, deren Status noch unsicher ist, beispielsweise *Mylopharyngodon piceus* (Richardson 1846) oder *Parabramis pekinensis* (Basilewsky 1855), und die daher hier nicht aufgeführt sind.
Insgesamt gibt es in Europa 32 Gattungen der Cypriniden mit etwa 144 Arten.

Gattungsschlüssel für die europäischen Karpfenfische

1	Mehr als 14 verzweigte Strahlen in der Rückenflosse; ein gesägter Strahl in der Rücken- und zumeist auch in der Afterflosse	2
	Weniger als 14 verzweigte Strahlen in der Rückenflosse; die Rücken- und Afterflosse stets ohne gesägten Strahl	3
2	4 Bartfäden; 3 Reihen Schlundzähne	*Cyprinus* S. 122
	Keine Bartfäden; 1 Reihe Schlundzähne	*Carassius* S. 112
3	Erster Strahl der Rückenflosse abgesetzt und deutlich kürzer als der zweite; Lippen dick	*Pachychilon* S. 139
	Erster Strahl der Rückenflosse nicht abgesetzt und etwa gleich lang wie der zweite; Lippen normal	4
4	Bartfäden vorhanden	5
	Bartfäden fehlend	8
5	Gewellte Seitenlinie	*Aulopyge* S. 104
	Seitenlinie höchstens leicht gebogen; Schuppen vorhanden	6
6	2 Paar Bartfäden; 3 Reihen Schlundzähne	*Barbus* S. 105
	1 Paar Bartfäden; 1 oder 2 Reihen Schlundzähne	7

7	Maul endständig; Schuppen sehr klein, mehr als 80 entlang der Seitenlinie; 1 Reihe Schlundzähne	*Tinca* S. 160
	Maul unterständig; Schuppen groß, weniger als 80 entlang der Seitenlinie; 2 Reihen Schlundzähne	*Gobio* S. 124
8	Gewellte Seitenlinie; mit stark gewölbter kielartiger Bauchkante, die an der Kehle beginnt	*Pelecus* S. 140
	Seitenlinie nicht gewellt; wenn Bauch mit kielartiger Kante, dann beginnt diese erst hinter den Bauchflossen	9
9	Maul unterständig, quer verlaufende Maulspalte; Unterkiefer scharf und mit Knorpel überzogen	*Chondrostoma* S. 115
	Maul endständig, schräge Maulspalte *oder* falls unterständiges Maul, dann sichelförmig; aber niemals quer verlaufende Maulspalte mit Knorpel	10
10	Schuppenloser Hinterleibskiel vor dem After	11
	Kein schuppenloser Hinterleibskiel vor dem After	16
11	Schuppiger Kiel hinter der Rückenflosse; 1 Reihe Schlundzähne	*Vimba* S. 162
	Kein Kiel hinter der Rückenflosse	12
12	1 oder 2 Reihen Schlundzähne; schuppenloser Kiel hinter dem After	13
	2 Reihen Schlundzähne; kein schuppenloser Kiel hinter dem After	*Chalcalburnus* S. 114
13	Schuppenlose Rille vor der Rückenflosse; Schuppen dick, fest eingesenkt; mehr als 20 verzweigte Strahlen in der Afterflosse	*Abramis* S. 99
	Keine schuppenlose Rille vor der Rückenflosse; Schuppen dünn, leicht ablösbar; weniger als 20 verzweigte Strahlen in der Afterflosse	14
14	Weniger als 10 verzweigte Strahlen in der Afterflosse; Zwischenkieferknochen mit langem Fortsatz; knopfartiger Auswuchs auf dem Zahnbein	*Tropidophoxinellus* S. 161
	Mehr als 10 verzweigte Strahlen in der Afterflosse; Zwischenkieferknochen ohne Fortsatz; kein knopfartiger Auswuchs auf dem Zahnbein	15
15	Kiemenreusendornen lang und dicht; Schlundzähne normalerweise gesägt	*Alburnus* S. 102
	Kiemenreusendornen kurz und mit größerem Abstand; Schlundzähne nicht gesägt	*Alburnoides* S. 101
16	Seitenlinie unvollständig, kurz, endet weit vor der Rückenflosse	17
	Seitenlinie vollständig *oder* wenn unvollständig, dann unter oder hinter der Rückenflosse endend	20
17	Dunkles Längsband über die ganze Körperlänge; 4–14 Schuppen entlang der Seitenlinie	18
	Mit hellem, silberblauem oder blaugrünem Längsband	19
18	Bauchflosse mit 8 Strahlen; kurze Seitenlinie mit nur 4–6 Schuppen	*Pseudophoxinus* S. 147
	Bauchflosse mit 9–10 Strahlen; kurze Seitenlinie mit mehr als 6 Schuppen	*Anaecypris* S. 103

19	Maul endständig; hochrückiger Körper; Afterflosse mit 8–10 verzweigten Strahlen	*Rhodeus* S. 150
	Maul oberständig; Körper länglich; Afterflosse mit 10–13 verzweigten Strahlen; Unterkiefer greift in eine kleine Grube am Oberkiefer	*Leucaspius* S. 129
20	Schuppen sehr dünn, rückgebildet oder fehlend	*Phoxinellus* S. 141
	Schuppen normal	21
21	Kiemenhaut unter dem Auge angeheftet; Unterkiefer greift in eine kleine Grube am Oberkiefer; Maul endständig, sehr groß	*Aspius* S. 104
	Kiemenhaut hinter dem Auge angeheftet; Unterkiefer greift nicht in eine kleine Grube am Oberkiefer; Maul unterständig *oder* wenn endständig, dann klein	22
22	Seitenlinie endet unter der Rückenflosse	23
	Seitenlinie vollständig	24
23	Mehr als 40 Schuppen entlang der Seitenlinie; Männchen mit fleischigem Auswuchs hinter dem Kopf	*Pimephales* S. 146
	Weniger als 40 Schuppen entlang der Seitenlinie; Männchen ohne fleischigen Auswuchs hinter dem Kopf	*Ladigesocypris* S. 129
24	Vorderende der Rückenflosse deutlich hinter dem Bauchflossenansatz; 2 Reihen Schlundzähne	25
	Vorderende der Rückenflosse über den Bauchflossen	29
25	Schuppen groß, weniger als 45 entlang der Seitenlinie	*Scardinius* S. 158
	Schuppen klein, mehr als 45 entlang der Seitenlinie	26
26	Maul unterständig; weniger als 60 Schuppen entlang der Seitenlinie	*Iberocypris* S. 128
	Maul unterständig; mehr als 60 Schuppen entlang der Seitenlinie	27
27	Augen unterhalb der Mittellinie des Kopfes; mehr als 100 Schuppen entlang der Seitenlinie	*Hypophthalmichthys* S. 127
	Augen oberhalb der Mittellinie des Kopfes; weniger als 100 Schuppen entlang der Seitenlinie	28
28	Hochrückiger Körper, größte Körperhöhe übertrifft die Länge des Schwanzstiels und beträgt etwa ¼ der Körperlänge	*Eupallasella* S. 123
	Langgestreckter Körper, größte Körperhöhe geringer als die Länge des Schwanzstiels und unter ¼ der Körperlänge	*Phoxinus* S. 144
29	Kleine Augen in Höhe der Kopf-Mittellinie	*Ctenopharyngodon* S. 121
	Große Augen oberhalb der Kopf-Mittellinie	30
30	1 Reihe Schlundzähne	31
	2 Reihen Schlundzähne; in der Regel 8 oder weniger verzweigte Strahlen in der Rückenflosse	*Leuciscus* S. 130
31	Maul oberständig; 7 verzweigte Strahlen in der Rückenflosse; Seitenlinie gerade	*Pseudorasbora* S. 149
	Maul end- oder unterständig; mehr als 8 verzweigte Strahlen in der Rückenflosse; Seitenlinie gebogen	*Rutilus* S. 151

Abramis: Mit vier Arten in Europa vertreten, die sich in folgenden Merkmalen unterscheiden:

1	1 Reihe Schlundzähne; Afterflosse mit 23–43 verzweigten Strahlen	2
	2 Reihen Schlundzähne	*Abramis bjoerkna* S. 100
2	Weniger als 30 verzweigte Strahlen in der Afterflosse; 51–60 Schuppen entlang der Seitenlinie; Maul unterständig	*Abramis brama* S. 100
	Mehr als 30 verzweigte Strahlen in der Afterflosse	3
3	Seitenlinie mit 49–52 Schuppen; Maul unterständig	*Abramis sapa* S. 101
	Seitenlinie mit 65–75 Schuppen; Maul endständig	*Abramis ballerus* S. 99

Zope *Abramis ballerus*

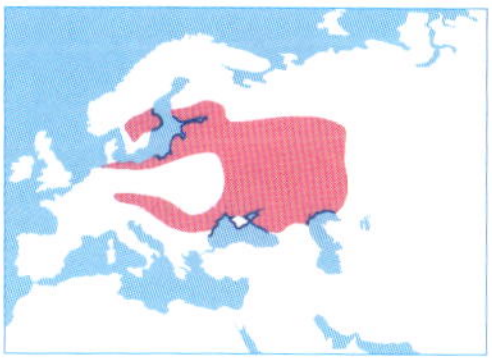

Größe 20–30 cm, maximal 45 cm; Exemplare mit einer Durchschnittslänge von 18 cm wiegen ca. 92 g. **Merkmale** Hochrückiger, seitlich stark abgeplatteter Körper mit 66–73 ziemlich kleinen Schuppen entlang der Seitenlinie; Rückenflosse mit 8–9, Afterflosse mit 35–44 verzweigten Strahlen. **Verbreitung** Lebt in ruhigen Flüssen und Seen in Tieflandregionen Mittel- und Osteuropas, die im Einzugsbereich von Ostsee, Schwarzem und Kaspischem Meer liegen; kommt auch im Brackwasser einiger Mündungsgebiete vor. **Fortpflanzung** April–Juni; laicht zwischen Pflanzen in Flachwasserzonen. Die Weibchen legen 4000–25000 Eier; nach 3–4 Jahren geschlechtsreif. **Nahrung** Wirbellose, besonders Planktonkrebse. **Nutzung** Ohne kommerzielle Bedeutung; kein Angelfisch. **Schutzkategorie** Bern III. Geringes Gefährdungsrisiko.

Zope

Größe: 20–30 cm, maximal 45 cm

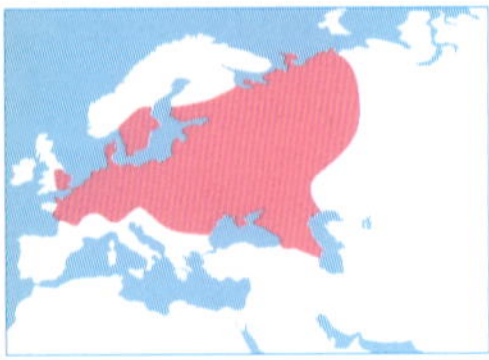

Güster, Blicke *Abramis bjoerkna*

Größe 20–30 cm, maximal 35 cm; Höchstgewicht 1,25 kg. **Merkmale** Hochrückiger, seitlich stark abgeplatteter Körper mit 40–45 Schuppen entlang der Seitenlinie; Rückenflosse mit 8–9, Afterflosse mit 19–24 verzweigten Strahlen. Hieß früher *Blicca bjoerkna*. **Verbreitung** In großen, langsam fließenden oder stehenden Gewässern vom Osten Englands bis ans Kaspische Meer. **Fortpflanzung** Mai–Juli, in Flachwasserzonen zwischen Pflanzen; Geschlechtsreife nach 3–5 Jahren. Die Weibchen legen 11 000–82 000 Eier. Hybridisierungen mit *A. brama* sowie *Rutilus-*, *Scardinius-* und *Vimba-*Arten sind möglich. **Nahrung** Jungtiere Zooplankton, ältere Exemplare hauptsächlich Würmer, Weichtiere und Insektenlarven. **Nutzung** Wird in einigen Regionen kommerziell und von Anglern genutzt. **Schutzkategorie** Geringes Gefährdungsrisiko.

Größe: 20–30 cm, maximal 35 cm

Güster

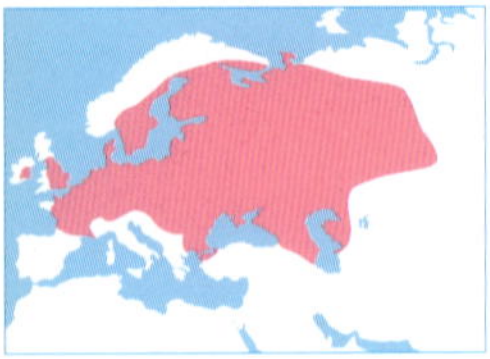

Blei, Brachsen *Abramis brama*

Größe 30–50 cm, maximal 80 cm. **Merkmale** Hochrückiger, seitlich stark abgeplatteter Körper mit 51–60 Schuppen entlang der Seitenlinie; Rückenflosse mit 8–10, Afterflosse mit 24–30 verzweigten Strahlen. **Verbreitung** In großen, langsam fließenden oder stehenden Gewässern in weiten Teilen Europas von Irland bis zum Aralsee (in Irland eingebürgert). Kommt manchmal auch im Brackwasser vor. **Fortpflanzung** Mai–Juli, schwarmweise in Flachwasserzonen zwischen Pflanzen. Die Jungen schlüpfen nach 5–10 Tagen; geschlechtsreif nach 3–5 Jahren. Die Weibchen können 100 000–600 000 Eier legen. Hybridisierungen mit *A. bjoerkna*, *Rutilus-* und *Scardinius-Arten* sind möglich. **Nahrung** Sucht mit seinem rüsselartig vorstülpbaren Maul nach benthischen Wirbellosen, besonders Würmern, Weichtieren und Insektenlarven. **Nutzung** Wird in Mitteleuropa in großer Zahl in Netzen und Reusen gefangen, in vielen Ländern auch mit der Angel. **Schutzkategorie** Geringes Gefährdungsrisiko.

Blei

Größe: 30–50 cm, maximal 80 cm

Zobel *Abramis sapa*

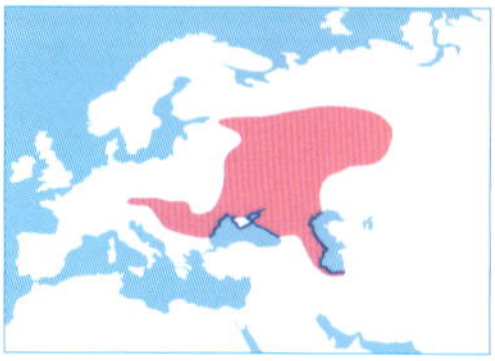

Größe 15–25 cm, maximal 39 cm; Höchstgewicht 800 g. **Merkmale** Maul unterständig; hochrückiger, seitlich stark abgeplatteter Körper mit 48–53 Schuppen entlang der Seitenlinie; Rückenflosse mit 8, Afterflosse mit 35–42 verzweigten Strahlen. **Verbreitung** In langsam fließenden oder stehenden Gewässern, aber auch in Brackwasserbiotopen im Norden des Schwarzen und Kaspischen Meeres. Im Meer lebende Populationen wandern zum Ablaichen ins Süßwasser. **Fortpflanzung** April–Mai; laicht schwarmweise in Fließgewässern ab. Geschlechtsreife nach 3–4 Jahren, die Lebenserwartung kann mehr als 8 Jahre betragen. Die Weibchen legen 8 000–150 000 Eier. **Nahrung** Jungtiere fressen Zooplankton, ältere Exemplare hauptsächlich benthische Wirbellose. **Nutzung** Lokal von wirtschaftlicher Bedeutung; wird manchmal auch geangelt. **Schutzkategorie** Bern III. Geringes Gefährdungsrisiko.

Zobel

Größe: 15–25 cm,
maximal 39 cm

■ *Alburnoides:* In Europa mit nur einer Art vertreten:

Schneider *Alburnoides bipunctatus*

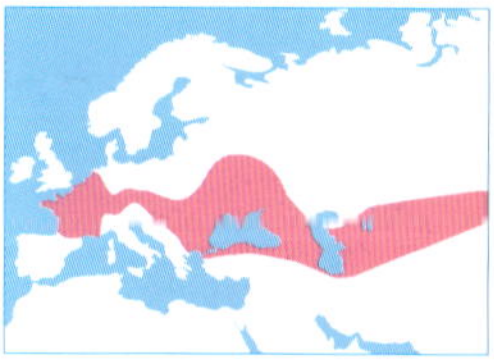

Größe 10–12 cm, maximal 16 cm. **Merkmale** Maul endständig; Schlundzähne glatt; Kiemenreusendornen kurz und weit auseinanderstehend; 44–52 Schuppen entlang der dunklen Seitenlinie; Rückenflosse mit 7–9, Afterflosse mit 11–17 verzweigten Strahlen. **Verbreitung** Vom Westen Frankreichs bis zum Kaspischen Meer in Flüssen und gelegentlich auch in Seen. **Fortpflanzung** Mai–Juli; die Eiablage findet zumeist über Kies in fließendem Wasser statt. **Nahrung** Wirbellose, hauptsächlich Insekten und deren Larven. **Nutzung** Ohne kommerzielle Bedeutung; wird manchmal in Aquarien gehalten oder als Köderfisch benutzt. **Schutzkategorie** Bern III. Geringes Gefährdungsrisiko.

Schneider

Größe: 10–12 cm,
maximal 16 cm

Alburnus: Mit drei Arten in Europa vertreten, die sich in folgenden Merkmalen unterscheiden:

1	Körper schlank, etwa doppelt so hoch wie die Höhe der Schwanzwurzel	2
	Körper gedrungen, etwa 3-mal so hoch wie die Höhe der Schwanzwurzel	*Alburnus charusini* S. 103
2	Mehr als 17 Strahlen in der Afterflosse	*Alburnus alburnus* S. 102
	Weniger als 18 Strahlen in der Afterflosse	*Alburnus albidus* S. 102

Weißer Ukelei *Alburnus albidus*

Größe 10–15 cm, maximal 20 cm. **Merkmale** Körper schlank, höchstens doppelt so hoch wie die Höhe der Schwanzwurzel; 42–51 Schuppen entlang der Seitenlinie; 13–18 verzweigte Strahlen in der Afterflosse. **Verbreitung** Nur in Fließgewässern und einigen Seen im früheren Jugoslawien sowie in Nord- und Süditalien. **Fortpflanzung** Juni–August, schwarmweise über Kies zwischen Pflanzen. **Nahrung** Wirbellose, Jungfische vor allem Zooplankton; die Tiere suchen ihre Nahrung manchmal an der Oberfläche. **Nutzung** Kommerziell und für Angler von geringer Bedeutung. **Schutzkategorie** Bern III, FFH II. Stark gefährdet.

Weißer Ukelei

Größe: 10–15 cm, maximal 20 cm

Ukelei, Laube *Alburnus alburnus*

Größe 12–15 cm, maximal 25 cm. **Merkmale** Körper schlank; schuppenloser Kiel zwischen Bauchflossen und After; 48–45 Schuppen entlang der Seitenlinie; Rückenflosse mit 8–9, Afterflosse mit 16–20 verzweigten Strahlen; Basis der Afterflosse länger als die der Rückenflosse; mehr als 17 Strahlen in der Afterflosse. **Verbreitung** In langsam fließenden oder stehenden Gewässern von Frankreich bis zum Kaspischen Meer; gelegentlich auch im Brackwasser. **Fortpflanzung** Mai–Juli; laicht in Flachwasserzonen. Die Jungen schlüpfen nach 5–10 Tagen; geschlechtsreif nach 2–3 Jahren; kann 6 Jahre alt werden. Die Weibchen legen 5 000–6 500 Eier. Hybridisierungen mit *Leuciscus*-, *Rutilus*- und *Scardinius*-Arten kommen vor. **Nahrung** Wirbellose, besonders Krebstiere und Insekten. **Nutzung** Früher häufig lokal zur Erzeugung von Tiernahrung genutzt; die Schuppen wurden zur Herstellung künstlicher Perlen verwendet. Wird manchmal geangelt. **Schutzkategorie** Geringes Gefährdungsrisiko.

Ukelei, Laube

Größe: 12–15 cm, maximal 25 cm

Kaukasischer Ukelei *Alburnus charusini*

Größe 8–10 cm, maximal 12 cm. **Merkmale** Die maximale Körperhöhe entspricht etwa der 3-fachen Höhe des Schwanzstiels; 41–47 Schuppen entlang der Seitenlinie; Rückenflosse mit 7–9, Afterflosse mit 14–17 verzweigten Strahlen. **Verbreitung** In stehenden oder langsam fließenden Gewässern im Einzugsbereich von Flüssen wie Kuma, Terek und Sulak in Kaukasien zwischen dem Schwarzen und dem Kaspischen Meer. **Fortpflanzung** Über das Fortpflanzungsverhalten dieser Art ist wenig bekannt. **Nahrung** Wirbellose, hauptsächlich Krebse sowie Insekten und deren Larven. **Nutzung** Ohne kommerzielle Bedeutung; kein Angelfisch. **Schutzkategorie** Geringes Gefährdungsrisiko.

Kaukasischer Ukelei

Größe: 8–10 cm, maximal 12 cm

■ *Anaecypris:* Ist mit nur einer Art in Europa vertreten:

Saramugo *Anaecypris hispanica*

Größe 4–6 cm, maximal 8 cm. **Merkmale** Maul oberständig; schuppenloser Kiel von den Bauchflossen bis zum After; dunkles Längsband an den Flanken; 59–71 Lateralschuppen; nur 6–14 Schuppen entlang der kurzen Seitenlinie; Rückenflosse mit 6–7, Afterflosse mit 8–10 verzweigten Strahlen. **Verbreitung** Kommt nur in kleinen, stark verkrauteten Gewässern im Einzugsbereich des Guadiana und Guadalquivir in Portugal und Südspanien vor. **Fortpflanzung** Mai–Juli; laicht schwarmweise in kleinen Bächen. **Nahrung** Hauptsächlich Wirbellose, besonders Insekten, zusätzlich etwas Pflanzennahrung (Algen). **Nutzung** Ohne kommerzielle Bedeutung; kein Angelfisch. **Schutzkategorie** FFH II & IV. Stark gefährdet.

Saramugo

Größe: 4–6 cm, maximal 8 cm

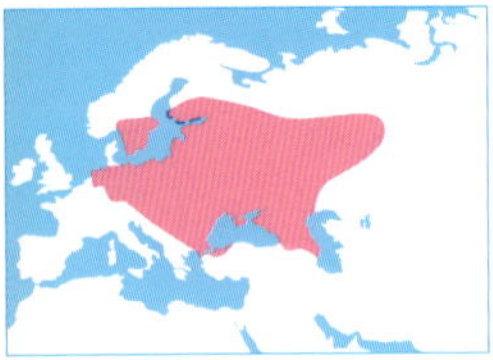

■ *Aspius:* Die Gattung ist mit nur einer Art in Europa vertreten:

Rapfen, Schied *Aspius aspius*

Größe 50–75 cm, maximal 100 cm (ausnahmsweise bis 120 cm); Höchstgewicht etwa 12 kg. **Merkmale** Großes, endständiges Maul, Unterkiefer mit einem Höcker, der in eine Kerbe des Oberkiefers passt; Körper mit gut entwickelten Schuppen, 64–76 entlang der Seitenlinie; mit einem Kiel zwischen Brustflossen und After. **Verbreitung** Im Mittellauf europäischer Flüsse von den Niederlanden bis zum Kaspischen Meer. Gelegentlich auch in Seen oder im Brackwasser von Flussmündungen. **Fortpflanzung** April–Juni; laicht in Fließgewässern über Kiesgrund. Die Jungen schlüpfen nach 10–15 Tagen; die Geschlechtsreife wird nach 4–5 Jahren erreicht. Die Weibchen können 58 000–500 000 Eier ablegen. **Nahrung** Die in Schwärmen lebenden Jungtiere ernähren sich von Wirbellosen, ältere Exemplare fressen hauptsächlich Fische. **Nutzung** In einigen Regionen ein begehrter Nutzfisch, z. B. an der Wolga, wird aber auch von Anglern geschätzt. **Schutzkategorie** Bern III, FFH II. Gefährdet.

Rapfen

Größe: 50–75 cm, maximal 100 cm

■ *Aulopyge:* Die Gattung ist in Europa mit nur einer Art vertreten:

Barbengründling *Aulopyge hugeli*

Größe 9–12 cm, maximal 13 cm. **Merkmale** Gut entwickelte Schnauze mit 4 Bartfäden; Körper ohne Schuppen, aber mit einer wellenförmigen Seitenlinie, die vom Kopf bis zur Schwanzflosse verläuft. **Verbreitung** Nur in Flüssen in Teilen Kroatiens und Bosniens, auch in teilweise unterirdisch verlaufenden Karstgewässern. **Fortpflanzung** Über die Fortpflanzung ist wenig bekannt. **Nahrung** Am Boden lebende Wirbellose, besonders Würmer und Insektenlarven. **Nutzung** Wird lokal in geringem Maße kommerziell genutzt; für Angler ohne Bedeutung. **Schutzkategorie** Vom Aussterben bedroht.

Barbengründling

Größe: 9–12 cm, maximal 13 cm

Barbus: Sehr große Gattung, bei der es über den Status der verschiedenen Arten und Unterarten unterschiedliche Ansichten gibt. In der europäischen Artenliste stehen insgesamt 23 Arten, von denen nachfolgend aber nur 11 näher beschrieben werden, weil bei den übrigen zunächst noch weitere taxonomische Untersuchungen erforderlich sind. Die unsicheren Arten sind: *B. caninus, B. euboicus, B. graellsii, B. guiraonis, B. haasi, B. macedonicus, B. microcephalus, B. peloponnesius, B. plebejus, B. sclateri, B. steindachneri, B. tyberinus*; die übrigen sind im nachfolgenden Schlüssel aufgeführt:

1	Längster Strahl der Rückenflosse verknöchert und am Hinterrand gesägt	2
	Längster Strahl der Rückenflosse nicht verknöchert und am Hinterrand nicht oder nur zur Hälfte gesägt	3
2	55–56 Schuppen entlang der Seitenlinie	*Barbus barbus* S. 106
	49–51 Schuppen entlang der Seitenlinie	*Barbus comizo* S. 109
3	Körper mit dunklen Punkten oder Flecken	4
	Körper ohne dunkle Punkte oder Flecken	7
4	Zahlreiche kleine, aber deutliche dunkle Punkte an Körper (ohne Kopf) und Flossen; 12 Strahlen in der Rückenflosse	5
	Zahlreiche große, dunkle, unregelmäßige Flecken auf Rücken, Flossen und Kopf; 11 Strahlen in der Rückenflosse; 48–55 Schuppen entlang der Seitenlinie	*Barbus meridionalis* S. 110
5	Bartfäden lang (mehr als 3-facher Augendurchmesser); 60–71 Schuppen entlang der Seitenlinie	*Barbus ciscaucasicus* S. 108
	Bartfäden kurz (weniger als 3-facher Augendurchmesser)	6
6	Unterer Teil des längsten Rückenflossenstrahls schwach gesägt; Bauch gelblich; 49–52 Schuppen entlang der Seitenlinie	*Barbus albanicus* S. 106
	Längster Rückenflossenstrahl nicht gesägt; Bauch weißlich	*Barbus prespensis* S. 111
7	Bartfäden sehr kurz, höchstens wie Augendurchmesser	*Barbus cyclolepis* S. 109
	Bartfäden länger als der Augendurchmesser	8
8	Mehr als 60 Schuppen entlang der Seitenlinie	9
	Weniger als 60 Schuppen entlang der Seitenlinie	10
9	Rückenflosse meist mit 7 verzweigten Strahlen; Bartfäden lang, vorderer reicht über den Augenvorderrand hinaus; 67–76 Schuppen entlang der Seitenlinie	*Barbus brachycephalus* S. 107
	Rückenflosse meist mit 8 verzweigten Strahlen; Bartfäden kurz, vorderer reicht nicht über den Augenvorderrand hinaus; 58–65 Schuppen entlang der Seitenlinie	*Barbus capito* S. 108
10	50–60 Schuppen entlang der Seitenlinie; vordere Bartfäden ¾ so lang wie die hinteren	*Barbus graecus* S. 110
	46–51 Schuppen entlang der Seitenlinie; vordere Bartfäden halb so lang wie die hinteren	*Barbus bocagei* S. 107

Albanische Barbe *Barbus albanicus*

Größe 30–40 cm, maximal 45 cm. **Merkmale** Unterständiges Maul mit 4 kurzen Bartfäden, die kürzer sind als der 3-fache Augendurchmesser; Seitenlinie mit 49–52 Schuppen; unterer Teil des längsten Rückenflossenstrahls am Hinterrand schwach gesägt. **Verbreitung** Nur in Teichen und Flüssen in bestimmtem Regionen Griechenlands. **Fortpflanzung** Mai–Juli; laicht über Kies und Steinen ab. **Nahrung** Hauptsächlich benthische Wirbellose. **Nutzung** Kommerziell und als Angelfisch von geringer Bedeutung. **Schutzkategorie** FFH V. Geringes Gefährdungsrisiko.

Größe: 30–40 cm, maximal 45 cm

Albanische Barbe

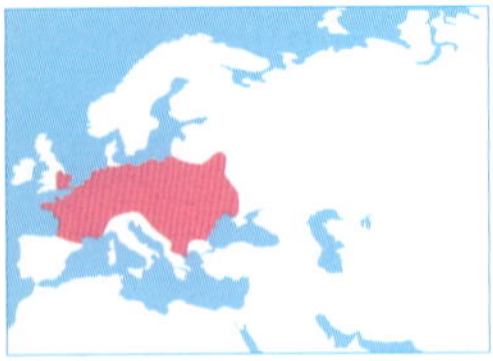

Barbe *Barbus barbus*

Größe 25–75 cm, maximal 100 cm; Höchstgewicht 10 kg. **Merkmale** Unterständiges Maul mit 4 fleischigen Bartfäden; 55–65 Schuppen entlang der Seitenlinie; letzter unverzweigter Strahl der Rückenflosse verknöchert und am Hinterrand gezähnt; Rückenflosse mit 7–8, Afterflosse mit 5 verzweigten Strahlen. **Verbreitung** Von Ostengland bis zum Schwarzen Meer im Mittellauf von Flüssen. **Fortpflanzung** Mai–Juli; laicht über Kies oder Steinen in fließendem Wasser ab. Aus den 3000–32000 gelben, klebrigen Eiern (die giftig sein sollen) schlüpfen nach 10–15 Tagen die Jungen; Geschlechtsreife nach 4–5 Jahren. **Nahrung** Die nachtaktiven Fische fressen anfangs am Boden lebende Wirbellose (hauptsächlich Würmer, Weichtiere und Insektenlarven) sowie etwas pflanzliches Material; ältere Exemplare ernähren sich von Wirbellosen und kleinen Fischen. **Nutzung** Wird in einigen Regionen in Netzen und Reusen gefangen; auch bei Anglern beliebt. **Schutzkategorie** FFH V. Geringes Gefährdungsrisiko.

Größe: 25–75 cm, maximal 100 cm

Barbe

Barbus bocagei

Größe 40–50 cm, maximal 60 cm. **Merkmale** Schnauze lang; vordere Bartfäden kurz und dünn, hintere lang; Schuppen groß und auffällig, 46–51 entlang der Seitenlinie. **Verbreitung** In sauberen Flüssen in Teilen Spaniens und Portugals. **Fortpflanzung** Mai–Juni; laicht über Sand- und Kiesbänken ab. **Nahrung** Hauptsächlich benthische Wirbellose, besonders Krebse, Weichtiere und Insektenlarven; gelegentlich auch Pflanzen. **Nutzung** Von lokaler Bedeutung für Angler. **Schutzkategorie** Bern III, FFH V. Geringes Gefährdungsrisiko.

Barbus bocagei

Größe: 40–50 cm, maximal 60 cm

Aral-Barbe *Barbus brachycephalus*

Größe 80–100 cm, maximal 120 cm; Höchstgewicht ca. 22,5 kg. **Merkmale** Unterständiges Maul mit 4 Bartfäden, die über den Augenvorderrand hinausreichen; 67–76 Schuppen entlang der Seitenlinie; Rückenflosse mit 6–8, Afterflosse mit 5–6 verzweigten Strahlen. **Verbreitung** Im Brackwasser des Aralsees und des Kaspischen Meeres sowie im Unterlauf der Flüsse dieser Region (z. B. Wolga, Ural), aber dort oft nur zum Laichen. **Fortpflanzung** April–Juli; wandert zum Ablaichen in gut zugängliche Flüsse. Die Weibchen legen bis zu 1 260 000 Eier. **Nahrung** Am Grund lebende Wirbellose (im Aralsee hauptsächlich Weichtiere). **Nutzung** Im Aralsee und Kaspischen Meer eine kommerziell wichtige Art, die während der Wanderung zu den Laichplätzen mit Netzen und Reusen gefangen wird. **Schutzkategorie** FFH V. Geringes Gefährdungsrisiko.

Aral-Barbe

Größe: 80–100 cm, maximal 120 cm

Barbus caninus

(ohne Abbildung)
Kommt nur in Italien (Typuslokalität: Po-Ebene) und der Schweiz (Lago Maggiore) vor. **Schutzkategorie** FFH V. Gefährdet.

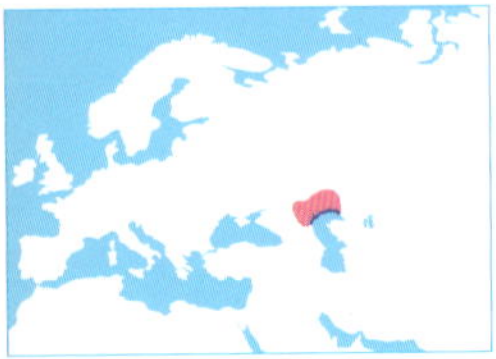

Bulatmai-Barbe *Barbus capito*

Größe 60–90 cm, maximal 105 cm. **Merkmale** Unterständiges Maul mit 4 Bartfäden, die vorderen reichen nicht bis zum Augenrand; 58–65 Schuppen entlang der Seitenlinie; Rückenflosse mit 8, Afterflosse mit 5 verzweigten Strahlen. **Verbreitung** Unter- und Mittellauf von Flüssen, die ins Kaspische Meer oder den Aralsee münden; manchmal auch im Salzwasser, die Tiere wandern dann aber zum Laichen ins Süßwasser. **Fortpflanzung** Laicht an strömungsreichen Stellen; die Geschlechtsreife wird nach 6–7 Jahren erreicht. **Nahrung** Benthische Wirbellose sowie Fische; Jungtiere fressen Bodenorganismen und Pflanzen. **Nutzung** Von lokaler wirtschaftlicher Bedeutung. **Schutzkategorie** FFH II & V. Geringes Gefährdungsrisiko.

Größe: 60–90 cm, maximal 105 cm

Bulatmai-Barbe

Kaukasische Barbe *Barbus ciscaucasicus*

Größe 25–35 cm, maximal 39 cm. **Merkmale** Unterständiges Maul mit 4 Bartfäden, die mehr als 3-mal so lang sind wie der Augendurchmesser; 60–71 Schuppen entlang der Seitenlinie; Rückenflosse mit 8, Afterflosse mit 5 verzweigten Strahlen; Körper mit zahlreichen dunklen Flecken, besonders über der Seitenlinie. **Verbreitung** Nur im Mittel- und Oberlauf von Flüssen, die ins westliche Kaspische Meer münden (z. B. Kuma und Terek); kommt auch in höheren Regionen vor. **Fortpflanzung** Mai–Juli; laicht über Kiesbänken in oft sehr kleinen Nebenflüssen. **Nahrung** Hauptsächlich Wirbellose, besonders Insektenlarven. **Nutzung** Kommerziell und als Angelfisch von geringer Bedeutung. **Schutzkategorie** FFH V. Geringes Gefährdungsrisiko.

Kaukasische Barbe

Größe: 25–35 cm, maximal 39 cm

Iberische Barbe *Barbus comizo*

Größe 20–30 cm, maximal 35 cm. **Merkmale** Unterständiges Maul mit 2 Paar Bartfäden; längster Strahl der Rückenflosse stark verknöchert und mit gesägtem Hinterrand; 49–51 Schuppen entlang der Seitenlinie. **Verbreitung** Im Mittellauf einiger Flüsse im Südwesten Portugals und Spaniens (z. B. Guadalquivir, Tajo). **Fortpflanzung** Laicht über Kiesbänken ab. **Nahrung** Hauptsächlich benthische Wirbellose, als Jungtiere auch etwas pflanzliches Material; ausgewachsene Exemplare fressen auch Fische. **Nutzung** Ohne kommerzielle Bedeutung, wird aber manchmal geangelt. **Schutzkategorie** Bern III, FFH II & V. Gefährdet.

Türkische Barbe *Barbus cyclolepis*

Größe 20–30 cm, maximal 35 cm. **Merkmale** Unterständiges Maul mit 4 kurzen Bartfäden, diese gleich lang wie der Augendurchmesser oder kürzer; dritter Strahl der Rückenflosse spitz und gezähnt. **Verbreitung** In Fließgewässern Griechenlands und der Türkei im Einzugsbereich des Schwarzen und Ägäischen Meeres (z. B. Maritza und Struma). **Fortpflanzung** April–Juli; laicht in Fließgewässern über Kiesbänken. **Nahrung** Hauptsächlich Wirbellose; Jungtiere fressen gelegentlich Pflanzen, ältere Exemplare auch Fische und Fischlaich. **Nutzung** Ohne kommerzielle Bedeutung; kein Angelfisch. **Schutzkategorie** FFH V. Gefährdet.

Barbus euboicus

(ohne Abbildung)

Bisher nur von der griechischen Insel Euböa bekannt (Typuslokalität: der kleine Fluss Evia). **Schutzkategorie** FFH V. Stark gefährdet.

Griechische Barbe *Barbus graecus*

Größe 30–40 cm, maximal 45 cm. **Merkmale** Körper ohne dunkle Zeichnung; unterständiges Maul mit 4 Bartfäden, alle länger als der Augendurchmesser; 50–60 Schuppen entlang der Seitenlinie; Rückenflosse mit 11 verzweigten Strahlen. **Verbreitung** In ruhigen Gewässern Albaniens und Griechenlands (z. B. im Sperchios, im Yliki-Stausee und Paralimnisee). **Fortpflanzung** Unbekannt. **Nahrung** Benthische Wirbellose, besonders Insektenlarven und Weichtiere; etwas pflanzliches Material. **Nutzung** Von geringer kommerzieller Bedeutung; wird manchmal geangelt. **Schutzkategorie** FFH V. Geringes Gefährdungsrisiko.

Größe: 30–40 cm, maximal 45 cm

Griechische Barbe

Ebrobarbe *Barbus graellsii* (ohne Abbildung)

Kommt nur in Spanien vor (Typuslokalität: Ebro). **Schutzkategorie** FFH V. Gefährdet.

Barbus guiraonis (ohne Abbildung)

Kommt nur in Spanien vor (Typuslokalität: Júcar). **Schutzkategorie** FFH V. Gefährdet.

Barbus haasi (ohne Abbildung)

Kommt nur in Spanien vor (Typuslokalität: Noguera Pallaresa). **Schutzkategorie** FFH V. Gefährdet.

Barbus macedonicus (ohne Abbildung)

Kommt nur in Griechenland und Mazedonien vor (Typuslokalität: Vardar). **Schutzkategorie** FFH V. Gefährdet.

Forellenbarbe, Hundsbarbe *Barbus meridionalis*

Größe 20–30 cm, maximal 40 cm; 20 cm große Exemplare wiegen etwa 150 g. **Merkmale** 2 Bartelpaare, das zweite lang und dünn; 48–55 Schuppen entlang der Seitenlinie; längster Strahl der Rückenflosse ohne gesägten Hinterrand; zahlreiche große dunkle Flecken, die auf Rücken und Flossen oft miteinander verschmelzen. **Verbreitung** In Südwest- und Mitteleuropa; zumeist bodennah im Mittellauf von Flüssen. **Fortpflanzung** März–Juni; wandert flussaufwärts und laicht im Oberlauf ab. **Nahrung** Benthische Wirbellose;

Größe: 20–30 cm, maximal 40 cm

Forellenbarbe

Jungfische auch pflanzliche Nahrung, ausgewachsene Exemplare zusätzlich Fische. **Nutzung** Wird örtlich begrenzt kommerziell und als Angelfisch genutzt. **Schutzkategorie** Bern III, FFH II & V. Geringes Gefährdungsrisiko.

Barbus microcephalus (ohne Abbildung)

Kommt nur in Portugal und Spanien vor (Typuslokalität: Guadiana). **Schutzkategorie** Bern III, FFH V. Gefährdet.

Semling *Barbus peloponnesius* (ohne Abbildung)

Hauptsächlich in Griechenland zu finden (Typuslokalität: Moree). **Schutzkategorie** Bern III, FFH V. Gefährdet.

Südbarbe *Barbus plebejus* (ohne Abbildung)

Kommt nur in Kroatien, Italien (Typuslokalität: Comer See) und Slowenien vor. **Schutzkategorie** Bern III, FFH II & V. Geringes Gefährdungsrisiko.

Barbus prespensis

Größe 20–25 cm, maximal 30 cm. **Merkmale** Unterständiges Maul mit 4 Bartfäden; Hinterrand des längsten Rückenflossenstrahls ungezähnt. **Verbreitung** Nur im Prespasee (Albanien, Griechenland und Mazedonien) und seinen Zuflüssen. **Fortpflanzung** April–Juli; laicht in Fließgewässern über Kiesbänken; recht kurzlebige Art. **Nahrung** Hauptsächlich am Boden lebende Wirbellose. **Nutzung** In geringem Maß kommerziell genutzt, als Angelfisch wenig interessant. **Schutzkategorie** FFH V. Geringes Gefährdungsrisiko.

Barbus prespensis

Größe: 20–25 cm, maximal 30 cm

Barbus sclateri (ohne Abbildung)

Kommt nur in Portugal und Spanien vor (Typuslokalität: Guadalquivir). **Schutzkategorie** Bern III, FFH V. Gefährdet.

Barbus steindachneri (ohne Abbildung)

Kommt nur in Portugal vor (Typuslokalität: Guadiana). **Schutzkategorie** Bern III, FFH V. Gefährdet.

Krimbarbe *Barbus tauricus* (ohne Abbildung)

Bisherige Fundorte sind Flüsse, die ins Schwarze und ins Asowsche Meer fließen. Es existieren mehrere Unterarten. **Schutzkategorie** FFH V. Gefährdet.

Barbus tyberinus (ohne Abbildung)

Kommt nur in Italien vor (Typuslokalität: Tiber). **Schutzkategorie** FFH V. Gefährdet.

Carassius: Kleine Gattung, die in Europa mit nur zwei Arten vertreten ist (einige Experten halten die Unterart *Carassius auratus gibelio* [Bloch 1782] allerdings ebenfalls für eine Art). Die beiden anerkannten Spezies lassen sich anhand folgender Merkmale unterscheiden:

1	Weniger als 31 Schuppen entlang der Seitenlinie; mehr als 34 Reusendornen auf dem ersten Kiemenbogen; Oberrand der Rückenflosse nach innen gebogen; erster Rückenflossenstrahl kräftig und am Hinterrand grob gesägt	*Carassius auratus* S. 112
	Mehr als 31 Schuppen entlang der Seitenlinie; weniger als 34 Reusendornen auf dem ersten Kiemenbogen; Oberrand der Rückenflosse nach außen gebogen; erster Rückenflossenstrahl weich und am Hinterrand schwach gesägt	*Carassius carassius* S. 113

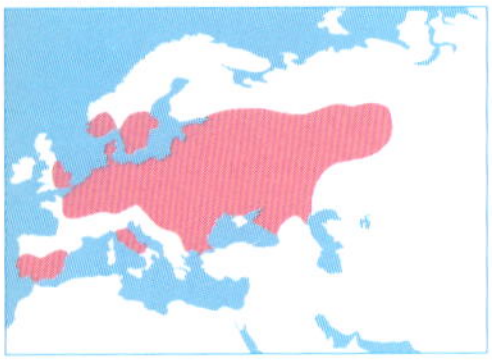

Goldfisch *Carassius auratus*

Größe 15–35 cm, maximal 45 cm; Höchstgewicht ca. 3 kg. **Merkmale** Mäßig hoher, seitlich abgeplatteter Körper; 27–31 Schuppen entlang der Seitenlinie; Rückenflosse mit nach innen gebogenem Rand, mit 15–19 verzweigten Strahlen, erster Strahl kräftig und am Rand grob gesägt; Afterflosse mit 5–6 Strahlen. Der Gibel *(C. auratus gibelio)* ist eine häufige Unterart. **Verbreitung** Stammt aus Ostasien; ausgesetzte Exemplare haben sich inzwischen in vielen Teilen Europas, aber auch auf anderen Kontinenten in Teichen, Seen und ruhigen Fließgewässern ausgebreitet. **Fortpflanzung** Mai–Juli; laicht in flachem Wasser zwischen dicht stehenden Pflanzen ab. Aus den gelben Eiern schlüpfen nach 5–8 Tagen die Jungen. Die Geschlechtsreife wird nach 2–4 Jahren erreicht, die Lebenserwartung beträgt 20 Jahre oder mehr. Große Weibchen können 160 000–380 000 Eier legen. Hybridisierungen mit *C. carassius* sind möglich. **Nahrung** Jungtiere fressen Zooplankton, ältere Exemplare Wirbellose und pflanzliches Material. **Nutzung** Die goldfarbenen Zuchtformen gehören zu den beliebtesten Aquarien- bzw. Teichfischen und werden daher in großem Maßstab gezüchtet; Angler verwenden die Art manchmal als Köderfisch. **Schutzkategorie** Eingebürgerte Art.

Goldfarbene Zuchtform

Goldfisch

Wildform

Größe: 15–35 cm, maximal 45 cm

Karausche *Carassius carassius*

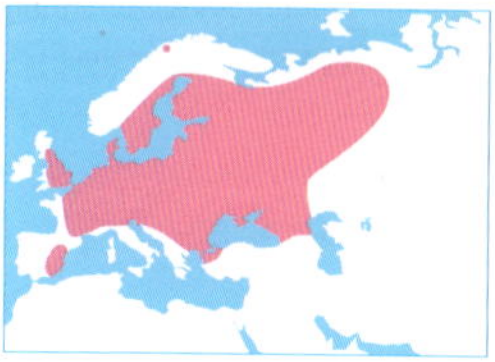

Größe 20–45 cm, maximal 50 cm; Höchstgewicht 5 kg. **Merkmale** Keine Bartfäden; Körper hochrückig und seitlich abgeplattet; 31–36 Schuppen entlang der Seitenlinie; Rand der Rückenflosse nach außen gewölbt, mit 14–21 Strahlen, der erste davon weich, mit schwach gezähntem Hinterrand; Afterflosse mit 6–8 verzweigten Strahlen. **Verbreitung** In Teichen, Seen und ruhigen Flüssen in Ost- und Mittel- sowie Teilen Westeuropas weit verbreitet. Dort zum Teil heimisch, aber auch eingebürgert, ebenso wie in anderen Teilen der Erde, etwa in den USA; dort ist eine Population, die Anfang des 20. Jahrhunderts nahe Chicago entstand, inzwischen wieder ausgestorben. Die Art kommt auch mit kühleren Temperaturen und wenig Sauerstoff zurecht. **Fortpflanzung** Mai–Juni; laicht im flachen Wasser zwischen dicht stehenden Pflanzen. Aus den gelben Eiern schlüpfen nach 5–8 Tagen die Jungen, die nach 3–4 Jahren geschlechtsreif werden. Die Weibchen können 137 000–244 000 Eier legen; einige Populationen bestehen nur aus Weibchen (gynogenetische Vermehrung). Hybridisiert u. a. mit *Cyprinus*-Arten. **Nahrung** Am Boden lebende Wirbellose und Pflanzen. **Nutzung** Von geringer wirtschaftlicher Bedeutung (wird hauptsächlich in Zuchtbetrieben gehalten); ist in einigen Ländern bei Anglern recht beliebt. **Schutzkategorie** Geringes Gefährdungsrisiko.

Karausche

Größe: 20–45 cm, maximal 50 cm

Chalcalburnus: Kleine Gattung mit nur zwei europäischen Arten, die sich anhand folgender Merkmale unterscheiden lassen:

1	Kommt nur im Prespasee (Einzugsbereich der Adria) vor	*Chalcalburnus belvica* S. 114
	Kommt nur im Einzugsbereich des Schwarzen und Kaspischen Meeres vor	*Chalcalburnus chalcoides* S. 114

Chalcalburnus belvica

Größe 15–25 cm, maximal 30 cm. **Merkmale** Schlanker, langgestreckter, seitlich abgeplatteter Körper; mit einem schuppenlosen Kiel am Bauch. **Verbreitung** Kommt nur im Einzugsbereich des Prespasees (Griechenland, Albanien und Mazedonien) vor. **Fortpflanzung** April–August; laicht in flachem Wasser über Kiesbänken. **Nahrung** Hauptsächlich Wirbellose, besonders Würmer, Weichtiere und Insektenlarven, etwas pflanzliches Material. **Nutzung** Lokal von kommerzieller Bedeutung. **Schutzkategorie** Gefährdet.

Größe: 15–25 cm, maximal 30 cm

Chalcalburnus belvica

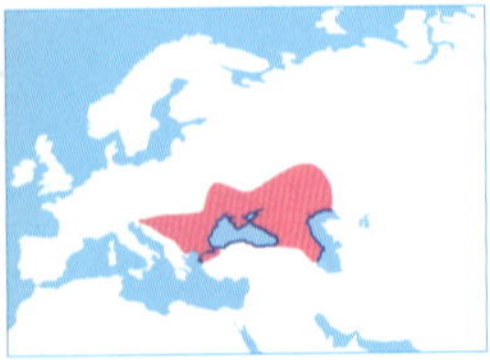

Schemaja *Chalcalburnus chalcoides*

Größe 15–30 cm, maximal 40 cm. **Merkmale** Langgestreckter Körper mit 57–70 Schuppen entlang der Seitenlinie; mit einem schuppenlosen Kiel am Bauch; Rückenflosse mit 8–9, Afterflosse mit 15–19 verzweigten Strahlen. **Verbreitung** In ruhigen Bereichen von Flüssen, in einigen Seen sowie in den meisten Flussmündungen des Schwarzen und des westlichen Kaspischen Meeres. Manchmal auch in Salzwasser, zieht dann zum Ablaichen in die Flüsse. **Fortpflanzung** Mai–Juli; laicht in flachem Wasser über Kiesbänken; die Weibchen können 15 500–23 500 Eier ablegen. Hybridisiert mit *Leuciscus*-Arten. **Nahrung** Wirbellose, besonders Würmer, Weichtiere, Krebse und Insektenlarven. **Nutzung** Wird am Kaspischen Meer wirtschaftlich genutzt, wo man ihn während der Laichwanderungen in großer Zahl mit Netzen fängt. **Schutzkategorie** Bern III, FFH II. Geringes Gefährdungsrisiko.

Größe: 15–30 cm, maximal 40 cm

Schemaja

Chondrostoma: In dieser sehr großen Gattung herrscht über den Status diverser Arten und Unterarten noch erhebliche Ungewissheit, so dass weitere taxonomische Untersuchungen notwendig sein werden, um hier Klarheit zu schaffen. Aus diesem Grund wird eine Reihe von Arten nur kurz erwähnt, darunter *C. arrigonis, C. duriense, C. kubanicum, C. miegii, C. prespense, C. scodrense, C. turiense, C. vardarense, C. variabile, C. willkommii.* Die übrigen Arten lassen sich anhand folgender Merkmale bestimmen:

1	Weniger als 56 oder mehr als 66 Schuppen entlang der Seitenlinie	2
	56 Schuppen entlang der Seitenlinie	3
2	Seitenlinie mit 52–54 Schuppen	*Chondrostoma kneri* S. 117
	Seitenlinie mit 88–90 Schuppen	*Chondrostoma phoxinus* S. 118
3	Dunkles Längsband an den Seiten; Schlundzähne 5.5 (manchmal auch 5.6)	*Chondrostoma genei* S. 116
	Kein dunkles Längsband an den Seiten; wenn doch, dann Schlundzähne 6.5	4
4	Hoher Körper, an der höchsten Stelle mehr als doppelte Kopfhöhe	*Chondrostoma soetta* S. 119
	Körper an der höchsten Stelle weniger als doppelte Kopfhöhe	5
5	Schlundzähne 6.6 oder 7.6	6
	Schlundzähne 6.5 (manchmal auch 5.5)	7
6	Rückenflosse mit 11, Afterflosse mit 12 Strahlen; Schlundzähne meist 6.6	*Chondrostoma toxostoma* S. 120
	Rückenflosse mit 12, Afterflosse mit 13–14 Strahlen; Schlundzähne meist 7.6	*Chondrostoma nasus* S. 117
7	Schnauze klein und stumpf, Länge meist geringer als der halbe Augendurchmesser	*Chondrostoma polylepis* S. 119
	Schnauze größer, Länge meist mehr als der halbe Augendurchmesser	8
8	Gerade, quer verlaufende Maulspalte; Körperhöhe in der Regel mehr als die 0,22-fache Körperlänge; manchmal mit dunklem Längsband	*Chondrostoma colchicum* S. 116
	Maulspalte rundlich; Körperhöhe in der Regel weniger als die 0,22-fache Körperlänge; nie mit dunklem Längsband	*Chondrostoma oxyrhynchum* S. 118

Chondrostoma arrigonis

(ohne Abbildung)

Wurde bisher nur im Júcar in Ostspanien gefunden (Typuslokalität: Júcar). **Schutzkategorie** Gefährdet.

Kaukasischer Näsling *Chondrostoma colchicum*

Größe 20–25 cm, maximal 29 cm. **Merkmale** Gut ausgebildete Schnauze, gerade, quer verlaufende Maulspalte mit scharfkantiger, horniger Unterlippe; 57–64 Schuppen entlang der Seitenlinie; Rückenflosse mit 8–9, Afterflosse mit 9–10 verzweigten Strahlen; oft mit dunklem Längsband vom Kopf bis zum Schwanz. **Verbreitung** Im Mittellauf großer Flüsse im westlichen Kaukasien (z. B. Kuban). **Fortpflanzung** Weitgehend unbekannt. Männchen mit ausgeprägtem Laichausschlag. **Nahrung** Wirbellose (Weichtiere und Insektenlarven) sowie in geringerem Maße Algen und andere kleine Pflanzen. **Nutzung** Von geringer kommerzieller Bedeutung; kein Angelfisch. **Schutzkategorie** Gefährdet.

Kaukasischer Näsling

Größe: 20–25 cm, maximal 29 cm

Lau *Chondrostoma genei*

Größe 15–20 cm, maximal 30 cm. **Merkmale** Schnauze und Lippen schwach entwickelt, Unterlippe hart und hornig; 52–62 Schuppen entlang der Seitenlinie; Rückenflosse mit 8, Afterflosse mit 8–10 verzweigten Strahlen; mit dunklem Längsband an den Flanken. **Verbreitung** Lebt in Seen sowie im Ober- und Mittellauf großer Flüsse in Mittel- und Norditalien (z. B. Po). **Fortpflanzung** März–Mai; laicht vorzugsweise in Fließgewässern mit Kiesuntergrund. **Nahrung** Hauptsächlich feines pflanzliches Material, das von Steinen abgeweidet wird; daneben auch Wirbellose. **Nutzung** Kommerziell und als Angelfisch von geringer Bedeutung. **Schutzkategorie** Bern III, FFH II. Gefährdet.

Lau

Größe: 15–20 cm, maximal 30 cm

Dalmatinischer Näsling *Chondrostoma knerii*

Größe 15–18 cm, maximal 20 cm. **Merkmale** Maul halbkreisförmig; Unterlippe hart, hornig und mit scharfer Kante; 52–54 relativ große Schuppen entlang der Seitenlinie. **Verbreitung** Nur im Mittellauf von Flüssen im westlichen Kroatien. **Fortpflanzung** März–Mai; laicht vorzugsweise in Fließgewässern mit Kiesuntergrund. **Nahrung** Hauptsächlich Algen, die von Steinen abgeweidet werden; daneben auch Wirbellose. **Nutzung** Ohne kommerzielle Bedeutung; kein Angelfisch. **Schutzkategorie** Bern III. Stark gefährdet.

Dalmatinischer Näsling

Größe: 15–18 cm, maximal 20 cm

Chondrostoma kubanicum (ohne Abbildung)

Wurde bisher nur im Kuban im Nordwestkaukasus gefunden. **Schutzkategorie** Gefährdet.

Chondrostoma miegii (ohne Abbildung)

Kommt im Einzugsgebiet mehrerer Flüsse in Nordostspanien vor. **Schutzkategorie** Gefährdet.

Nase *Chondrostoma nasus*

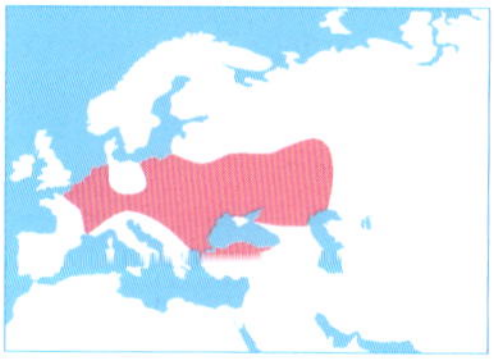

Größe 20–40 cm, maximal 51 cm; Höchstgewicht 2,5 kg. **Merkmale** Weit vorstehende Schnauze mit unterständigem Maul; Lippen gut entwickelt, mit scharfkantiger horniger Unterlippe; 53–66 Schuppen entlang der Seitenlinie; Rückenflosse mit 8–10, Afterflosse mit 13–14 verzweigten Strahlen. **Verbreitung** Im Mittellauf großer Flüsse in Mittel- und Osteuropa. *C. variabile* gilt inzwischen als Unterart dieser Spezies. **Fortpflanzung** März–Mai; laicht nach der Wanderung flussaufwärts vorzugsweise in strömungsreichen Abschnitten mit Kiesuntergrund. Die Geschlechtsreife wird nach 3–4 Jahren erreicht, die Lebenserwartung beträgt mindestens 9 Jahre. Die Weibchen legen im Durchschnitt etwa 10 000 Eier. **Nahrung** Weidet die Nahrung hauptsächlich von Steinen ab (z. B. Fadenalgen und Wirbellose). **Nutzung** Wichtiger Nutzfisch an Dnjepr, Wolga und anderen Flüssen der Region, wo er mit Netzen und Reusen gefangen wird. Für Angler von geringer Bedeutung. **Schutzkategorie** Bern III. Geringes Gefährdungsrisiko.

Größe: 20–40 cm, maximal 51 cm

Nase

Terek-Näsling *Chondrostoma oxyrhynchum*

Größe 15–20 cm, maximal 24 cm. **Merkmale** Mäßig große Schnauze mit leicht gerundeter Maulspalte; Körper länglich, etwa 5-mal so lang wie der Körper hoch ist; 57–66 Schuppen entlang der Seitenlinie; Rückenflosse mit 7–8, Afterflosse mit 9–10 verzweigten Strahlen; nie mit dunklem Längsband. **Verbreitung** Nur in Flüssen, die in den westlichen Teil des Kaspischen Meeres münden (z. B. Kuma und Sulak). **Fortpflanzung** Unbekannt. **Nahrung** Wirbellose und vor allem Algen, die von Steinen abgeweidet werden. **Nutzung** Von geringer kommerzieller Bedeutung; kein Angelfisch. **Schutzkategorie** Geringes Gefährdungsrisiko.

Terek-Näsling

Größe: 15–20 cm, maximal 24 cm

Elritzennäsling *Chondrostoma phoxinus*

Größe 10–12 cm, maximal 15 cm. **Merkmale** Sehr klein und schlank; Schuppen klein, 88–90 entlang der Seitenlinie. **Verbreitung** Nur in strömungsreichen Abschnitten einiger Flüsse in Kroatien und Bosnien. **Fortpflanzung** Unbekannt. **Nahrung** Zum Teil Wirbellose, hauptsächlich Algen und andere kleine Pflanzen, die von Steinen abgeweidet werden. **Nutzung** Ohne kommerzielle Bedeutung; kein Angelfisch. **Schutzkategorie** Bern III. Gefährdet.

Elritzennäsling

Größe: 10–12 cm, maximal 15 cm

Iberischer Näsling *Chondrostoma polylepis*

Größe 15–20 cm, maximal 40 cm. **Merkmale** Meist klein mit stumpfer Schnauze und horniger, scharfkantiger Unterlippe; 59–78 Schuppen entlang der Seitenlinie; Afterflosse mit 8–10 verzweigten Strahlen. **Verbreitung** Flüsse in Portugal (z. B. Douro, Mondego) und im westlichen Spanien. **Fortpflanzung** Unbekannt. **Nahrung** Benthische Wirbellose (besonders Weichtiere und Insektenlarven), hauptsächlich aber Pflanzen, z. B. Algenaufwuchs. **Nutzung** Von geringer kommerzieller Bedeutung; kein Angelfisch. **Schutzkategorie** Bern III, FFH II. Geringes Gefährdungsrisiko.

Iberischer Näsling

Größe: 15–20 cm, maximal 40 cm

Chondrostoma prespense

(ohne Abbildung)

Kommt ausschließlich in Griechenland und Mazedonien vor (Typuslokalität: Prespasee). **Schutzkategorie** Gefährdet.

Chondrostoma scodrense

(ohne Abbildung)

Nur aus Montenegro bekannt (Typuslokalität: Skadarsee, gilt aber inzwischen als ausgestorben). **Schutzkategorie** Ausgestorben.

Italienischer Näsling *Chondrostoma soetta*

Größe 25–35 cm, maximal 45 cm. **Merkmale** Gut ausgebildete Lippen, die Unterlippe mit scharfer, horniger Kante; hoher Körper, an der höchsten Stelle mehr als doppelte Kopfhöhe; 55–63 Schuppen entlang der Seitenlinie; Rückenflosse mit 8–9, Afterflosse mit 11–13 verzweigten Strahlen. **Verbreitung** Nur im Mittellauf großer Alpenflüsse in Norditalien (z. B. Po) sowie in einigen großen Seen dieser Region. **Fortpflanzung** April–Mai; laicht in kleinen Gruppen im flachen Wasser ab. **Nahrung** Hauptsächlich kleine Pflanzen, u. a. Algen, die von Steinen abgeweidet werden, aber auch Wirbellose. **Nutzung** Wird lokal wirtschaftlich genutzt; kein Angelfisch. **Schutzkategorie** Bern III, FFH II. Gefährdet.

Größe: 25–35 cm, maximal 45 cm

Italienischer Näsling

Südwesteuropäischer Näsling
Chondrostoma toxostoma

Größe 20–25 cm, maximal 30 cm. **Merkmale** Schnauze kurz, mit kleiner, halbkreisförmig gebogener Maulspalte und harter, horniger Unterlippe; 52–56 Schuppen entlang der Seitenlinie; Rückenflosse mit 9, Afterflosse mit 10–11 verzweigten Strahlen; mit hellbraunem Längsband. **Verbreitung** Nur im Südwesten Frankreichs sowie in Spanien und Portugal; hauptsächlich im Oberlauf von Flüssen, gelegentlich auch in Bergseen. **Fortpflanzung** März–Mai; laicht vorzugsweise in strömungsreichen Gewässern mit Kiesuntergrund, oft in sehr kleinen Nebenflüssen. **Nahrung** Wirbellose und vor allem Pflanzen (Algen), die von Steinen abgeweidet werden. **Nutzung** Ohne kommerzielle Bedeutung; kein Angelfisch. **Schutzkategorie** Bern III, FFH II. Gefährdet.

Chondrostoma turiense
(ohne Abbildung)
Kommt nur in den Flüssen Turia und Mijares in Nordostspanien vor. **Schutzkategorie** Gefährdet.

Chondrostoma vardarense
(ohne Abbildung)
Kommt nur in Griechenland und Mazedonien vor (Typuslokalität: Vardar). **Schutzkategorie** Gefährdet.

Chondrostoma variabile
(ohne Abbildung)
Nachgewiesen in den Flüssen Dnjepr, Don, Emba, Ural und Wolga. **Schutzkategorie** Geringes Gefährdungsrisiko.

Chondrostoma willkommii
(ohne Abbildung)
Kommt in Portugal und Spanien vor (Typuslokalität: Guadiana). **Schutzkategorie** Bern III. Geringes Gefährdungsrisiko.

■ *Ctenopharyngodon:* In Europa eingebürgerte Gattung mit nur einer Art:

Graskarpfen, Weißer Amur
Ctenopharyngodon idella

Größe 40–80 cm, maximal 120 cm; Gewicht 2–5 kg, maximal 30 kg. **Merkmale** Weit auseinanderliegende, tief am Kopf sitzende Augen; langgestreckter, zylindrischer Körper; Maul unterständig; Rückenflosse mit 7, Afterflosse mit 7 oder 8 verzweigten Strahlen; 43–45 Schuppen entlang der Seitenlinie. **Verbreitung** Stammt ursprünglich aus China und Russland (Amur), wurde aber auf vielen anderen Kontinenten eingebürgert, darunter auch in Europa und Nordamerika. Ist inzwischen im Einzugsgebiet der Donau (u. a. in Tschechien, der Slowakei sowie Ungarn und Rumänien) heimisch geworden. **Fortpflanzung** Juni–August; laicht vorzugsweise in Bereichen mit starker Strömung. Aus den im Wasser treibenden Eiern schlüpfen die Jungen bei 28 °C nach weniger als 2 Tagen. Schnell wachsender Fisch, der bereits nach 5 Jahren eine Länge von 50 cm erreichen kann. Nach 6–7 Jahren geschlechtsreif. Die Weibchen können 50 000–150 000 Eier legen. **Nahrung** Die Jungtiere ernähren sich zunächst von Zooplankton, stellen sich dann aber bald auf pflanzliche Nahrung um, wobei hauptsächlich Höhere Pflanzen gefressen werden. **Nutzung** Wichtige Art für die kommerzielle Fischzucht; wird oft auch ausgesetzt, um die Ausbreitung von Wasserpflanzen einzudämmen. **Schutzkategorie** Eingeführte Art.

Graskarpfen

Größe: 40–80 cm, maximal 120 cm

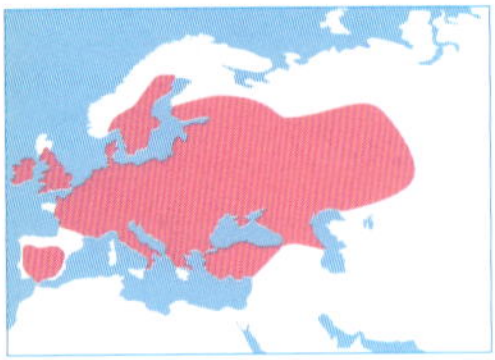

■ *Cyprinus:* Die Gattung ist in Europa mit nur einer Art vertreten:

Karpfen *Cyprinus carpio*

Größe 25–75 cm, maximal 1,02 m. **Merkmale** Oberlippe mit 2 langen und 2 kurzen Bartfäden; Körper mit großen Schuppen bedeckt, 33–40 entlang der Seitenlinie; Rückenflosse mit 17–22, Afterflosse mit 5 verzweigten Strahlen. **Verbreitung** Die Art stammt aus Osteuropa und Asien, wurde aber erfolgreich in vielen anderen Ländern auf der ganzen Welt eingebürgert, darunter auch in den USA und Kanada. Bevorzugte Lebensräume sind Teiche, Seen und ruhige Flüsse. **Fortpflanzung** Juni–Juli; laicht im flachen Wasser zwischen Pflanzen ab. Die Jungen schlüpfen nach 3–6 Tagen; die Geschlechtsreife wird nach 3–5 Jahren erreicht. Die langlebigen Tiere können bis zu 50 Jahre alt werden. Die Weibchen legen 93 000–1 664 000 Eier. Kann mit *Carassius*-Arten hybridisieren. **Nahrung** Wirbellose und Pflanzen. **Nutzung** In vielen Ländern ein wichtiger Nutzfisch, besonders aber in Mitteleuropa, wo die Art von zahlreichen Züchtern in Teichen gehalten wird. Karpfen sind aber auch bei Anglern beliebt, vor allem die Zuchtformen wie Leder- und Spiegelkarpfen. Goldfarbene und andere Farbvarianten werden gern als Zierfische in Teichen gehalten, besonders die vielfarbigen Kois. **Schutzkategorie** Geringes Gefährdungsrisiko.

Größe: 25–75 cm,
maximal 102 cm

Karpfen

■ *Eupallasella:* Die Gattung ist in Europa mit nur einer Art vertreten:

Sumpfelritze *Eupallasella perenurus*

Größe 10–15 cm, maximal 19 cm; Höchstgewicht etwa 100 g. **Merkmale** Schuppen klein, 65–89 entlang der Seitenlinie; Rückenflosse mit 7, Afterflosse mit 7–8 verzweigten Strahlen; hochrückiger Körper mit unregelmäßigen kleinen braunen Flecken. Die Art wird oft auch in die Gattung *Phoxinus* gestellt (*P. perenurus*). **Verbreitung** In Teichen und Seen von Teilen Mitteleuropas sowie in Flüssen im Einzugsbereich des Nordpolarmeeres. **Fortpflanzung** Juni–Juli; die Tiere laichen zwischen Wasserpflanzen ab, an deren Blättern die Eier kleben bleiben. Die Männchen zeigen keinen Laichausschlag. Die Jungen schlüpfen nach 5–8 Tagen; die Geschlechtsreife wird nach 2–3 Jahren erreicht. Die Weibchen können 1600–18700 Eier legen. **Nahrung** Wirbellose, vor allem Würmer, Krebstiere und Insektenlarven; auch Insekten von der Wasseroberfläche. **Nutzung** In Teilen Russlands ein begehrter Nutzfisch; wird außerdem von Anglern als Köderfisch verwendet. **Schutzkategorie** Stark gefährdet.

Sumpfelritze

Größe: 10–15 cm, maximal 19 cm

Gobio: Auch bei dieser Gattung gibt es noch beträchtliche Unklarheiten über den Status einzelner Arten und Unterarten. Insgesamt sind aus Europa acht Arten bekannt, von denen im Folgenden aber nur fünf vollständig beschrieben werden. Bei den übrigen sind zur Klärung noch weitere taxonomische Untersuchungen notwendig; es handelt sich um *G. banarescui, G. benacensis* und *G. elimeius*. Die anderen lassen sich anhand folgender Merkmale unterscheiden:

1	Schwanzstiel kurz, hoch und am Ansatz seitlich abgeplattet, an der Afterflosse etwa gleich oder weniger dick als die minimale Körperhöhe; Körperhöhe an der Schwanzflosse beträgt mehr als ⅓ der Schwanzstiellänge; die Bartfäden reichen in der Regel nicht bis zur Augenmitte	*Gobio gobio* S. 125
	Schwanzstiel lang, am Ansatz dick, zum Ende hin schlanker, an der Afterflosse dicker als die minimale Körperhöhe; Länge des Schwanzstiels geringer als ein Drittel der minimalen Körperhöhe; die Bartfäden reichen in der Regel über den Augenhinterrand hinaus	2
2	Rückenflosse mit 8 verzweigten Strahlen; Kehle nackt; kräftig gefärbt; Augendurchmesser so groß wie der Augenabstand	*Gobio kessleri* S. 126
	Rückenflosse mit 7 verzweigten Strahlen	3
3	Kehle mit Schuppen; Augendurchmesser so groß wie der Augenabstand	*Gobio uranoscopus* S. 126
	Kehle nackt	4
4	Augendurchmesser so groß wie der Augenabstand oder etwas größer	*Gobio albipinnatus* S. 124
	Augendurchmesser viel kleiner als der Augenabstand; ohne Fleckenzeichnung	*Gobio ciscaucasicus* S. 125

Weißflossengründling *Gobio albipinnatus*

Größe 10–12 cm, maximal 13 cm. **Merkmale** 1 Paar lange Bartfäden, die bis zum Hinterrand des Auges reichen; Rücken- und Schwanzflosse ohne dunkle Flecken; Kehle überwiegend ohne Schuppen. **Verbreitung** In ruhigen Tiefwasserzonen im Mittel- und teilweise auch im Unterlauf ost- und mitteleuropäischer Flüsse, besonders Wolga, Dnjepr und Don; auch in Teichen und Seen. **Fortpflanzung** Weitgehend unbekannt. **Nahrung** Wirbellose, hauptsächlich am Boden lebende Würmer, Kleinkrebse und Insektenlarven. **Nutzung** Ohne kommerzielle Bedeutung; kein Angelfisch. **Schutzkategorie** Bern III, FFH II. Geringes Gefährdungsrisiko.

Weißflossengründling

Größe: 10–12 cm, maximal 13 cm

Gobio banarescui (ohne Abbildung)

Kommt nur in Italien und Mazedonien vor (Typuslokalität: Vardar). **Schutzkategorie** Gefährdet.

Po-Gründling *Gobio benacensis*

(ohne Abbildung)

Kommt nur in Norditalien vor (Typuslokalität: Gardasee). **Schutzkategorie** Geringes Gefährdungsrisiko.

Kaukasischer Gründling *Gobio ciscaucasicus*

Größe 11–14 cm, maximal 15 cm. **Merkmale** Längliche Schnauze mit unterständigem Maul; Kehle in der Regel ohne Schuppen; Bartfäden sehr lang (reichen bis über den Hinterrand des Auges hinaus); 42–46 Schuppen entlang der Seitenlinie; dritter Strahl der Rückenflosse mit gezähntem Rand. **Verbreitung** Nur in Fließgewässern im südwestlichen Russland (Kaukasien), vor allem im Kuban, Kuma, Terek und Sulak. **Fortpflanzung** Mai–Juni; sonst ist wenig bekannt. **Nahrung** Am Boden lebende Wirbellose. **Nutzung** Ohne kommerzielle Bedeutung; kein Angelfisch. **Schutzkategorie** Geringes Gefährdungsrisiko.

Kaukasischer Gründling

Größe: 11–14 cm, maximal 15 cm

Gobio elimeius (ohne Abbildung)

Kommt nur in Griechenland (Typuslokalität: Aliakmon) und Mazedonien vor. **Schutzkategorie** Gefährdet.

Gründling *Gobio gobio*

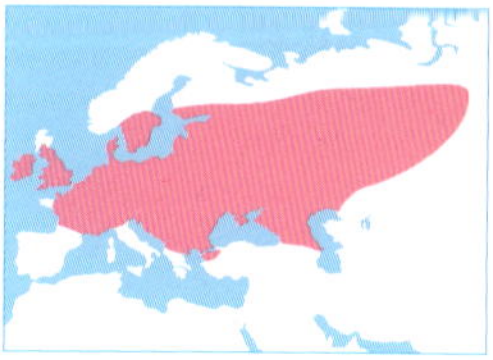

Größe 10–15 cm, maximal 20 cm; Höchstgewicht 225 g. **Merkmale** Kehle ohne Schuppen; unterständiges Maul mit 2 gut entwickelten Bartfäden; Schuppen groß, 38–45 entlang der Seitenlinie; Rückenflosse mit 5–7, Afterflosse mit 6–7 verzweigten Strahlen. **Verbreitung** In großen Teilen des gemäßigten Europa und Asien weit verbreitet; kommt in Bächen und Flüssen sowie einigen Seen vor; in Irland und Spanien eingebürgert. **Fortpflanzung** Mai–Juni; in fließendem Wasser. Die Jungen schlüpfen nach 15–20 Tagen. Die Geschlechtsreife wird nach 2–3 Jahren erreicht, die Lebenserwartung beträgt maximal 8 Jahre. Die Weibchen können 800–3000 Eier legen. **Nahrung** Benthische Wirbellose. **Nutzung** Von geringer kommerzieller Bedeutung, wird aber manchmal geangelt oder als Köderfisch verwendet. **Schutzkategorie** Geringes Gefährdungsrisiko.

Größe: 10–15 cm, maximal 20 cm

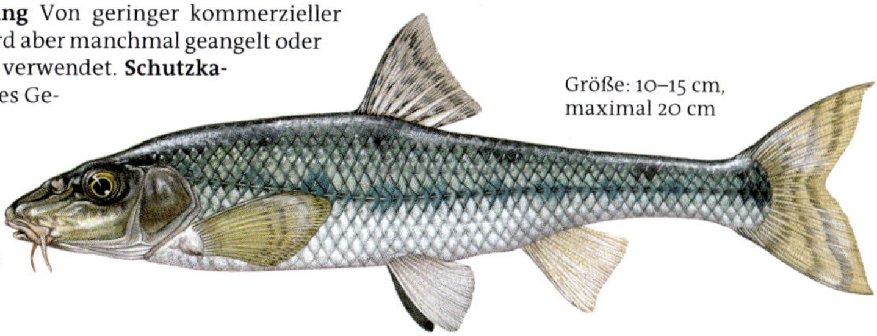

Gründling

Kesslers Gründling *Gobio kessleri*

Größe 10–12 cm, maximal 15 cm. **Merkmale** 1 Paar lange Bartfäden, die zurückgelegt bis an den Augenhinterrand reichen; Kehle ohne Schuppen; 40–42 Schuppen entlang der Seitenlinie; Rückenflosse mit 8–9 verzweigten Strahlen. **Verbreitung** Nur in schnell fließenden Gewässern im Einzugsbereich der unteren und mittleren Donau. **Fortpflanzung** Weitgehend unbekannt. **Nahrung** Am Boden lebende Wirbellose, besonders Kleinkrebse und Insektenlarven. **Nutzung** Ohne kommerzielle Bedeutung; kein Angelfisch. **Schutzkategorie** Bern III. Geringes Gefährdungsrisiko.

Kesslers Gründling

Größe: 10–12 cm, maximal 15 cm

Steingressling *Gobio uranoscopus*

Größe 10–12 cm, maximal 15 cm. **Merkmale** 1 Paar lange Bartfäden, die bis weit hinter die Augen reichen; Kehle mit Schuppen; Rückenflosse mit 7 verzweigten Strahlen; mit nur wenigen Flecken auf Körper und Flossen, aber einem blauen Längsband entlang der Seitenlinie. **Verbreitung** Im Mittel- und Oberlauf von Flüssen im Einzugsbereich der Donau (Ungarn, Rumänien, Slowakei, Slowenien) in schnell fließenden Gewässerzonen. **Fortpflanzung** Mai–Juni; an strömungsreichen Stellen zwischen Pflanzen und Steinen. **Nahrung** Am Boden lebende Wirbellose, besonders Würmer, Kleinkrebse und Insektenlarven. **Nutzung** Ohne kommerzielle Bedeutung; kein Angelfisch. **Schutzkategorie** Bern III, FFH II. Stark gefährdet.

Steingressling

Größe: 10–12 cm, maximal 15 cm

Hypophthalmichthys: Von dieser eingebürgerten Gattung haben sich in Europa zwei Arten etabliert, die sich anhand folgender Merkmale unterscheiden lassen:

1	Kiemenreusendornen zu einem Sieb verwachsen; bauchseitiger Kiel von der Kehle bis zum After; Schlundzähne mit gefurchter Kaufläche	*Hypophthalmichthys molitrix* S. 127
	Kiemenreusendornen nicht verwachsen; bauchseitiger Kiel nur im Bereich des Afters; Schlundzähne mit glatter Kaufläche	*Hypophthalmichthys nobilis* S. 128

Silberkarpfen *Hypophthalmichthys molitrix*

Größe 80–100 cm, maximal 120 cm; Durchschnittsgewicht 10 kg. **Merkmale** Hochrückiger Körper; oberständiges Maul mit leicht schräger Maulspalte; weit unten sitzende Augen (auf der Höhe des Maules oder darunter); Schuppen klein, 110–125 entlang der Seitenlinie; Flossen dunkel gefärbt. **Verbreitung** Stammt aus dem Gebiet des Amur in Sibirien, wo die Art in ruhigen Fließgewässern und Seen vorkommt. Wurde in vielen anderen Regionen der Erde ausgesetzt, u. a. zur Kontrolle des Algenwachstums, so dass die Tiere heute auch in vielen Seen und Stauseen in Südosteuropa heimisch geworden sind, ebenso wie in einigen Regionen der USA. **Fortpflanzung** Im Amur im Mai–Juli in ruhigen Flussabschnitten oder Seen; die meisten europäischen Populationen müssen durch gezüchtete Exemplare aufgestockt werden. **Nahrung** Hauptsächlich Plankton, besonders Phytoplankton, aber gelegentlich auch Zooplankton; beides wird durch speziell gestaltete Kiemenreusendornen aus dem Wasser gefiltert. **Nutzung** In Europa und anderen Regionen, wo er eingebürgert wurde, ein wichtiger Nutzfisch. **Schutzkategorie** Eingebürgerte Art.

Silberkarpfen

Größe: 80–100 cm, maximal 120 cm

Marmorkarpfen *Hypophthalmichthys nobilis*

Größe 80–100 cm, maximal 120 cm; Durchschnittsgewicht 10 kg. **Merkmale** Großer Kopf mit tief sitzenden Augen; Schlundzähne mit glatter Kaufläche; dunkle Flecken an den Flanken; ist auch unter dem Namen *Aristichthys nobilis* bekannt. **Verbreitung** Stammt aus dem Gebiet des Amur in Sibirien. Wird in vielen anderen Regionen der Welt als Nutzfisch gezüchtet und ist inzwischen in einigen Seen und Stauseen im südöstlichen Europa heimisch geworden, ebenso in den USA. **Fortpflanzung** Juni–August; die meisten europäischen Populationen werden durch Zuchtfische aufgestockt; das Ablaichen erfolgt bei 25–30 °C, die Jungen schlüpfen nach 30–40 Stunden aus den im Wasser schwebenden Eiern; die Geschlechtsreife wird nach 6–7 Jahren erreicht (Rumänien). **Nahrung** Hauptsächlich Plankton, besonders Zooplankton, aber auch etwas Phytoplankton, das mit Hilfe der Kiemenreusendornen aus dem Wasser gefiltert wird, die allerdings nicht so fein sind wie beim Silberkarpfen. **Nutzung** In Teilen Europas und anderen Regionen, in denen er eingebürgert wurde, von beträchtlicher kommerzieller Bedeutung. **Schutzkategorie** Eingebürgerte Art.

Marmorkarpfen

Größe: 80–100 cm, maximal 120 cm

■ *Iberocypris:* Die Gattung ist in Europa mit nur einer Art vertreten:

Iberocypris palaciosi

Größe 15–18 cm, maximal 20 cm. **Merkmale** Kleiner Kopf mit unterständigem Maul; Schuppen klein, 45–53 entlang der Seitenlinie; dunkel schillerndes Längsband vom Kopf bis zum Schwanz. **Verbreitung** Kommt in einem kleinen Teil des Guadalquivir-Flusssystems in Spanien vor. **Fortpflanzung** Nicht näher bekannt, vermutlich im Frühsommer. **Nahrung** Über die Lebensweise weiß man nur wenig. **Nutzung** Ohne kommerzielle Bedeutung; kein Angelfisch. **Schutzkategorie** FFH II. Stark gefährdet.

Iberocypris palaciosi

Größe: 15–18 cm, maximal 20 cm

■ *Ladigesocypris:* Die Gattung ist in Europa mit nur einer Art vertreten:

Goldrücken-Moderlieschen *Ladigesocypris ghigii*

(ohne Abbildung)

Größe 6–9 cm, maximal 10 cm. **Merkmale** Große Augen; Seitenlinie endet unterhalb der Rückenflosse; 25–35 Schuppen entlang der Seitenlinie. **Verbreitung** Kommt nur in Griechenland und der Türkei in Sümpfen und ruhigen Fließgewässern vor. Inzwischen aus Teilen des ursprünglichen Verbreitungsgebietes verschwunden. **Fortpflanzung** Über die Fortpflanzung ist wenig bekannt; vermutlich wird jährlich mehrmals abgelaicht; die Lebenserwartung soll bis zu 5 Jahre betragen. **Nahrung** Wirbellose, besonders Zooplankton und Insektenlarven, sowie etwas pflanzliches Material. **Nutzung** Ohne kommerzielle Bedeutung; kein Angelfisch. **Schutzkategorie** FFH II. Gefährdet.

■ *Leucaspius:* Die Gattung ist in Europa mit nur einer Art vertreten:

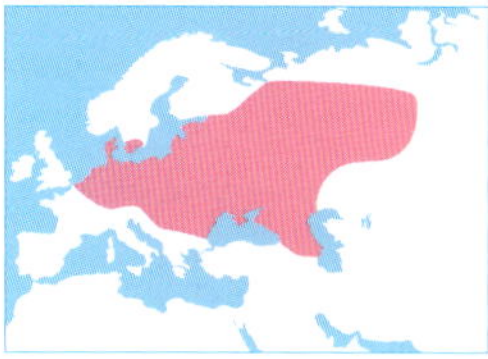

Moderlieschen *Leucaspius delineatus*

Größe 5–9 cm, maximal 12 cm. **Merkmale** Maul endständig; unvollständige Seitenlinie, erstreckt sich nur über die ersten 2–13 Schuppen der insgesamt 40–46 Lateralschuppen; Rückenflosse mit 8, Afterflosse mit 10–13 verzweigten Strahlen; mit einem Kiel zwischen Bauch- und Afterflosse. **Verbreitung** In dicht bewachsenen kleinen Teichen und im Unterlauf einiger Flüsse in Mittel- und Osteuropa von Frankreich bis zum Wolgabecken und von Schweden bis Österreich; in jüngerer Zeit auch in Teilen Englands eingebürgert. **Fortpflanzung** April–Juni. Laicht schwarmweise im flachen Wasser zwischen Pflanzen; dort legen die Weibchen mit Hilfe ihrer kurzen Legeröhre spiralförmige Eierketten ab, die anschließend von den Männchen befruchtet werden. Geschlechtsreif nach 2 Jahren, die Lebenserwartung beträgt etwa 5 Jahre. **Nahrung** Wirbellose, besonders Kleinkrebse und bestimmte Insektenlarven, sowie pflanzliches Material. **Nutzung** Lokal von kommerzieller Bedeutung, etwa in bestimmten Regionen Russlands. Wird selten auch geangelt und gelegentlich in Aquarien gehalten. **Schutzkategorie** Bern III. Geringes Gefährdungsrisiko.

Moderlieschen

Größe: 5–9 cm, maximal 12 cm

Leuciscus: In dieser sehr großen Gattung ist der Status der verschiedenen Arten und Unterarten nicht immer ausreichend gesichert. Anerkannt sind 22 europäische Arten, von denen im Folgenden aber nur 15 vollständig beschrieben werden, da bei *L. burdigalensis, L. carolitertii, L. keadicus, L. lucumonis, L. montenigrinus, L. multicellus* und *L. zrmanjae* noch weitere taxonomische Untersuchungen notwendig sind. Die beschriebenen Arten lassen sich anhand folgender Merkmale unterscheiden:

1	Mit dunklem Längsband an den Flanken	2
	Ohne dunkles Längsband an den Flanken	5
2	Längsband violett	*Leuciscus souffia* S. 136
	Längsband gräulich oder braun	3
3	Längsband ist eine dünne, vom Auge bis zur Schwanzbasis verlaufende Linie	*Leuciscus polylepis* S. 135
	Längsband breit	4
4	Längsband nur schwach ausgebildet; Seitenlinie mit 62–64 Schuppen	*Leuciscus ukliva* S. 138
	Längsband breit und dunkel; Seitenlinie mit 70–72 Schuppen	*Leuciscus turskyi* S. 137
5	Seitenlinie mit mehr als 54 Schuppen	6
	Seitenlinie mit weniger als 55 Schuppen	7
6	Seitenlinie mit 55–61 Schuppen; 12–14 Rückenflossenstrahlen	*Leuciscus idus* S. 133
	Seitenlinie mit 73–75 Schuppen; 11 Rückenflossenstrahlen	*Leuciscus microlepis* S. 135
7	Seitenlinie mit mehr als 46 Schuppen	8
	Seitenlinie mit weniger als 47 Schuppen	10
8	Rückenflosse mit 10–11, Afterflosse mit 10–12 Strahlen	*Leuciscus leuciscus* S. 134
	Rückenflosse mit 12–14, Afterflosse mit 12–13 Strahlen	9
9	Seitenlinie mit 48–49 Schuppen; 12–14 Rückenflossenstrahlen; Schuppen mit dunklen Punkten	*Leuciscus svallize* S. 137
	Seitenlinie mit 49–54 Schuppen; 12 Rückenflossenstrahlen; Schuppen mit dunklem Rand	*Leuciscus illyricus* S. 134
10	Rand der Afterflosse gerade oder leicht eingebuchtet; Seitenlinie mit 43–45 Schuppen	*Leuciscus danilewskii* S. 132
	Rand der Afterflosse nach außen gewölbt; wenn eingebuchtet, dann Seitenlinie mit 37–40 Schuppen	11
11	Seitenlinie mit 43–46 Schuppen; ausgewachsene Exemplare groß, in der Regel über 15 cm	*Leuciscus cephalus* S. 132
	Seitenlinie mit 36–43 Schuppen; ausgewachsene Exemplare klein, in der Regel unter 15 cm	12
12	Seitenlinie mit 36–40 Schuppen; Kopflänge in der Regel geringer als die Körperhöhe	*Leuciscus borysthenicus* S. 131
	Seitenlinie mit 40–43 Schuppen; Kopflänge in der Regel größer als die Körperhöhe	13
13	Rand der Afterflosse leicht nach außen gebogen	*Leuciscus aphipsi* S. 131
	Rand der Afterflosse gerade	*Leuciscus pyrenaicus* S. 136

Kaukasischer Döbel *Leuciscus aphipsi*

Größe 12–15 cm, maximal 18 cm. **Merkmale** Körper mit großen, silbrigen Schuppen, 40–43 entlang der Seitenlinie; Rückenflosse mit 8, Afterflosse mit 9 verzweigten Strahlen; Rand der Afterflosse leicht nach außen gewölbt. **Verbreitung** Nur im Afips und Psekups (Nebenflüsse des Kuban im westlichen Hochland Kaukasiens). **Fortpflanzung** Mai; laicht in fließendem Wasser über Steinen und Kiesbänken. Männchen zur Paarungszeit mit Laichausschlag. Die Geschlechtsreife wird nach 3–4 Jahren erreicht. **Nahrung** Wirbellose. **Nutzung** Ohne kommerzielle Bedeutung; kein Angelfisch. **Schutzkategorie** Gefährdet.

Kaukasischer Döbel

Größe: 12–15 cm, maximal 18 cm

Bobyrez *Leuciscus borysthenicus*

Größe 15–35 cm, maximal 40 cm. **Merkmale** Maul endständig; Körper mit großen silbrigen Schuppen, 36–40 entlang der Seitenlinie; Rückenflosse mit 8–9, Afterflosse mit 9–10 verzweigten Strahlen; Afterflosse etwa quadratisch. **Verbreitung** In kleinen Seen und ruhigeren Abschnitten im Unterlauf von Flüssen, die ins Schwarze Meer münden, z. B. Dnjestr und Dnjepr. **Fortpflanzung** Mai–Juni; in ruhigen Gewässerzonen. Die Geschlechtsreife wird nach 3–4 Jahren erreicht. Kleine Weibchen aus dem Kuban legen durchschnittlich 2500 Eier, bei größeren Tieren sind es oft deutlich mehr. **Nahrung** Jungtiere fressen Wirbellose, ältere Exemplare auch kleine Fische. **Nutzung** Kommerziell und als Angelfisch von geringer Bedeutung. **Schutzkategorie** Geringes Gefährdungsrisiko.

Bobyrez

Größe: 15–35 cm, maximal 40 cm

Leuciscus burdigalensis (ohne Abbildung)

Kommt nur in Frankreich vor (Typuslokalität: Gironde). **Schutzkategorie** Gefährdet.

Leuciscus carolitertii (ohne Abbildung)

Kommt nur in Spanien vor (Typuslokalität: Cega). **Schutzkategorie** Gefährdet.

Döbel *Leuciscus cephalus*

Größe 30–50 cm, maximal 80 cm. **Merkmale** Schnauze stumpf, Stirn breit und flach; Körper mit großen silbrigen Schuppen, weniger als 46 entlang der Seitenlinie; Rückenflosse mit 7–9, Afterflosse mit 8–9 verzweigten Strahlen; Rand der Afterflosse etwas nach außen gewölbt. **Verbreitung** Kommt in vielen Fließgewässern (gelegentlich auch Seen) Mittel- und Südeuropas vor, manchmal auch im Brackwasser (z.B. an der Ostsee). **Fortpflanzung** April–Juni; in ruhigen Gewässerzonen. Die 50 000–200 000 Eier haften an Steinen und Pflanzen, die Jungen schlüpfen nach 6–8 Tagen. Die Geschlechtsreife wird nach 3–4 Jahren erreicht. **Nahrung** Jungtiere fressen hauptsächlich Wirbellose und etwas pflanzliches Material, ausgewachsene Exemplare außerdem Fische und gelegentlich Frösche oder junge Schermäuse. **Nutzung** Wirtschaftlich nur von lokaler Bedeutung; in vielen Teilen Europas ein beliebter Angelfisch. **Schutzkategorie** Geringes Gefährdungsrisiko.

Döbel

Größe: 30–50 cm,
maximal 80 cm

Danilewski-Hasel *Leuciscus danilewskii*

Größe 15–20 cm, maximal 25 cm. **Merkmale** Körper mit großen silbrigen Schuppen bedeckt, 43–45 Schuppen entlang der Seitenlinie; Rückenflosse mit 7, Afterflosse mit 8–9 verzweigten Strahlen. **Verbreitung** Kommt nur in Fließgewässern im Donbecken vor. **Fortpflanzung** März–Mai; laicht in strömungsreichen Gewässerzonen über Kies oder Steinen ab. Nach 3–4 Jahren geschlechtsreif. **Nahrung** Wirbellose, besonders Insekten. **Nutzung** Kommerziell und als Angelfisch von geringer Bedeutung. **Schutzkategorie** Gefährdet.

Danilewski-Hasel

Größe: 15–20 cm,
maximal 25 cm

Orfe, Aland, Nerfling *Leuciscus idus*

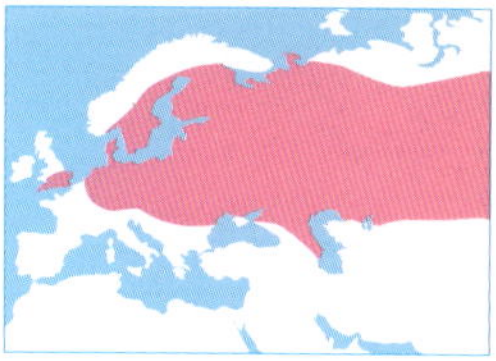

Größe 35–50 cm, maximal 100 cm; Höchstgewicht bis zu 8 kg. **Merkmale** Gelbe Iris; Körper mit gut entwickelten Schuppen, 55–61 entlang der Seitenlinie; Rückenflosse mit 7–9, Afterflosse mit 9–10 verzweigten Strahlen. **Verbreitung** Fast überall in Europa östlich des Rheins sowie in Teilen Asiens heimisch. In mehreren Ländern westlich des Rheins erfolgreich eingebürgert, ebenso wie in den USA, wo der Status aber ungesichert ist. Kommt hauptsächlich in Flüssen und bestimmten Seen, manchmal aber auch in Brackwasser vor. **Fortpflanzung** April–Mai; laicht in flachen Gewässerzonen zwischen Pflanzen oder Steinen ab. Die Jungen schlüpfen nach 15–20 Tagen aus den klebrigen Eiern; Geschlechtsreife nach 5–7 Jahren. Die Weibchen können 39 000–114 000 Eier legen. **Nahrung** Jungtiere fressen Wirbellose, besonders Weichtiere, Kleinkrebse und Insektenlarven, sowie etwas pflanzliches Material; ausgewachsene Exemplare Wirbellose und Fische. **Nutzung** In Russland, wo die Art in großem Umfang in Netzen und Reusen gefangen wird, von beträchtlicher kommerzieller Bedeutung; wird in einigen Teilen Europas geangelt. Eine goldfarbene Varietät ist ein sehr beliebter Aquarien- und Teichfisch. **Schutzkategorie** Geringes Gefährdungsrisiko.

Wildform

Größe: 35–50 cm, maximal 100 cm

Orfe

Goldorfe

Jugoslawischer Döbel *Leuciscus illyricus*

Größe 15–20 cm, maximal 25 cm. **Merkmale** Körper mit großen silbrigen Schuppen, 49–54 entlang der Seitenlinie; Rückenflosse mit 8, Afterflosse mit 8–9 verzweigten Strahlen. **Verbreitung** Kommt in Albanien und Kroatien vor, wo die Tiere in den unterschiedlichsten Gewässern leben. **Fortpflanzung** Unbekannt. **Nahrung** Wirbellose, besonders Würmer, Krebstiere und Insektenlarven. **Nutzung** Wird lokal in geringem Maße wirtschaftlich und von Anglern genutzt. **Schutzkategorie** Bern III. Gefährdet.

Jugoslawischer Döbel

Größe: 15–20 cm, maximal 25 cm

Leuciscus keadicus

(ohne Abbildung)
Kommt nur in Griechenland vor (Typuslokalität: Evrotas). **Schutzkategorie** Gefährdet.

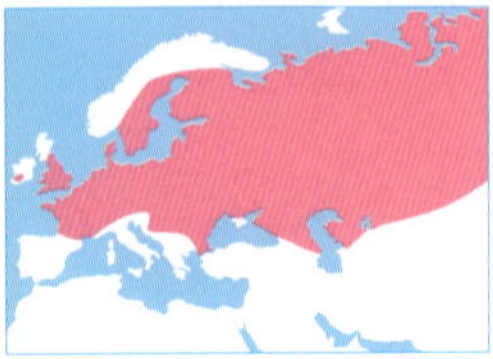

Hasel *Leuciscus leuciscus*

Größe 15–25 cm, maximal 30 cm. **Merkmale** Maul unterständig; Iris gelblich; Körper mit großen silbrigen Schuppen, 49–52 entlang der Seitenlinie; Rückenflosse mit 10–11, Afterflosse mit 8–9 verzweigten Strahlen; Afterflosse eingebuchtet. **Verbreitung** Bewohnt Flüsse und Bäche (gelegentlich auch Seen) in weiten Teilen Europas mit Ausnahme des äußersten Nord- und Südwestens; kommt gelegentlich auch im Brackwasser von Mündungsgebieten vor. **Fortpflanzung** März–Mai; laicht schwarmweise in Fließgewässern über Steinen und Pflanzen ab. Die Geschlechtsreife wird nach 3–4 Jahren erreicht. Die Weibchen können 2500–27500 hellorangefarbene Eier legen. **Nahrung** Hauptsächlich Wirbellose, besonders Wasserinsekten (Larven und Adulte), aber auch Kerbtiere, die auf die Wasseroberfläche fallen. **Nutzung** Wird in einigen Regionen Russlands kommerziell genutzt und in Teilen Westeuropas geangelt. **Schutzkategorie** Geringes Gefährdungsrisiko.

Hasel

Größe: 15–25 cm, maximal 30 cm

Leuciscus lucumonis
(ohne Abbildung)
Kommt nur in Italien vor (Typuslokalität: Fosso delle Lene). **Schutzkategorie** Bern III, FFH II. Gefährdet.

Makal-Strömer *Leuciscus microlepis*
Größe 20–25 cm, maximal 30 cm. **Merkmale** Körper mit gut entwickelten Schuppen, 73–75 entlang der Seitenlinie; manchmal mit schwach ausgeprägtem Längsband an den Flanken. **Verbreitung** Nur in einigen Flüssen und Seen im Südwesten des früheren Jugoslawiens (Dalmatien). **Fortpflanzung** Unbekannt. **Nahrung** Wirbellose, besonders Insektenlarven. **Nutzung** Ohne kommerzielle Bedeutung; kein Angelfisch. **Schutzkategorie** Bern III. Gefährdet.

Makal-Strömer

Größe: 20–25 cm, maximal 30 cm

Leuciscus montenigrinus (ohne Abbildung)
Kommt nur in Montenegro vor (Typuslokalität: Moraca). **Schutzkategorie** Gefährdet.

Leuciscus muticellus (ohne Abbildung)
Kommt nur in Italien vor (Typuslokalität: Flüsse in Viterbo und anderen Provinzen). **Schutzkategorie** Gefährdet.

Kroatischer Strömer *Leuciscus polylepis*
Größe 15–20 cm, maximal 25 cm. **Merkmale** Große Schuppen; dünnes, dunkles, graues oder braunes Längsband vom Auge bis zur Schwanzflosse. **Verbreitung** In Quellflüssen und anderen Fließgewässern in Kroatien. **Fortpflanzung** Das Fortpflanzungsverhalten ist unbekannt. **Nahrung** Wirbellose, besonders Würmer, Krebstiere und Insektenlarven. **Nutzung** Kommerziell und als Angelfisch von geringer Bedeutung. **Schutzkategorie** Bern III. Stark gefährdet.

Kroatischer Strömer

Größe: 15–20 cm, maximal 25 cm

Leuciscus pyrenaicus

Größe 15–20 cm, maximal 25 cm. **Merkmale** Große, silberfarbene Schuppen. **Verbreitung** Kommt nur in Portugal und Spanien vor, hier vor allem in Sumpfgebieten und ruhigen Flüssen. **Fortpflanzung** Mai–Juli; die Eier werden über Steinen oder Kiesuntergrund abgelegt. **Nahrung** Jungtiere fressen hauptsächlich Wirbellose und etwas pflanzliche Nahrung, ältere Exemplare außerdem kleine Fische. **Nutzung** Wird manchmal geangelt. **Schutzkategorie** Bern III. Geringes Gefährdungsrisiko.

Strömer *Leuciscus souffia*

Größe 12–18 cm, maximal 25 cm. **Merkmale** Leicht unterständiges Maul; Körper mit großen Schuppen bedeckt, die 45–58 Schuppen entlang der Seitenlinie sind gelblich überlaufen; kräftig violett gefärbtes Längsband an den Flanken; Rückenflosse mit 8–9, Afterflosse mit 8–9 verzweigten Strahlen. **Verbreitung** In einigen Seen sowie im Ober- und Mittellauf bestimmter Flüsse (z. B. Rhône) in Mitteleuropa. **Fortpflanzung** März–Mai; laicht schwarmweise über Kiesgrund oder Steinen in fließendem Wasser; die Weibchen legen 5 500–8 000 Eier. **Nahrung** Wirbellose, besonders Krebstiere und Insektenlarven sowie etwas pflanzliches Material. **Nutzung** Wird lokal gelegentlich als Speise- und Köderfisch verwendet. **Schutzkategorie** Bern III, FFH II. Gefährdet.

Adriatischer Hasel *Leuciscus svallize*

Größe 15–25 cm, maximal 30 cm. **Merkmale** Körper mit großen silbrigen Schuppen, 48–49 entlang der Seitenlinie; Rückenflosse mit 8–10, Afterflosse mit 9–10 verzweigten Strahlen. **Verbreitung** Schwarmfisch, der nur in klaren Bächen und Flüssen in Albanien, Kroatien und Bosnien vorkommt. **Fortpflanzung** Laicht im zeitigen Frühjahr über Steinen in fließendem Wasser. **Nahrung** Wirbellose, darunter Würmer, Krebstiere und Insekten (auch Anflug). **Nutzung** Wird lokal kommerziell genutzt; in einigen Regionen auch Angelfisch. **Schutzkategorie** Bern III. Gefährdet.

Adriatischer Hasel

Größe: 15–25 cm, maximal 30 cm

Tursky-Strömer *Leuciscus turskyi*

Größe 15–20 cm, maximal 25 cm. **Merkmale** Körper mit gut entwickelten Schuppen, 70–72 entlang der Seitenlinie; breites dunkles Längsband an den Flanken. **Verbreitung** Schwarmfisch, der nur in Fließgewässern und Seen im Narenta-Becken in Kroatien vorkommt. **Fortpflanzung** Über die Fortpflanzung ist nichts bekannt. **Nahrung** Wirbellose, besonders Würmer, Krebstiere und Insektenlarven. **Nutzung** Kommerziell und als Angelfisch von geringer Bedeutung. **Schutzkategorie** Bern III. Gefährdet.

Tursky-Strömer

Größe: 15–20 cm, maximal 25 cm

Ukliva-Strömer *Leuciscus ukliva*

Größe 15–20 cm, maximal 25 cm. **Merkmale** Körper mit gut entwickelten, großen Schuppen, 62–64 entlang der Seitenlinie; breites, wenn auch meist undeutliches Längsband an den Flanken. **Verbreitung** Kommt nur in Fließgewässern im Einzugsbereich des Cetina in Kroatien vor. **Fortpflanzung** Laicht schwarmweise über Pflanzen und Steinen. **Nahrung** Wirbellose, besonders Würmer, Krebstiere und Insektenlarven. **Nutzung** Kommerziell und als Angelfisch von geringer Bedeutung. **Schutzkategorie** Bern III. Gefährdet.

Größe: 15–20 cm,
maximal 25 cm

Ukliva-Strömer

Leuciscus zrmanjae

(ohne Abbildung)

Kommt nur in Kroatien vor (Typuslokalität: Zrmanja). **Schutzkategorie** Gefährdet.

Pachychilon: Die Gattung ist in Europa nur mit zwei Arten vertreten, die sich anhand folgender Merkmale unterscheiden lassen:

1	Kommt nur außerhalb des Einzugsbereiches von Ohrid- und Skadarsee vor	*Pachychilon macedonicum* S. 139
	Kommt nur im Einzugsbereich von Ohrid- und Skadarsee vor	*Pachychilon pictum* S. 139

Pachychilon macedonicum

(ohne Abbildung)
Wurde bisher nur in Griechenland und Mazedonien gefunden (Typuslokalität: Dojransee). **Schutzkategorie** Geringes Gefährdungsrisiko.

Albanische Plötze *Pachychilon pictum*

Größe 12–15 cm, maximal 16 cm. **Merkmale** Schlanker, kleiner Fisch mit unregelmäßigen dunklen Flecken und Punkten; sehr dicke, durch 3 tiefe Falten längsgefurchte Lippen; 43–44 Schuppen entlang der Seitenlinie; Rückenflosse mit 11, Afterflosse mit 11–12 verzweigten Strahlen. **Verbreitung** Kommt ursprünglich nur in zwei Regionen Albaniens vor (Einzugsgebiet von Ohrid- und Skadarsee), wurde inzwischen aber in Italien (vor allem im Serchio) ausgesetzt. **Fortpflanzung** Mai–August; laicht in flachen Gewässerzonen. **Nahrung** Wirbellose, besonders Kleinkrebse und Insektenlarven. **Nutzung** Ohne kommerzielle Bedeutung; kein Angelfisch. **Schutzkategorie** Bern III. Geringes Gefährdungsrisiko.

Albanische Plötze

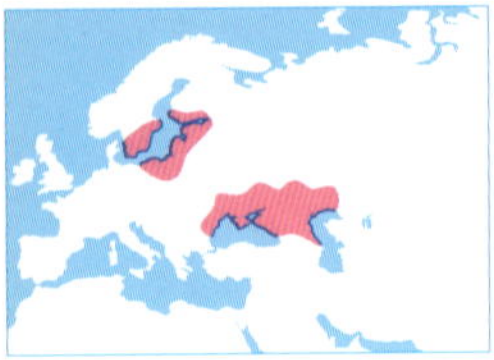

■ *Pelecus:* Die Gattung ist in Europa mit nur einer Art vertreten:

Ziege, Sichling *Pelecus cultratus*

Größe 30–50 cm, maximal 60 cm; Höchstgewicht 3,5 kg. **Merkmale** Langgestreckter, seitlich stark abgeplatteter Körper; Rücken gerade; Seitenlinie gewellt; kleine Schuppen, 90–115 entlang der Seitenlinie; mit gut entwickeltem Kiel zwischen Kehle und After; Rückenflosse mit 7–8, Afterflosse mit 24–28 verzweigten Strahlen. **Verbreitung** In Mittel- und Osteuropa vom Ostseegebiet bis zum Einzugsbereich des Schwarzen und Kaspischen Meeres sowie des Aralsees; lebt hauptsächlich im Unterlauf und in Mündungsgebieten großer Flüsse, aber auch in einigen Flachlandseen. **Fortpflanzung** Mai–Juli; die Tiere laichen schwarmweise in Süß- oder Brackwasser. Die Jungen schlüpfen nach 3–4 Tagen; die Geschlechtsreife wird nach 3–4 Jahren erreicht, die Lebenserwartung beträgt bis zu 11 Jahre. Die Weibchen können 10 000–58 000 Eier legen. **Nahrung** Jungtiere fressen Wirbellose, besonders Krebstiere, Insekten oder deren Larven; ausgewachsene Exemplare ernähren sich hauptsächlich von größeren Wirbellosen und kleinen Fischen (z. B. Heringsfischen und Grundeln). **Nutzung** In Teilen Südosteuropas von erheblicher kommerzieller Bedeutung; wird hauptsächlich mit Netzen und Reusen gefangen. Wie bei der Ukelei werden auch die Schuppen dieser Art gelegentlich zur Herstellung künstlicher Perlen verwendet. **Schutzkategorie** Bern III. Geringes Gefährdungsrisiko.

Ziege, Sichling

Größe: 30–50 cm, maximal 60 cm

Phoxinellus: In dieser wichtigen Gattung gibt es in Bezug auf den Status der verschiedenen Arten und Unterarten noch zahlreiche Unklarheiten. Insgesamt sind aus Europa zehn Arten bekannt, von denen nachfolgend aber nur sechs ausführlich behandelt werden. Bei den übrigen, *P. fontinalis, P. metohiensis, P. pleurobipunctatus* und *P. prespensis*, sind zunächst noch umfangreiche taxonomische Untersuchungen notwendig. Die allgemein anerkannten Arten lassen sich anhand folgender Merkmale unterscheiden:

1	Körper größtenteils ohne Schuppen	2
	Körper überwiegend mit kleinen oder zumindest rudimentären Schuppen	3
2	Körper ohne Schuppen, ausgenommen entlang der Seitenlinie	*Phoxinellus alepidotus* S. 142
	Körper teilweise mit Schuppen, aber nicht auf Rücken oder Schwanzstiel	*Phoxinellus ghetaldii* S. 143
3	Körper mit hauchdünnen Schuppen	*Phoxinellus epiroticus* S. 143
	Körper nur mit rudimentären Schuppen	4
4	Keine Punkte an den Flanken	*Phoxinellus croaticus* S. 142
	Mit Punkten an den Flanken	5
5	Mit nur wenigen braunen Punkten, diese fast nie unterhalb der Seitenlinie	*Phoxinellus pstrossi* S. 144
	Mit zahlreichen braunen Punkten, viele davon unterhalb der Seitenlinie	*Phoxinellus adspersus* S. 141

Dalmatinische Elritze *Phoxinellus adspersus*

Größe 8–9 cm, maximal 10 cm. **Merkmale** Mit zahlreichen dunklen Punkten an den Flanken, viele davon unterhalb der Seitenlinie. **Verbreitung** Kommt nur in einigen Gewässern Kroatiens vor. **Fortpflanzung** Das Fortpflanzungsverhalten ist unbekannt. **Nahrung** Wirbellose, besonders Würmer, Kleinkrebse und Insektenlarven. **Nutzung** Ohne kommerzielle Bedeutung; kein Angelfisch. **Schutzkategorie** Bern III, FFH II. Gefährdet.

Größe: 8–9 cm, maximal 10 cm

Dalmatinische Elritze

Phoxinellus alepidotus

Größe 8–9 cm, maximal 10 cm. **Merkmale** Maul endständig; Körper praktisch ohne Schuppen, außer längs der Seitenlinie, die unterschiedlich lang sein kann. **Verbreitung** Kommt nur in einigen in die östliche Adria mündenden Flüssen Kroatiens und Bosniens vor. **Fortpflanzung** Laicht über Steinen in fließendem Wasser. **Nahrung** Wirbellose, besonders kleine Krebse und Insektenlarven. **Nutzung** Ohne kommerzielle Bedeutung; kein Angelfisch. **Schutzkategorie** Gefährdet.

Phoxinellus alepidotus

Größe: 8–9 cm, maximal 10 cm

Phoxinellus croaticus

Größe 8–9 cm, maximal 10 cm. **Merkmale** Körper mit rudimentären Schuppen; Flanken ohne dunkle Punkte. **Verbreitung** Kommt nur in Quellflüssen und Bächen im Einzugsbereich des Zrmanja in Südkroatien vor. **Fortpflanzung** Laicht über Steinen in fließendem Wasser. **Nahrung** Wirbellose, hauptsächlich Kleinkrebse und Insektenlarven; auch Detritus. **Nutzung** Ohne kommerzielle Bedeutung; kein Angelfisch. **Schutzkategorie** Gefährdet.

Phoxinellus croaticus

Größe: 8–9 cm, maximal 10 cm

Phoxinellus epiroticus

Größe 9–10 cm, maximal 12 cm. **Merkmale** Körper mit hauchdünnen Schuppen bedeckt. **Verbreitung** Kommt nur im Janinasee und im Fluss Luro (Albanien, Mazedonien und Griechenland) vor. **Fortpflanzung** Laicht über Steinen in fließendem Wasser. **Nahrung** Wirbellose, darunter Kleinkrebse und Insektenlarven. **Nutzung** Ohne kommerzielle Bedeutung; kein Angelfisch. **Schutzkategorie** Gefährdet.

Größe: 9–10 cm, maximal 12 cm

Phoxinellus epiroticus

Phoxinellus fontinalis

(ohne Abbildung)

Wurde bisher nur in Kroatien gefunden (Typuslokalität Hrnjakova-Höhle). **Schutzkategorie** Stark gefährdet.

Phoxinellus ghetaldii

Größe 9–12 cm, maximal 13 cm. **Merkmale** Größter Teil des Körpers, vor allem Rücken und Schwanzstiel, ohne Schuppen **Verbreitung** Kommt nur in Quellflüssen, Bächen und unterirdischen Flussläufen im Popovo-Becken (Kroatien und Bosnien) vor. **Fortpflanzung** Laicht über Steinen in fließendem Wasser. **Nahrung** Wirbellose, hauptsächlich Kleinkrebse. **Nutzung** Ohne kommerzielle Bedeutung; kein Angelfisch. **Schutzkategorie** Gefährdet.

Phoxinellus ghetaldii

Größe: 9–12 cm, maximal 13 cm

Phoxinellus metohiensis

(ohne Abbildung)

Die Art wurde bisher nur in Bosnien und Kroatien gefunden (Typuslokalität: verschiedene Karstgewässer). **Schutzkategorie** Stark gefährdet.

Phoxinellus pleurobipunctatus

(ohne Abbildung)

Die Art wurde bisher nur in Griechenland gefunden (Typuslokalität: Trichonissee und verschiedene Bäche). **Schutzkategorie** Gefährdet.

Phoxinellus prespensis

(ohne Abbildung)

Kommt nur in Griechenland und Mazedonien vor (Typuslokalität: Prespasee). **Schutzkategorie** Gefährdet.

Dubrovnik-Elritze *Phoxinellus pstrossi*

Größe 8–9 cm, maximal 10 cm. **Merkmale** Dunkle Punkte an den Flanken, hauptsächlich oberhalb der Seitenlinie. **Verbreitung** Kommt nur in bestimmten Küstenbereichen im früheren Südwestjugoslawien vor. **Fortpflanzung** Unbekannt. **Nahrung** Wirbellose, darunter Kleinkrebse und Insektenlarven. **Nutzung** Ohne kommerzielle Bedeutung; kein Angelfisch. **Schutzkategorie** Gefährdet.

Phoxinus: Zu dieser Gattung gehörte früher auch die Art *Phoxinus perenurus*, die später in die Gattung *Eupallasella* gestellt wurde. In Europa gibt es zwei Arten, die sich anhand folgender Merkmale unterscheiden lassen:

1	Große, undeutliche dunkle Flecken am Körper, die manchmal zu einem Muster von Querbändern verschmelzen, keine einzelnen dunklen Punkte an den Flanken; ausgewachsene Männchen häufig mit Laichausschlag	*Phoxinus phoxinus* S. 145
	Körper nicht mit Flecken oder Querbändern, sondern mit kleinen dunklen Punkten; ausgewachsene Männchen niemals mit Laichausschlag	*Phoxinus czekanowskii* S. 145

Poznan-Elritze *Phoxinus czekanowskii*

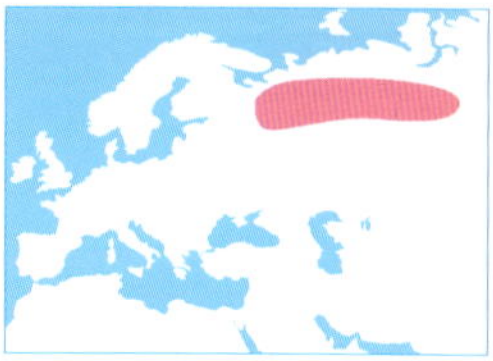

Größe 5–8 cm, maximal 12 cm. **Merkmale** Schuppen klein, 90–94 entlang der Seitenlinie; Rückenflosse mit 7, Afterflosse mit 6–7 verzweigten Strahlen; Körper mit zahlreichen dunklen Punkten; Männchen ohne Laichausschlag. **Verbreitung** Seen und Flüsse im Einzugsbereich des Nordpolarmeeres. **Fortpflanzung** Juni–Juli; zwischen Pflanzen in fließenden und stehenden Gewässern. **Nahrung** Hauptsächlich Wirbellose. **Nutzung** In einigen Regionen Russlands von kommerzieller Bedeutung. **Schutzkategorie** Geringes Gefährdungsrisiko.

Poznan-Elritze

Größe: 5–8 cm, maximal 12 cm

Elritze *Phoxinus phoxinus*

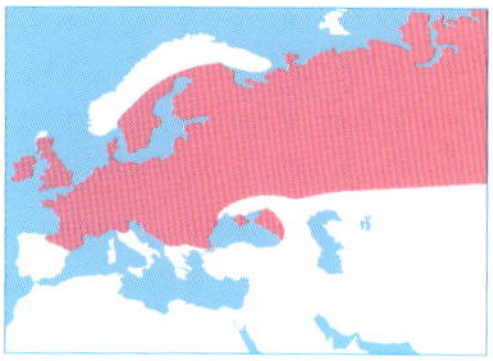

Größe 6–10 cm, maximal 14 cm. **Merkmale** Kleine Schuppen, 80–100 entlang der Seitenlinie, die in Schwanznähe manchmal unvollständig ausgebildet ist; Rückenflosse mit 7, Afterflosse mit 6–7 verzweigten Strahlen; zahlreiche braune und schwarze Flecken an den Flanken, die manchmal zu Querbinden zusammenfließen; Männchen mit auffälligem Laichausschlag und zur Laichzeit kräftiger gefärbt. **Verbreitung** Kommt in Flüssen und Seen in fast ganz Europa und Nordasien vor. **Fortpflanzung** Mai–Juli; laicht in Schwärmen über Kies in fließendem Wasser. Aus den 200–1 000 klebrigen Eiern schlüpfen nach 5–10 Tagen die Jungen, die nach 2–3 Jahren geschlechtsreif werden. Kann ein Alter von 8 Jahren erreichen. **Nahrung** Vor allem Wirbellose, auch pflanzliches Material. **Nutzung** In Teilen Russlands kommerziell wichtige Art; wird auch als Köderfisch verwendet, in Aquarien gehalten und als Laborfisch eingesetzt. **Schutzkategorie** Geringes Gefährdungsrisiko.

♂

♀

Elritze

Größe: 6–10 cm, maximal 14 cm

■ *Pimephales:* Die Gattung ist in Europa mit nur einer eingebürgerten Art vertreten:

Dickkopfelritze *Pimephales promelas*

Größe 5–9 cm, maximal 10 cm. **Merkmale** Kräftiger Körperbau; Maul endständig; unvollständige Seitenlinie; 42–48 Lateralschuppen; Männchen zur Laichzeit mit einem fleischigen Höcker hinter dem Kopf. **Verbreitung** Die aus Nordamerika stammende Art wird in Europa häufig als Aquarien- und Köderfisch verkauft. In Belgien, Frankreich und Deutschland eingebürgert. **Fortpflanzung** Juni–August. Das Männchen reinigt die Unterseite eines Lilienblattes oder Steines mit seinem Höcker und befruchtet dort die Eier von einem oder mehreren Weibchen; anschließend bewacht und betreut es das Gelege. Die nach etwa 5 Tagen (bei 25 °C) schlüpfenden Jungen wachsen schnell und pflanzen sich oft noch im selben Jahr bei einer Größe von 5–7 cm fort. Die Lebenserwartung beträgt nur 2–3 Jahre. **Nahrung** Wirbellose, hauptsächlich Zooplankton und Insektenlarven, aber auch Algen und pflanzlicher Detritus. **Nutzung** Wird gern in Aquarien gehalten (besonders die goldene Zuchtform), aber auch als Köder- oder Laborfisch verwendet. **Schutzkategorie** Eingebürgerte Art.

♀

Dickkopfelritze

♂

Größe: 5–9 cm,
maximal 10 cm

Pseudophoxinus: Gattung mit drei in Europa vorkommenden Arten, von denen zwei nachfolgend genauer beschrieben werden (nicht berücksichtigt ist die Art *P. beoticus*). Sie lassen sich anhand folgender Merkmale unterscheiden:

1	Mit dunklem Längsband über den gesamten Körper; 4–6 Schuppen entlang der Seitenlinie	*Pseudophoxinus minutus* S. 147
	Mit breitem hellblauem Längsband; 2–13 Schuppen entlang der Seitenlinie	*Pseudophoxinus stymphalicus* S. 148

Pseudophoxinus beoticus

(ohne Abbildung)
Kommt nur in Griechenland vor (Typuslokalität: Ylikisee). **Schutzkategorie** Gefährdet.

Pseudophoxinus minutus

Größe 4–5 cm, maximal 6 cm. **Merkmale** Seitenlinie sehr kurz, erstreckt sich nur über 4–6 Schuppen; Bauchflosse mit 8 Strahlen; mit dunklem Längsband an den Flanken. **Verbreitung** Kommt nur im Ohridsee (Albanien und Mazedonien) vor. **Fortpflanzung** Über das Laichverhalten ist nichts bekannt. **Nahrung** Hauptsächlich Zooplankton, besonders Kleinkrebse. **Nutzung** Ohne kommerzielle Bedeutung; kein Angelfisch. **Schutzkategorie** Gefährdet.

Pseudophoxinus minutus

Größe: 4–5 cm, maximal 6 cm

Griechische Elritze *Pseudophoxinus stymphalicus*

Größe 8–10 cm, maximal 12 cm. **Merkmale** Seitenlinie unvollständig, erstreckt sich nur über 2–13 Schuppen; Afterflosse mit weniger als 12 Strahlen. *P. marathonicus* gilt heute als Unterart von *P. stymphalicus*. **Verbreitung** Kommt nur in Quellbächen und kleinen Flüssen in Morea (Südgriechenland) vor. **Fortpflanzung** Dezember–März; die Tiere laichen über Pflanzen ab. **Nahrung** Wirbellose, hauptsächlich Kleinkrebse sowie Insekten und deren Larven; auch pflanzliches Material. **Nutzung** Kommerziell und als Angelfisch von geringer Bedeutung. **Schutzkategorie** Bern III, FFH II. Gefährdet.

Pseudophoxinus stymphalicus stymphalicus

Griechische Elritze

Größe: 8–10 cm, maximal 12 cm

Pseudophoxinus stymphalicus marathonicus

■ *Pseudorasbora:* Die Gattung ist in Europa mit nur einer eingebürgerten Art vertreten:

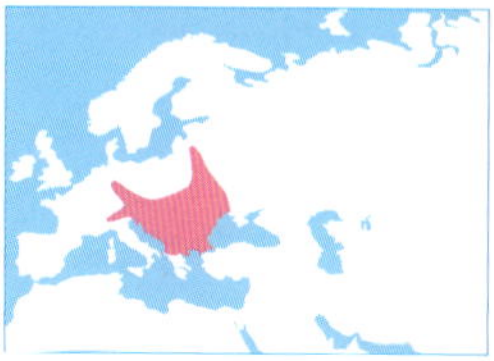

Blaubandbärbling, Blaubandgründling
Pseudorasbora parva

Größe 4–6 cm, maximal 7 cm. **Merkmale** Maul leicht oberständig und schräg; Seitenlinie gerade, mit 34–38 Schuppen; schmales dunkles Längsband vom Kopf bis zur Schwanzflosse. **Verbreitung** Aus Asien eingeführt, wo die Art vor allem im Amur vorkommt. Inzwischen in vielen Teilen Mitteleuropas sowie in England heimisch geworden, wo die Tiere in ruhigen Fließgewässern und Seen leben. **Fortpflanzung** Laicht im Sommer bei Temperaturen zwischen 21 und 26 °C ab. **Nahrung** Wirbellose, besonders Kleinkrebse aus dem Plankton, und Fischbrut. **Nutzung** Kommerziell und als Angelfisch von geringer Bedeutung, wird aber manchmal als Beute für Raubfische ausgesetzt und gelegentlich als Aquarienfisch gehalten. **Schutzkategorie** Eingebürgerte Art.

Blaubandbärbling

Größe: 4–6 cm, maximal 7 cm

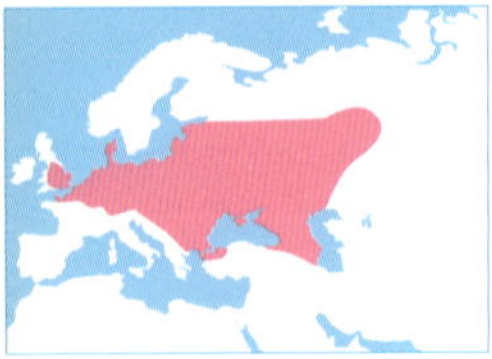

■ *Rhodeus:* Die Gattung ist in Europa mit nur einer Art vertreten:

Bitterling *Rhodeus sericeus*

Größe 5–8 cm, maximal 10 cm. **Merkmale** Hochrückiger, seitlich stark abgeplatteter Körper; Schuppen groß; Seitenlinie kurz; 32–40 Lateralschuppen; Rückenflosse mit 9–10, Afterflosse mit 8–10 verzweigten Strahlen; Weibchen mit langer Legeröhre, Männchen zur Laichzeit auffälliger gefärbt. **Verbreitung** Weit verbreitet in nährstoffreichen, stehenden oder langsam fließenden Gewässern von Frankreich bis zum Kaspischen Meer. In einigen Ländern, darunter England, erfolgreich eingebürgert. **Fortpflanzung** April–Juni. Nach der Paarbildung legen die Weibchen 40–100 große, gelbe Eier mit Hilfe ihrer Legeröhre in die Mantelhöhle großer Süßwassermuscheln. Dort entwickeln sich die Jungen innerhalb von 15–20 Tagen und verlassen dann die Muschel. Die Geschlechtsreife wird nach 2–3 Jahren erreicht, die Lebenserwartung beträgt 5 oder mehr Jahre. **Nahrung** Sowohl Pflanzen (hauptsächlich Algen) als auch Wirbellose (besonders Insektenlarven und Kleinkrebse). **Nutzung** Kommerziell und als Angelfisch von geringer Bedeutung, wird aber als Köderfisch verwendet und häufig in Aquarien gehalten. **Schutzkategorie** Bern III, FFH II. Geringes Gefährdungsrisiko.

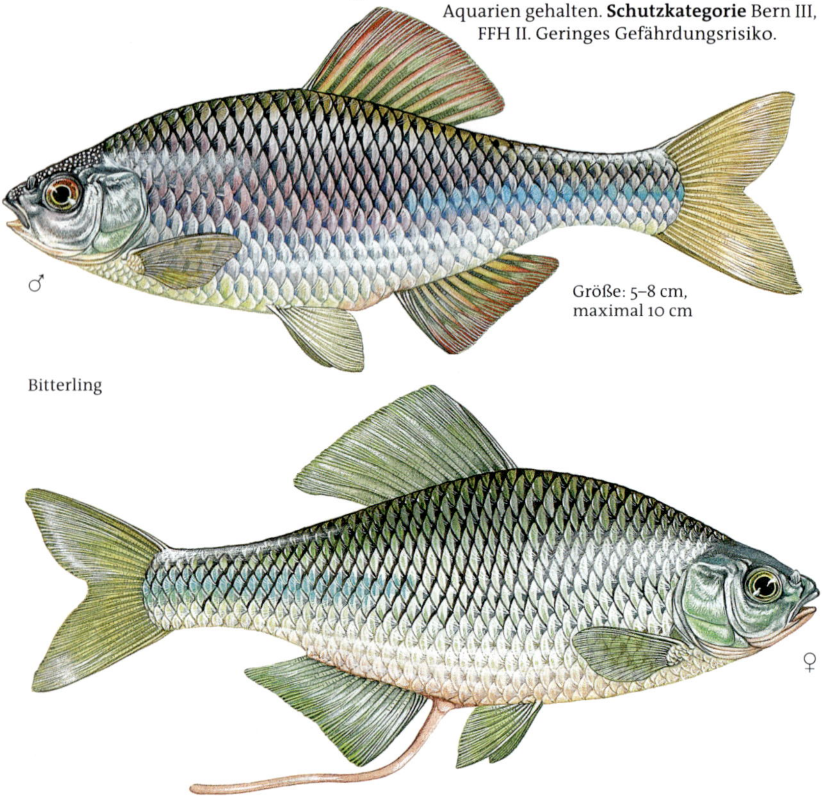

Bitterling

Rutilus: In dieser sehr großen Gattung ist der Status der verschiedenen Arten und Unterarten noch nicht gesichert. Anerkannt sind 18 in Europa heimische Arten, von denen aber nachfolgend nur acht ausführlich beschrieben werden. Bei den übrigen – *R. arcasii, R. aula, R. basak, R. erythrophthalmus, R. heckelii, R. karamani, R. meidingeri, R. ohridanus, R. prespensis* und *R. ylikiensis* – sind noch weitere taxonomische Untersuchungen notwendig. Die ausführlich beschriebenen Spezies lassen sich anhand folgender Merkmale unterscheiden:

1	Rückenflosse mit 11 oder mehr Strahlen; normalerweise mit farbigem Längsband an den Flanken	2
	Rückenflosse mit 10 oder weniger Strahlen; nur selten mit farbigem Längsband an den Flanken	5
2	Seitenlinie mit 55 oder mehr Schuppen	*Rutilus frisii* S. 152
	Seitenlinie mit 50 oder weniger Schuppen	3
3	Brustflossen mit 16 Strahlen	*Rutilus rutilus* S. 157
	Brustflossen mit 17–18 Strahlen	4
4	Schlundzähne 6.5; Flanken ohne Zeichnung	*Rutilus pigus* S. 155
	Schlundzähne 5.5; Flanken häufig mit grauer Streifenzeichnung	*Rutilus rubilio* S. 156
5	Schlundzähne in der Regel 4.4	*Rutilus macedonicus* S. 154
	Schlundzähne in der Regel 5.5	6
6	Hellgraues Längsband an den Flanken	*Rutilus macrolepidotus* S. 154
	Deutliches dunkles Längsband an den Flanken	7
7	Rand der Rückenflosse nach innen gewölbt	*Rutilus lemmingii* S. 153
	Rand der Rückenflosse nach außen gewölbt	*Rutilus alburnoides* S. 151

Calandino-Plötze *Rutilus alburnoides*

Größe 12–15 cm, maximal 20 cm. **Merkmale** Deutliches dunkles Längsband an den Flanken; Rand der Rückenflosse nach außen gewölbt. **Verbreitung** In nährstoffreichen, stehenden oder langsam fließenden Gewässern in Portugal und Südwestspanien. **Fortpflanzung** April–Mai; laicht schwarmweise, die klebrigen gelben Eier werden zwischen Pflanzen oder Steinen in flachem Wasser abgelegt. **Nahrung** Hauptsächlich Wirbellose. **Nutzung** Kommerziell und als Angelfisch von geringer Bedeutung. **Schutzkategorie** Bern III, FFH II. Geringes Gefährdungsrisiko.

Calandino-Plötze

Größe: 12–15 cm, maximal 20 cm

Rutilus arcasii
(ohne Abbildung)
Die Art kommt nur in Portugal und Spanien vor (Typuslokalität: Cailes u. a.). **Schutzkategorie** Bern III, FFH II. Geringes Gefährdungsrisiko.

Rutilus aula
(ohne Abbildung)
Kommt nur in Italien (Typuslokalität: Provinz Venetien) und der Schweiz vor. **Schutzkategorie** Geringes Gefährdungsrisiko.

Rutilus basak
(ohne Abbildung)
Kommt nur in Kroatien vor (Typuslokalität: Drusinosee). **Schutzkategorie** Geringes Gefährdungsrisiko.

Schwarzmeerplötze, Perlfisch *Rutilus frisii*
Größe 40–50 cm, maximal 71 cm; Höchstgewicht ca. 7,1 kg. **Merkmale** Körper mit großen silbrigen Schuppen, 60–67 entlang der Seitenlinie. **Verbreitung** In einigen Regionen Deutschlands und Österreichs im oberen Donaubecken sowie im Einzugsbereich von Flüssen, die ins Schwarze, Asowsche und Kaspische Meer münden. Bevorzugt im Unterlauf von Flüssen. **Fortpflanzung** April–Mai; in flachem Wasser zwischen Pflanzen oder über Kies und Steinen. Die Jungen schlüpfen nach etwa 10 Tagen; die Geschlechtsreife wird nach 3–5 Jahren erreicht. Im Jahresverlauf erfolgen in Flüssen und Seen ausgedehnte Wanderungen. Die Weibchen können bis zu 138 000 Eier legen. **Nahrung** Verschiedene Wirbellose, aber auch pflanzliches Material und kleine Fische. **Nutzung** In der Region um das Schwarze und Kaspische Meer von lokaler Bedeutung; dort werden in einigen Flüssen jährlich tausende großer Exemplare mit Netzen gefangen. In einigen Gegenden auch ein wichtiger Angelfisch. **Schutzkategorie** Bern III. Geringes Gefährdungsrisiko.

Schwarzmeerplötze

Größe: 40–50 cm, maximal 71 cm

Rutilus heckelii

(ohne Abbildung)
Kommt nur im Schwarzen Meer vor (Typuslokalität: Schwarzes Meer). **Schutzkategorie** Geringes Gefährdungsrisiko.

Rutilus karamani

(ohne Abbildung)
Kommt nur in Albanien und Montenegro vor (Typuslokalität: Ohridsee). **Schutzkategorie** Gefährdet.

Pardilla-Plötze *Rutilus lemmingii*

Größe 12–15 cm, maximal 20 cm. **Merkmale** Dunkles Längsband an den Flanken; Maul leicht unterständig, Unterlippe mit horniger Kante; 58–69 Schuppen entlang der Seitenlinie. Wird manchmal auch in der Gattung *Chondrostoma* geführt. **Verbreitung** In stehenden und langsam fließenden Gewässern Portugals und Südostspaniens. **Fortpflanzung** April–Mai; laicht in großen Schwärmen zwischen Pflanzen in flachem Wasser ab; die gelben Eier sind klebrig. **Nahrung** Wirbellose, besonders Würmer, Kleinkrebse und Insektenlarven. **Nutzung** Kommerziell und als Angelfisch von geringer Bedeutung. **Schutzkategorie** Bern III, FFH II. Geringes Gefährdungsrisiko.

Pardilla-Plötze

Größe: 12–15 cm, maximal 20 cm

Mazedonische Plötze *Rutilus macedonicus*

Größe 12–15 cm, maximal 18 cm. **Merkmale** Körper mit großen silbrigen Schuppen bedeckt, selten mit dunklem Längsband; Schlundzähne in der Regel 4.4. **Verbreitung** In nährstoffreichen, langsam fließenden oder stehenden Gewässern im Einzugsbereich der nordwestlichen Ägäis. **Fortpflanzung** April–Mai; laicht in Schwärmen zwischen Pflanzen in flachem Wasser. **Nahrung** Wirbellose, hauptsächlich Würmer, Kleinkrebse und Insektenlarven, und etwas pflanzliches Material. **Nutzung** Ohne kommerzielle Bedeutung; kein Angelfisch. **Schutzkategorie** Bern III. Gefährdet.

Portugiesische Plötze *Rutilus macrolepidotus*

Größe 12–15 cm, maximal 18 cm. **Merkmale** Körper mit großen silbrigen Schuppen und hellgrauem Längsband an den Flanken. **Verbreitung** Kommt nur in einigen Regionen Portugals in Seen und Tieflandflüssen vor. **Fortpflanzung** April–Mai; die gelben Eier werden zumeist schwarmweise zwischen Pflanzen in flachem Wasser abgelegt. **Nahrung** Wirbellose, besonders Würmer, Kleinkrebse und Insektenlarven, sowie etwas pflanzliches Material. **Nutzung** Kommerziell und als Angelfisch von geringer Bedeutung. **Schutzkategorie** Bern III, FFH II. Gefährdet.

Perlfisch *Rutilus meidingeri*

(ohne Abbildung)
Kommt nur in Österreich vor (Typuslokalität: Attersee). **Schutzkategorie** FFH II. Gefährdet.

Rutilus ohridanus

(ohne Abbildung)
Kommt nur in Mazedonien vor (Typuslokalität: Ohridsee). **Schutzkategorie** Gefährdet.

Frauennerfling, Pigo *Rutilus pigus*

Größe 20–30 cm, maximal 40 cm; Höchstgewicht ca. 1 kg. **Merkmale** Ziemlich schlanker Fisch mit großen silbrigen Schuppen, 44–49 entlang der Seitenlinie; Rückenflosse mit 10–11, Afterflosse mit 10–13 verzweigten Strahlen. **Verbreitung** Kommt in langsam fließenden oder stehenden Gewässern in Teilen des Donaubeckens (Unterart *R. pigus virgo*) und in Norditalien (Po-Ebene; Unterart *R. pigus pigus*) vor. **Fortpflanzung** April–Mai; laicht zumeist in Schwärmen zwischen Pflanzen ab. Geschlechtsreife nach 2–3 Jahren. Die Weibchen legen 35 000–60 000 Eier. **Nahrung** Wirbellose, besonders Würmer, Weichtiere und Kleinkrebse, sowie etwas pflanzliches Material. **Nutzung** Von geringem kommerziellem Interesse, wird aber gelegentlich geangelt. **Schutzkategorie** Bern III, FFH II. Gefährdet.

Frauennerfling

Größe: 20–30 cm, maximal 40 cm

Rutilus prespensis

(ohne Abbildung)
Kommt nur in Griechenland und Mazedonien vor (Typuslokalität: Prespasee). **Schutzkategorie** Gefährdet.

Südeuropäische Plötze *Rutilus rubilio*

Größe 20–25 cm, maximal 30 cm. **Merkmale** Körper mit großen silbrigen Schuppen und zumeist undeutlichem grauem Längsband an den Flanken; 36–44 Schuppen entlang der Seitenlinie; Rückenflosse mit 8–9, Afterflosse mit 8–10 verzweigten Strahlen. **Verbreitung** In weiten Teilen Italiens sowie im Einzugsbereich von slowenischen, kroatischen und albanischen Flüssen, die in die Adria münden. Bewohnt hauptsächlich langsam fließende oder stehende Gewässer. **Fortpflanzung** April–Mai; die gelben, klebrigen Eier werden im Schwarm zwischen Pflanzen in flachem Wasser abgelegt. **Nahrung** Hauptsächlich Wirbellose, besonders Insektenlarven und Würmer. In einigen wärmeren Gewässern besteht die Nahrung vor allem aus Fadenalgen. **Nutzung** Lokal für ansässige Netzfischer von Bedeutung; wird in manchen Gegenden auch geangelt. **Schutzkategorie** Bern III, FFH II. Geringes Gefährdungsrisiko.

Plötze, Rotauge *Rutilus rutilus*

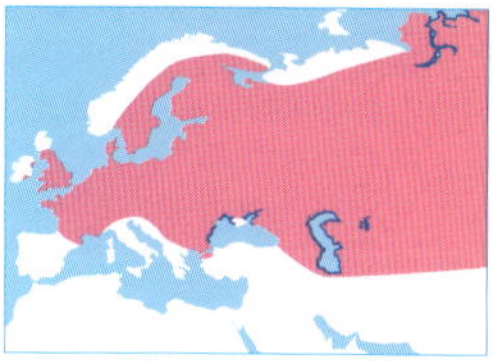

Größe 20–35 cm, maximal 52 cm; ein Exemplar von 44 cm Länge wog 2,1 kg. **Merkmale** Große silbrige Schuppen, 42–45 entlang der Seitenlinie; Rückenflosse mit 9–11 verzweigten Strahlen, sitzt ziemlich genau auf Höhe der Bauchflossen; Afterflosse mit 9–11, Brustflossen mit 16 verzweigten Strahlen. **Verbreitung** Kommt in weiten Teilen Nordeuropas und Asiens (mit Ausnahme des hohen Nordens) in Seen, Kanälen und ruhigen Flüssen vor. Bewohnt manchmal auch Brackwasserbiotope im Mündungsbereich großer Flüsse, z. B. an der Ostsee und am Schwarzen Meer; auch in Teilen des Kaspischen Meeres anzutreffen. **Fortpflanzung** Mai–Juni; laicht meistens zwischen Pflanzen in flachen, ruhigen Gewässerzonen, wandert aber gelegentlich auch in schnell fließende Bereiche ab. Aus den klebrigen, gelblichen Eiern schlüpfen nach 5–10 Tagen die Jungen, die sich bald darauf zu großen Schwärmen vereinigen. Die Geschlechtsreife wird nach etwa 2–3 Jahren erreicht. Die Weibchen können 1 000–15 000 Eier legen. Eine Hybridisierung mit verschiedenen anderen Karpfenfischen ist möglich. **Nahrung** Schwarmbildende Allesfresser, die sich sowohl von Pflanzen (besonders Algenaufwuchs) als auch verschiedenen Wirbellosen ernähren. **Nutzung** In einigen Teilen Osteuropas, wo sie mit Reusen und Netzen gefangen wird, ein wichtiger Nutzfisch; gilt aber auch als beliebter Angelfisch, dem man mit verschiedenen Ködern nachstellt. Kleine Exemplare werden manchmal als Köder für das Hechtangeln verwendet. **Schutzkategorie** Geringes Gefährdungsrisiko.

Plötze

Größe: 20–35 cm,
maximal 52 cm

Rutilus ylikiensis

(ohne Abbildung)

Kommt nur in Griechenland vor (Typuslokalität: Ylikisee). **Schutzkategorie** Gefährdet.

Scardinius: In dieser kleinen Gattung ist der Status einiger Arten und Unterarten umstritten. Insgesamt sind fünf europäische Arten anerkannt, von denen hier aber nur zwei näher behandelt werden, da bei den anderen *(S. acarnanicus, S. racovitzai, S. scardafa)* zunächst noch weitere taxonomische Untersuchungen erforderlich sind. Die beiden ausführlich beschriebenen Arten lassen sich anhand folgender Merkmale unterscheiden:

1	Hochrückiger Körper, an der Rückenflosse mindestens 2-mal so hoch wie der Kopf; Profil hinter dem Kopf nicht oder kaum konkav	*Scardinius erythrophthalmus* S. 158
	Körper nicht so hochrückig, an der Rückenflosse weniger als 2-mal so hoch wie der Kopf; Profil hinter dem Kopf deutlich konkav	*Scardinius graecus* S. 159

Scardinius acarnanicus

(ohne Abbildung)

Kommt nur in Griechenland vor (Typuslokalität: Trichonissee u. a.). **Schutzkategorie** Gefährdet.

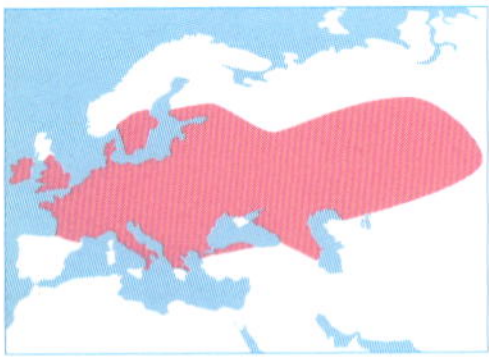

Rotfeder *Scardinius erythrophthalmus*

Größe 15–30 cm, maximal 45 cm. **Merkmale** Goldgelbe Iris; Körper mit großen silbrigen Schuppen, 40–45 entlang der Seitenlinie; Bauchkante mit Kiel zwischen Brustflossen und After; untere Flossen leuchtend rot gefärbt; Ansatz der Bauchflossen vor dem der Rückenflosse; Rückenflosse mit 8–9, Afterflosse mit 10–11 verzweigten Strahlen. **Verbreitung** In weiten Teilen Europas in Seen und ruhigen Flüssen, gelegentlich auch in Brackwasserbiotopen. Wurde als Angel- oder Zierfisch in zahlreiche Länder eingeführt. **Fortpflanzung** April–Juni; laicht in Schwärmen zwischen Pflanzen. Aus den 90 000–200 000 klebrigen Eiern schlüpfen nach 5–8 Tagen die Jungen, die nach 2–3 Jahren die Geschlechtsreife erreichen. **Nahrung** Wirbellose, besonders Weichtiere und Insektenlarven, sowie Pflanzen; manchmal auch Insekten, die auf die Wasseroberfläche fallen. **Nutzung** Von geringem kommerziellem Interesse, wird in einigen Ländern aber geangelt oder als Köderfisch verwendet. Eine goldfarbene Zuchtform ist ein beliebter Aquarien- und Teichfisch. **Schutzkategorie** Geringes Gefährdungsrisiko.

Größe: 15–30 cm, maximal 45 cm

Rotfeder

Griechische Rotfeder *Scardinius graecus*

Größe 20–35 cm, maximal 40 cm. **Merkmale** Körper mit großen silbrigen Schuppen; Bauchkante mit Kiel zwischen Brustflossen und After; größte Körperhöhe vor der Rückenflosse. **Verbreitung** Kommt nur in Seen (Yliki- und Paralimnisee) und ruhigen Fließgewässern (Kifissos) in Südgriechenland vor. **Fortpflanzung** April–Juni; laicht in Schwärmen zwischen Pflanzen in flachem Wasser. **Nahrung** Jungtiere fressen hauptsächlich Zooplankton, ältere Exemplare vor allem Wirbellose und verschiedene Pflanzen. **Nutzung** Wird lokal wirtschaftlich und als Angelfisch genutzt. **Schutzkategorie** FFH II. Geringes Gefährdungsrisiko.

Griechische Rotfeder

Größe: 20–35 cm, maximal 40 cm

Scardinius racovitzai

(ohne Abbildung)

Kommt nur in Rumänien vor (Typuslokalität: Quellen von Baile Episcopesti). **Schutzkategorie** Gefährdet.

Scardinius scardafa

(ohne Abbildung)

Kommt in Albanien, Bosnien, Kroatien, Italien (Typuslokalität: u. a. Nemisee) und Montenegro vor. **Schutzkategorie** Gefährdet.

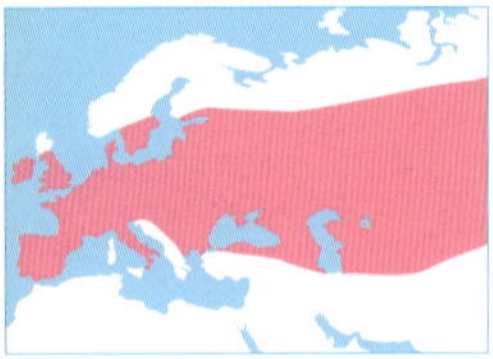

■ *Tinca:* Die Gattung ist in Europa mit nur einer Art vertreten:

Schleie *Tinca tinca*

Größe 20–40 cm, maximal 65 cm. **Merkmale** 1 Paar kleine Bartfäden am endständigen Maul; Augen rötlich; Flossenränder stark abgerundet; hochrückiger Körper; Schuppen klein, tief eingesenkt, 95–120 entlang der Seitenlinie; Rückenflosse mit 8, Afterflosse mit 6–8 verzweigten Strahlen. **Verbreitung** Kommt in weiten Teilen Europas in nährstoffreichen, stark verkrauteten Seen und ruhigen Flüssen vor; an der östlichen Ostsee gelegentlich im Brackwasser. Wurde erfolgreich auf anderen Kontinenten eingebürgert. **Fortpflanzung** Mai–Juli; die 280 000–830 000 grünlichen Eier werden zwischen Pflanzen in flachem Wasser abgelegt; die Jungen schlüpfen nach 3–5 Tagen. Die Geschlechtsreife wird nach 3–4 Jahren erreicht, die Lebenserwartung beträgt bis zu 10 Jahre. **Nahrung** Hauptsächlich am Boden lebende Wirbellose. **Nutzung** Von geringer kommerzieller Bedeutung, wird aber in vielen Ländern als Angelfisch geschätzt. Die goldfarbene Zuchtform ist ein beliebter Aquarien- und Teichfisch. **Schutzkategorie** Geringes Gefährdungsrisiko.

♂

Schleie

Größe: 20–40 cm, maximal 65 cm

Goldgelbe Zuchtform

♀

■ *Tropidophoxinellus:* An der Existenzberechtigung dieser Gattung, die mit zwei Arten in Europa vertreten ist, bestehen erhebliche Zweifel. Ein Bestimmungsschlüssel existiert noch nicht.

Tropidophoxinellus hellenicus

Größe 5–10 cm. **Merkmale** Afterflosse mit weniger als 10 verzweigten Strahlen; Zwischenkieferknochen mit langem Fortsatz; knopfartiger Auswuchs auf dem Zahnbein. **Verbreitung** Kommt nur in Flüssen und Seen im Einzugsbereich der Flüsse Pinios und Acheloos in Griechenland vor. **Fortpflanzung** April–Juli; laicht zwischen Pflanzen. **Nahrung** Wirbellose und etwas pflanzliches Material. **Nutzung** Kommerziell und als Angelfisch von geringer Bedeutung. **Schutzkategorie** Gefährdet.

Tropidophoxinellus hellenicus

Größe: 5–10 cm

Tropidophoxinellus spartiaticus

Größe 5–10 cm. **Merkmale** Afterflosse mit weniger als 10 verzweigten Strahlen; Zwischenkieferknochen mit langem Fortsatz; knopfartiger Auswuchs auf dem Zahnbein. **Verbreitung** Kommt nur in Quellen und Bächen in Griechenland vor. **Fortpflanzung** Das Fortpflanzungsverhalten ist unbekannt. **Nahrung** Wirbellose und etwas pflanzliches Material. **Nutzung** Ohne kommerzielle Bedeutung; kein Angelfisch. **Schutzkategorie** Gefährdet.

Tropidophoxinellus spartiaticus

Größe: 5–10 cm

Vimba: Die Gattung ist in Europa mit drei Arten vertreten, von denen hier zwei ausführlich behandelt werden (die dritte ist *V. elongata*):

1	Deutlicher Kiel hinter der Rückenflosse	2
	Kein Kiel hinter der Rückenflosse	*Vimba melanops* S. 162
2	Maximale Körperhöhe mehr als ¼ der Körperlänge	*Vimba vimba* S. 163
	Maximale Körperhöhe weniger als ¼ der Körperlänge	*Vimba elongata* S. 162

Seerüßling *Vimba elongata*

(ohne Abbildung)
Kommt nur in Österreich vor (Typuslokalität: Donau). **Schutzkategorie** Gefährdet.

Schiedling *Vimba melanops*

Größe 20–30 cm, maximal 40 cm. **Merkmale** Maul unterständig; Körper seitlich abgeplattet; Kopf größer als bei *V. vimba*; 52–58 Schuppen entlang der Seitenlinie; 42–43 Wirbel. **Verbreitung** In Seen und ruhigen Flüssen Griechenlands, Bulgariens, Mazedoniens und der Türkei. **Fortpflanzung** Laicht im Sommer über Stein- und Kiesuntergrund. **Nahrung** Wirbellose und etwas pflanzliches Material. **Nutzung** Wird örtlich begrenzt kommerziell und als Angelfisch genutzt. **Schutzkategorie** Gefährdet.

Schiedling

Größe: 20–30 cm, maximal 40 cm

Zährte, Rußnase *Vimba vimba*

Größe 20–30 cm, maximal 50 cm; Exemplare mit einer Durchschnittslänge von 30 cm wiegen etwa 490 g. **Merkmale** Kräftiger, seitlich abgeplatteter Körper; 53–61 Schuppen entlang der Seitenlinie; beschuppter Kiel hinter der Rückenflosse und ein schuppenloser Unterleibskiel vor dem After; Rückenflosse mit 8–9, Afterflosse mit 17–21 verzweigten Strahlen. **Verbreitung** Kommt im Mittel- und Unterlauf von Flüssen und in einigen Seen vor, die mit der Ostsee sowie dem Schwarzen und dem Kaspischen Meer in Verbindung stehen. **Fortpflanzung** Mai–Juli; wandert flussaufwärts und laicht im Oberlauf der Flüsse an flachen, strömungsreichen Stellen zwischen Pflanzen und Steinen. Die Jungen schlüpfen nach 5–10 Tagen; die Geschlechtsreife wird nach 3–4 Jahren erreicht. Die Weibchen können 27 000–116 000 Eier legen. Eine Hybridisierung mit *Abramis*-Arten ist möglich. **Nahrung** Am Grund lebende Wirbellose, besonders Würmer, Weichtiere und Insektenlarven. **Nutzung** In Osteuropa, wo sie in großen Mengen mit Netzen und Reusen gefangen werden, von beträchtlicher kommerzieller Bedeutung. **Schutzkategorie** Bern III. Geringes Gefährdungsrisiko.

♀

Zährte

Größe: 20–30 cm,
maximal 50 cm

♂

Sauger – Familie Catostomidae

Zur großen Familie der Sauger oder Saugkarpfen (Catostomidae) gehören 14 Gattungen mit etwa 65 Arten. Die meisten davon sind in Nordamerika heimisch, einige findet man auch in Asien (Sibirien und China). Es handelt sich um überwiegend mittelgroße Fische mit unterständigem, vorschiebbarem Maul (ausgenommen *Ictiobus*) und großen, fleischigen Lippen, die häufig haarähnliche Zotten aufweisen. Die zahlreichen, in einer einzelnen Reihe angeordneten unteren Schlundzähne sind groß und kammartig; eine Fettflosse oder Bartfäden gibt es nicht. Die Tiere sind außer am Kopf mit Schuppen bedeckt, mindestens 55 entlang der Seitenlinie.
Sauger leben überwiegend in Bodennähe, wo sie ihr vorschiebbares Maul und ihre fleischigen Lippen dazu benutzen, von den unterschiedlichsten Substraten Nahrung abzuweiden, die dann mit zahnähnlichen Strukturen auf den Schlundknochen zerkleinert wird. Alle Angehörigen der Familie Catostomidae sind reine Süßwasserfische. Obwohl sie wegen ihrer zahlreichen Gräten als Speisefische eher ungeeignet sind, werden sie gelegentlich von Berufsfischern gefangen und dann vor allem zu Tierfutter verarbeitet.
In Europa scheinen inzwischen vier eingebürgerte Arten heimisch geworden zu sein.

Bestimmungsschlüssel für die in Europa eingebürgerten Arten der Sauger

1	Weniger als 20 Rückenflossenstrahlen, keiner davon verbreitert	*Catostomus catostomus* S. 164
	Mehr als 20 Rückenflossenstrahlen, die ersten 4–7 verbreitert	2
2	Schräges, endständiges Maul, Vorderspitze der Oberlippe fast auf gleicher Höhe mit dem Unterrand des Auges	*Ictiobus cyprinellus* S. 166
	Unterständiges, fast waagerechtes Maul, Vorderspitze der Oberlippe deutlich unterhalb des Augenunterrandes	3
3	Standardlänge beläuft sich auf das 2,2- bis 2,8-Fache der Körperhöhe; Rücken stark gewölbt und schmal zulaufend; Abstand von der Vorderseite des Unterkiefers bis zum hinteren Ende der Unterlippe entspricht etwa dem Augendurchmesser	*Ictiobus bubalus* S. 165
	Standardlänge beläuft sich auf das 2,6- bis 3,2-Fache der Körperhöhe; Rücken nur schwach gewölbt; Abstand von der Vorderseite des Unterkiefers bis zum hinteren Ende der Unterlippe entspricht etwa dem doppelten Augendurchmesser	*Ictiobus niger* S. 167

Alaska-Saugdöbel *Catostomus catostomus*

Größe 30–35 cm, maximal 65 cm; ein großes Exemplar von 64,2 cm wog 3,3 kg. **Merkmale** Schnauze lang; unterständiges vorschiebbares Saugmaul mit großen, fransigen Lippen; kleine Rundschuppen, 99–108 entlang der Seitenlinie. **Verbreitung** Ist in weiten Teilen Kanadas und im Norden der USA sowie im östlichen Russland (sibirische Flüsse) heimisch. Die sibirische Unterart *C. catostomus rostratus* wurde 1978 in Nordwestrussland ausgesetzt, so dass man die Tiere heute auch in den Flüssen Kopor'e,

Alaska-Saugdöbel

Größe: 30–35 cm, maximal 65 cm

Kovashi und Newa findet. **Fortpflanzung** April–Mai; geschlechtsreife Tiere ziehen flussaufwärts, um über Kiesbänken abzulaichen. Aus den klebrigen Eiern schlüpfen nach 10–15 Tagen die Jungen, die sich zunächst einige Tage im Kies verstecken. Nach 1 Jahr sind die Tiere etwa 5 cm groß, nach 2 Jahren 10–15 cm; die Geschlechtsreife wird nach 5–7 Jahren und bei einer Größe von 20–40 cm erreicht. Die Lebenserwartung kann über 20 Jahre betragen. **Nahrung** Am Boden lebende Wirbellose, hauptsächlich Kleinkrebse, Insekten und Weichtiere. **Nutzung** Wird in einigen Regionen von den Ureinwohnern gegessen und an die Hunde verfüttert sowie manchmal für den Verkauf gefangen. **Schutzkategorie** Eingebürgerte Art.

Kleinmäuliger Büffelfisch *Ictiobus bubalus*

Größe Bis 112 cm lang und 3 kg schwer, höchstes bekanntes Gewicht ca. 6 kg. **Merkmale** Kleines, unterständiges Maul; Lippen fleischig, aber ohne Zotten; lange Rückenflosse mit 24–29 Strahlen; 35–38 Schuppen entlang der Seitenlinie. **Verbreitung** Kommt in Nordamerika vom Süden Minnesotas und Michigans bis nach Alabama und Mexiko vor. Wurde 1971 in Russland eingebürgert, taucht inzwischen regelmäßig in der Wolga auf. **Fortpflanzung** April–Mai; die Eier werden in flachen Buchten und sumpfigen Bereichen zwischen Pflanzen abgelegt, die Jungen schlüpfen bei 20 °C nach etwa 10 Tagen. **Nahrung** Kleine Weichtiere, Insektenlarven und etwas pflanzliches Material. **Nutzung** Wird in Nordamerika kommerziell genutzt und oft auf Märkten als Großmäuliger Büffelfisch angeboten, obwohl die Fischer die Unterschiede zwischen den beiden Arten kennen. **Schutzkategorie** Eingebürgerte Art.

Größe: bis 112 cm,
Höchstgewicht 6 kg

Kleinmäuliger
Büffelfisch

Großmäuliger Büffelfisch *Ictiobus cyprinellus*

Größe 25–45 cm, maximal 80 cm; ein Exemplar von 79,1 cm Länge wog 11,5 kg; in Ausnahmefällen bis 36 kg. **Merkmale** Hochrückiger Fisch mit endständigem Maul und langer Rückenflosse, die 23–31 Strahlen aufweist; Schuppen groß, 35–41 entlang der Seitenlinie. **Verbreitung** Die Art stammt aus Nordamerika, wo man die Tiere vor allem im Einzugsbereich des Mississippi findet. 1971 wurde der Großmäulige Büffelfisch in einigen russischen Gewässern ausgesetzt, wo sich die Art inzwischen anscheinend gut eingewöhnt hat. **Fortpflanzung** Mai–Juni; die geschlechtsreifen Tiere ziehen aus Seen und großen Flüssen in kleine Bäche oder Sumpfgebiete, wo die klebrigen Eier in flachem Wasser zwischen Pflanzen abgelegt werden. Die Jungen schlüpfen nach etwa 2 Wochen; bis August sind sie dann zu einer Länge von etwa 7 cm herangewachsen. Die Männchen werden bei einer Größe von 30–40 cm (nach 7–10 Jahren) geschlechtsreif, die Weibchen erst bei über 50 cm Länge (nach ungefähr 12 Jahren). **Nahrung** Jungtiere fressen hauptsächlich Kleinkrebse, ältere Exemplare am Boden lebende Wirbellose. **Nutzung** Wird im Mississippi und in geringerem Umfang auch in anderen Regionen kommerziell genutzt und manchmal auch geangelt. **Schutzkategorie** Eingebürgerte Art.

Schwarzer Büffelfisch *Ictiobus niger*

Größe Bisher bekannte Höchstmaße sind eine Länge von 123 cm und ein Gewicht von 28,7 kg. **Verbreitung** Stammt aus Nordamerika (Große Seen und Einzugsbereich des Mississippi) und wurde 1971 in russischen Gewässern ausgesetzt, wo die Tiere inzwischen offenbar heimisch geworden sind. **Fortpflanzung** Mai–Juni; die geschlechtsreifen Fische ziehen aus Seen und großen Flüssen in kleine Bäche oder Sumpfgebiete, wo die klebrigen Eier in flachem Wasser zwischen Pflanzen ablegt werden. Die Jungen schlüpfen – abhängig von der Wassertemperatur – nach ungefähr 2 Wochen. **Nahrung** Verschiedene Wirbellose. **Nutzung** Wird in den USA in geringem Umfang gefangen und in Zuchtbetrieben gehalten. **Schutzkategorie** Eingebürgerte Art.

Schwarzer
Büffelfisch

Größe: 123 cm
(größte bekannte Länge)

Schmerlen – Familie Cobitidae

Schmerlen (Cobitidae) sind am Boden lebende Süßwasserfische, die nur in Europa und Asien vorkommen, wo man sie in Teichen, Seen und den unterschiedlichsten Fließgewässern findet. Es gibt etwa 20 Gattungen mit rund 164 Arten, von denen viele aus dem tropischen Südasien stammen.

Der Körper ist in typischer Weise langgestreckt und meist zylindrisch oder seitlich nur leicht abgeplattet. Schuppen fehlen häufig; sind sie vorhanden, dann handelt es sich zumeist um kleine, in die Haut eingebettete Strukturen. Auch die Augen, die normalerweise weit oben sitzen, sind eher klein. Das Maul ist unterständig, mit fleischigen Lippen und 6–12 Bartfäden. Die Cobitidae sind mit den Cyprinidae verwandt und besitzen zum Zerkleinern der Nahrung ebenfalls Schlundzähne. Bei einigen Gattungen sind der vordere und hintere Teil des Kopfes gelenkartig verbunden. Die Flossen sind – mit Ausnahme der einzelnen Rückenflosse – eher schwach entwickelt.

Viele Mitglieder der Familie schwimmen bei schlechter Sauerstoffversorgung in stehenden Gewässern an die Oberfläche, um dort Luft zu schlucken; der Sauerstoff wird dann im Darm absorbiert. Einige dieser Arten sind empfindlich gegenüber Luftdruckänderungen und werden daher besonders aktiv, wenn der Luftdruck rasch absinkt.

Die meisten Schmerlen sind nachtaktiv; tagsüber verstecken sie sich unter Steinen und zwischen Pflanzen oder graben sich in Sand oder Kies ein. Die Mehrzahl der Arten ernährt sich von benthischen Wirbellosen, es gibt aber auch Schmerlen, die Algen und verschiedene Kleinstlebewesen vom Untergrund abweiden.

In dieser kleinen, aber wichtigen Familie ist der Status einiger Arten und Unterarten umstritten. Insgesamt sind 23 europäische Arten anerkannt, von denen nachfolgend aber nur neun näher beschrieben werden. Bei den übrigen – darunter *C. arachthosensis, C. bilineata, C. calderoni, C. elongatoides, C. hellenica, C. megaspila, C. melanoleuca, C. paludica, C. punctilineata, C. stephanidisi, C. strumicae, C. trichonica* und *C. vardarensis* – sind zunächst weitere taxonomische Untersuchungen notwendig. Unsicher ist auch der Status der aus Asien eingeführten Art *Misgurnus anguillicaudatus* (Cantor 1842), so dass sie ebenfalls unberücksichtigt bleibt. Die übrigen Arten lassen sich anhand folgender Merkmale unterscheiden:

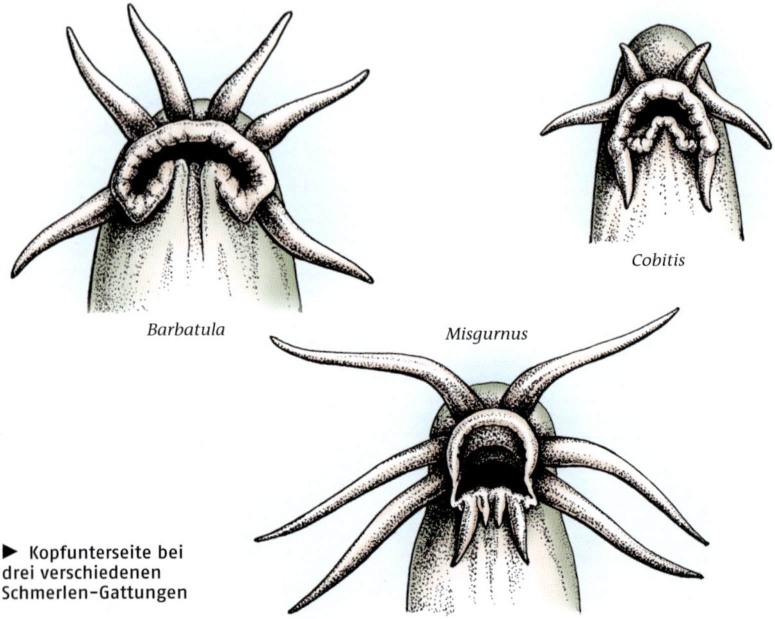

► Kopfunterseite bei drei verschiedenen Schmerlen-Gattungen

Bestimmungsschlüssel für die europäischen Schmerlenarten

1	Mit 6 oder 8 Bartfäden	2
	Mit 10 Bartfäden, davon 4 am Unterkiefer	*Misgurnus fossilis* S. 174
2	Mit einer Flankenzeichnung aus länglichen Flecken, die in einer oder mehreren deutlichen Längsreihen angeordnet sind	3
	Fleckenmuster an den Flanken nicht in Längsreihen	6
3	Ohne deutliches dunkles, mit den in Längsreihen angeordneten Flecken in Verbindung stehendes Längsband	4
	Mit deutlichem dunklem, mit den in Längsreihen angeordneten Flecken in Verbindung stehendem Längsband	5
4	Schwanzflosse mit 14 verzweigten Strahlen; die Tupfen über der Hauptfleckenreihe bilden häufig ebenfalls eine Längsreihe	*Cobitis taenia* S. 173
	Schwanzflosse mit weniger als 14 verzweigten Strahlen; die Tupfen über der Hauptfleckenreihe bilden keine Längsreihe	*Sabanejewia balcanica* S. 174
5	Fleckenmuster vergleichsweise hell; oberhalb der unteren Fleckenreihe verläuft ein helles Längsband	*Sabanejewia romanica* S. 175
	Fleckenmuster vergleichsweise dunkel; oberhalb der unteren Fleckenreihe ist eine Zeichnung aus zahlreichen Punkten und Flecken vorhanden	*Cobitis elongata* S. 171
6	Zeichnung besteht hauptsächlich aus großen Flecken	7
	Zeichnung besteht hauptsächlich aus kleinen dunklen Tupfen	8
7	Vor den Augen ist ein dunkles Dreieck zu erkennen, das von 2 halfterartigen Streifen gebildet wird; keine deutlichen länglichen Flecken vor der Rückenflosse	*Sabanejewia larvata* S. 175
	Kein dunkles Dreieck vor den Augen; mit 2 deutlichen länglichen Flecken vor der Rückenflosse	*Cobitis conspersa* S. 171
8	Flanken mit dunklem Tupfenmuster; kräftiger gegabelter Augendorn mit etwa gleich langen Ästen	*Cobitis caucasica* S. 170
	Mit dunklem Längsband an den Flanken; die Äste des gegabelten Augendorn sind von deutlich unterschiedlicher Länge	*Cobitis caspia* S. 170

Cobitis arachthosensis (ohne Abbildung)
Wurde erst kürzlich in Griechenland entdeckt. **Schutzkategorie** Gefährdet.

Cobitis bilineata (ohne Abbildung)
Kommt nur in Italien vor (Typuslokalität: Modenese und Treviso). Ist möglicherweise eine Unterart von *C. taenia*. **Schutzkategorie** Geringes Gefährdungsrisiko.

Cobitis calderoni (ohne Abbildung)
Kommt nur in Portugal und Spanien vor (Typuslokalität: Arlanzon). **Schutzkategorie** Bern III. Gefährdet.

Kaspi-Steinbeißer *Cobitis caspia*

Größe 4–5 cm, maximal 7 cm. **Merkmale** Seitlich stark abgeplatteter Kopf; Maul mit 6 Bartfäden; gegabelter Dorn mit unterschiedlich langen Ästen unter jedem Auge; Schuppen klein; Rückenflosse mit 6–7, Afterflosse mit 5 verzweigten Strahlen. **Verbreitung** Kommt im Unterlauf von Flüssen vor, die ins westliche Kaspische Meer münden (z. B. Kura und Ural); lebt sowohl in Süß- als auch in Brackwasser. **Fortpflanzung** April–Mai; laicht unter Pflanzen in langsam fließenden oder stehenden Gewässern mit Kies oder Sandboden (normalerweise im Süß-, manchmal auch im Brackwasser). **Nahrung** Die nachtaktiven Fische ernähren sich von am Boden lebenden Wirbellosen. **Nutzung** Ohne kommerzielle Bedeutung; kein Angelfisch. **Schutzkategorie** Geringes Gefährdungsrisiko.

Größe: 4–5 cm, maximal 7 cm

Kaspi-Steinbeißer

Kaukasischer Steinbeißer *Cobitis caucasica*

Größe 6–8 cm, maximal 11 cm. **Merkmale** Seitlich stark abgeplatteter Kopf; Maul mit 6 Bartfäden; gegabelter Dorn mit etwa gleich langen Ästen unter jedem Auge; Rückenflosse mit 6–7, Afterflosse mit 5 verzweigten Strahlen; Flanken mit dunklem Tupfenmuster. **Verbreitung** Nur im Einzugsbereich des Ober- und Mittellaufes bestimmter Flüsse zwischen dem Schwarzen und dem Kaspischen Meer (z. B. Kuma, Sulak und Terek). **Fortpflanzung** Mai–Juli; laicht zwischen Steinen, Kies und Pflanzen in fließendem Wasser. **Nahrung** Am Boden lebende Wirbellose. **Nutzung** Ohne kommerzielle Bedeutung; kein Angelfisch. **Schutzkategorie** Geringes Gefährdungsrisiko.

Kaukasischer Steinbeißer

Größe: 6–8 cm, maximal 11 cm

Venezianischer Steinbeißer *Cobitis conspersa*

Größe 6–8 cm, maximal 9 cm. **Merkmale** Seitlich stark abgeplatteter Kopf; Maul mit 6 Bartfäden; gegabelter Dorn unter jedem Auge; 2 dunkle Flecken vor der Rückenflosse. **Verbreitung** Kommt nur in einigen Flüssen Norditaliens vor (z. B. Brenta und Gua). **Fortpflanzung** April–Juni; laicht über Sand und Kies zwischen Pflanzen in flachem fließendem Wasser. **Nahrung** Die nachtaktiven Fische fressen vor allem Wirbellose, manchmal auch Algen. **Nutzung** Ohne kommerzielle Bedeutung; kein Angelfisch. **Schutzkategorie** FFH II. Geringes Gefährdungsrisiko.

Venezianischer Steinbeißer

Größe: 6–8 cm, maximal 9 cm

Balkan-Steinbeißer *Cobitis elongata*

Größe 12–15 cm, maximal 17 cm. **Merkmale** Kopf und Schwanzstiel seitlich abgeplattet; Maul mit 6 Bartfäden; gegabelter Dorn unter jedem Auge; kleine Schuppen; große, runde dunkle Flecken an den Flanken, durch die ein schmales dunkles Längsband verläuft. **Verbreitung** Kommt nur in Fließgewässern im ehemaligen Jugoslawien und in Rumänien vor (z. B. Donau). **Fortpflanzung** April–Juni; laicht in flachen Fließgewässerzonen zwischen Steinen und Kies. **Nahrung** Am Boden lebende Wirbellose (Würmer, Weichtiere, Insektenlarven). **Nutzung** Ohne kommerzielle Bedeutung; kein Angelfisch. **Schutzkategorie** Bern III. Gefährdet.

Balkan-Steinbeißer

Größe: 12–15 cm, maximal 17 cm

Cobitis elongatoides (ohne Abbildung)

Kommt nur in Rumänien vor (Typuslokalität: Neajlov, Jiu und Sii). **Schutzkategorie** Gefährdet.

Cobitis hellenica (ohne Abbildung)

Wurde erst kürzlich in Griechenland entdeckt (Einzugsgebiet der Flüsse Louros und Arachthos). **Schutzkategorie** Gefährdet.

Cobitis maroccana

Größe 10–12 cm, maximal 15 cm. **Merkmale** Kopf seitlich abgeplattet; Maul mit 6 Bartfäden; gegabelter Dorn unter jedem Auge; typisches Fleckenmuster auf dem ganzen Körper. **Verbreitung** Kommt in Europa nur in portugiesischen und spanischen Fließgewässern vor. **Fortpflanzung** Laicht im Sommer zwischen Steinen und Pflanzen ab. **Nahrung** Wahrscheinlich am Boden lebende Wirbellose. **Nutzung** Ohne kommerzielle Bedeutung; kein Angelfisch. **Schutzkategorie** Geringes Gefährdungsrisiko.

Cobitis maroccana

Größe: 10–12 cm, maximal 15 cm

Cobitis megaspila

(ohne Abbildung)
Kommt nur in Rumänien vor (Typuslokalität: Donaudelta). **Schutzkategorie** Gefährdet.

Cobitis melanoleuca

(ohne Abbildung)
Kommt in Fließgewässern Osteuropas, Sibiriens und anderer Regionen Asiens vor. **Schutzkategorie** Geringes Gefährdungsrisiko.

Cobitis meridionalis

Größe 8–10 cm, maximal 12 cm. **Merkmale** Maul mit 6 Bartfäden; ein gegabelter Dorn unter jedem Auge; Kopf seitlich abgeplattet; charakteristisches Fleckenmuster. **Verbreitung** Kommt nur im Prespasee und seinen Zuflüssen vor (Griechenland, Albanien und Mazedonien). **Fortpflanzung** April–Mai; laicht zwischen Steinen in fließendem Wasser. **Nahrung** Am Boden lebende Wirbellose. **Nutzung** Ohne kommerzielle Bedeutung; kein Angelfisch. **Schutzkategorie** Gefährdet.

Cobitis meridionalis

Größe: 8–10 cm, maximal 12 cm

Cobitis paludica
(ohne Abbildung)
Kommt nur in Spanien vor (Typuslokalität: Fuente del Roble). **Schutzkategorie** Bern III. Gefährdet.

Cobitis punctilineata
(ohne Abbildung)
Wurde erst kürzlich in Griechenland im Aggitis entdeckt. **Schutzkategorie** Gefährdet.

Cobitis stephanidisi
(ohne Abbildung)
Kommt nur in Griechenland vor (Typuslokalität: Quelle des Kefalovrissos). **Schutzkategorie** Gefährdet.

Cobitis strumicae
(ohne Abbildung)
Kommt nur in Griechenland vor (Typuslokalität: Fluss Strumica und Monospitovo-Sümpfe). **Schutzkategorie** Geringes Gefährdungsrisiko.

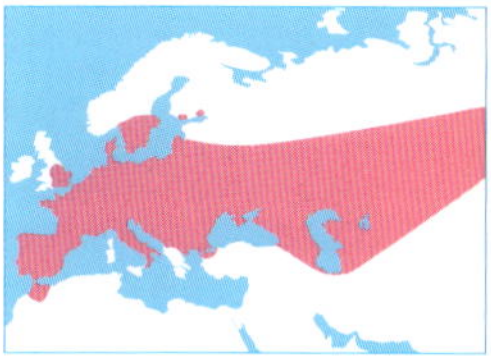

Steinbeißer, Dorngrundel *Cobitis taenia*
Größe 8–10 cm, maximal 14 cm. **Merkmale** Maul mit 6 Bartfäden, ein beweglicher, gegabelter Dorn unter jedem Auge; Kopf seitlich abgeplattet; kleine, weit oben am Kopf sitzende Augen; Schuppen klein; Rückenflosse mit 6–7, Afterflosse mit 5–6 verzweigten Strahlen; Männchen mit einem verdickten zweiten Brustflossenstrahl. **Verbreitung** Sehr weit verbreitete Art, die – abgesehen vom hohen Norden – von England bis Asien in ruhigen Fließgewässern und Seen mit weichem Untergrund (in den sich die Tiere eingraben) vorkommt. **Fortpflanzung** April–Juli; laicht zwischen Steinen und Pflanzen in flachem fließendem Wasser. **Nahrung** Die dämmerungsaktiven Tiere ernähren sich von am Boden lebenden Wirbellosen, besonders Würmern, kleinen Weichtieren und Insektenlarven. **Nutzung** Ohne kommerzielle Bedeutung; kein Angelfisch. **Schutzkategorie** Bern III, FFH II. Geringes Gefährdungsrisiko.

Größe: 8–10 cm, maximal 14 cm

Steinbeißer

Cobitis trichonica (ohne Abbildung)

Kommt nur in Griechenland vor (Typuslokalität: Trichonissee). **Schutzkategorie** Bern III, FFH II. Gefährdet.

Cobitis vardarensis (ohne Abbildung)

Kommt nur in Griechenland und Mazedonien vor (Typuslokalität: Vardar). **Schutzkategorie** Geringes Gefährdungsrisiko.

Schlammpeitzger *Misgurnus fossilis*

Größe 15–30 cm, maximal 50 cm. **Merkmale** Große Art mit walzenförmigem Körper; Maul mit 10 Bartfäden, das längste Paar an der Oberlippe; kein Dorn unter dem Auge; 135–175 winzige Schuppen entlang der Seitenlinie; Rückenflosse mit 5–7, Afterflosse mit 5–6 verzweigten Strahlen; mit mehreren dunklen Längsbändern. **Verbreitung** In weiten Teilen Mittel- und Nordeuropas von Belgien bis ans Kaspische Meer in nährstoffreichen, flachen Teichen und kleinen Seen. Kann unter schlechten Bedingungen Luftsauerstoff verwerten. **Fortpflanzung** April–Juni; die 65 000–170 000 rötlichen Eier werden zwischen Pflanzen im flachen Wasser abgelegt; die frisch geschlüpften Larven haben anfangs noch fadenförmige äußere Kiemen. **Nahrung** Am Boden lebende Wirbellose. **Nutzung** Kommerziell und für den Angelsport von geringem Interesse; wird manchmal in Aquarien oder Teichen gehalten. **Schutzkategorie** Bern III, FFH II. Gefährdet.

Schlammpeitzger

Größe: 15–30 cm, maximal 50 cm

Gold-Steinbeißer *Sabanejewia balcanica*

Größe 8–12 cm, maximal 14 cm. **Merkmale** Maul mit 6 Bartfäden; gegabelter Dorn unter jedem Auge; Kopf seitlich abgeplattet; kleine Schuppen, 170–200 entlang der Seitenlinie; Rückenflosse mit 6–7, Afterflosse mit 5–6, Schwanzflosse mit weniger als 14 verzweigten Strahlen. Hieß früher *Cobitis aurata*. **Verbreitung** Nur im Ober- und Mittellauf von Flüssen im Einzugsbereich des Schwarzen und des Kaspischen Meeres. **Fortpflanzung** Mai–Juli; laicht vorzugsweise im Oberlauf der Flüsse zwischen Pflanzen, Kies und Steinen. **Nahrung** Die dämmerungsaktive Art ernährt sich überwiegend von am Boden lebenden Wirbellosen, besonders kleinen Würmern und Insektenlarven. **Nutzung** Ohne kommerzielle Bedeutung; kein Angelfisch. **Schutzkategorie** Bern III, FFH II. Geringes Gefährdungsrisiko.

Gold-Steinbeißer

Größe: 8–12 cm, maximal 14 cm

Sabanejewia bulgarica (ohne Abbildung)
Kommt nur in Bulgarien vor (Typuslokalität: Donau und ihre Nebenflüsse). **Schutzkategorie** Geringes Gefährdungsrisiko.

Italienischer Steinbeißer *Sabanejewia larvata*

Größe 5–8 cm, maximal 9 cm. **Merkmale** Kopf seitlich abgeplattet; Maul mit 6 Bartfäden; gegabelter Dorn unter jedem Auge; kleine Schuppen; dunkle Dreieckzeichnung vor den Augen; 2 dunkle Flecken am Schwanzstiel. **Verbreitung** Kommt nur in Fließgewässern der Bergantino-Region (Norditalien) vor. **Fortpflanzung** Mai–Juni; laicht in flachen Fließgewässerzonen. **Nahrung** Hauptsächlich am Boden lebende Würmer und Insektenlarven. **Nutzung** Bisher kommerziell und für den Angelsport von geringem Interesse, wird aber neuerdings gezüchtet. **Schutzkategorie** Bern III, FFH II. Gefährdet.

Italienischer Steinbeißer

Größe: 5–8 cm, maximal 9 cm

Rumänischer Steinbeißer *Sabanejewia romanica*

Größe 8–10 cm, maximal 12 cm. **Merkmale** Maul mit 6 Bartfäden; gegabelter Dorn unter jedem Auge; kleine Schuppen; Kopf seitlich abgeplattet; relativ helle Zeichnung mit hellem Längsband oberhalb einer Reihe von größeren Punkten. **Verbreitung** Kommt nur im Oberlauf einiger Donau-Nebenflüsse in Rumänien vor. **Fortpflanzung** April–Juli; laicht in Bodennähe in flachen Fließgewässerzonen über Steinen und Kies. **Nahrung** Am Boden lebende Wirbellose, besonders Würmer, kleine Weichtiere und Insektenlarven. **Nutzung** Ohne kommerzielle Bedeutung; kein Angelfisch. **Schutzkategorie** Gefährdet.

Rumänischer Steinbeißer

Größe: 8–10 cm, maximal 12 cm

Plattschmerlen – Familie Balitoridae

Zu dieser kleinen, eng mit den Schmerlen (Cobitidae) verwandten Familie gehören etwa 58 Gattungen mit über 485 Arten, von denen aber nur fünf in Europa vorkommen. Von diesen wird *Orthrias pindus* (Economidis 1991) wegen des unsicheren Status und ungeklärter Bezeichnungsprobleme hier nicht behandelt.

Bestimmungsschlüssel für die europäischen Plattschmerlen

1	Hinterrand der Schwanzflosse nicht oder nur schwach eingebuchtet	*Barbatula barbatula* S. 177
	Hinterrand der Schwanzflosse eingebuchtet	2
2	Körperhöhe an der flachsten Stelle kleiner als die halbe Schwanzstiellänge; Oberkiefer ohne zahnförmigen Vorsprung	*Barbatula merga* S. 177
	Körperhöhe an der flachsten Stelle größer als die halbe Schwanzstiellänge; Oberkiefer mit zahnförmigem Vorsprung	3
3	Hinterrand der Schwanzflosse nur leicht eingebuchtet	*Barbatula angorae* S. 176
	Hinterrand der Schwanzflosse deutlich eingebuchtet	*Barbatula bureschi* S. 177

Angoraschmerle *Barbatula angorae*

Größe 6–8 cm, maximal 9 cm. **Merkmale** Maul mit 6 Bartfäden; kein Augendorn; Kopf rundlich; Schuppen klein; mit 79 Seitenliniengruben; Rückenflosse mit 7–8, Afterflosse mit 5 verzweigten Strahlen; Hinterrand der Schwanzflosse leicht eingebuchtet; Körper schlank, mit langem Schwanzstiel; hieß früher *Cobitis angorae*. **Verbreitung** Kommt im Einzugsbereich des Schwarzen Meeres und der Ägäis vor, wo die Tiere in Flüssen, Bächen und einigen Seen leben. **Fortpflanzung** Mai–Juli; laicht zwischen Pflanzen oder über Steinen und Kies in flachen Fließwasserzonen. Die Geschlechtsreife wird bei einer Größe von etwa 5 cm erreicht. **Nahrung** Benthische Wirbellose, besonders Würmer und Insektenlarven. **Nutzung** Ohne kommerzielle Bedeutung; kein Angelfisch. **Schutzkategorie** Gefährdet.

Angora-schmerle

Größe: 6–8 cm, maximal 9 cm

Schmerle, Bartgrundel *Barbatula barbatula*

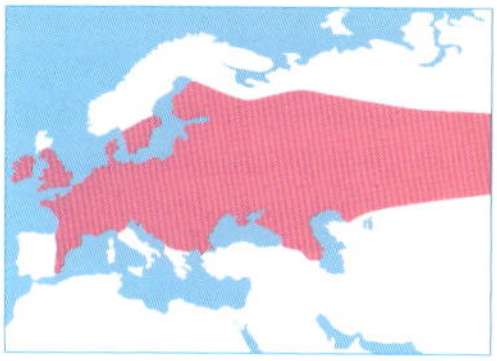

Größe 8–12 cm, maximal 18 cm. **Merkmale** Maul mit 6 Bartfäden; kein Augendorn; Augen sitzen weit oben am rundlichen Kopf; sehr kleine Schuppen; Rückenflosse mit 7, Afterflosse mit 5 verzweigten Strahlen; Hinterrand der Schwanzflosse nicht oder nur wenig eingebuchtet; hieß früher *Noemacheilus barbatulus*. **Verbreitung** In ganz Europa mit Ausnahme des äußersten Nordens und Südens weit verbreitet; kommt in Bächen, Flüssen und einigen Seen sowie im Brackwasser an der Ostsee vor. **Fortpflanzung** April–Juni; in Fließgewässern. Die Geschlechtsreife wird nach 2–3 Jahren erreicht; die Lebenserwartung beträgt bis zu 8 Jahre. Die Weibchen legen 500 000–800 000 Eier. **Nahrung** Die nachtaktive Art ernährt sich von benthischen Wirbellosen. **Nutzung** Wird gelegentlich als Köderfisch verwendet oder auch gegessen. **Schutzkategorie** Geringes Gefährdungsrisiko.

Schmerle, Bartgrundel

Größe: 8–12 cm, maximal 18 cm

Barbatula bureschi (ohne Abbildung)

Größe 6–8 cm, maximal 9 cm. **Merkmale** Maul mit 6 Bartfäden; kein Augendorn; kleine Schuppen; Kopf rundlich; Rückenflosse mit 8, Afterflosse mit 4–5 verzweigten Strahlen; Hinterrand der Schwanzflosse stärker eingebuchtet als bei *B. angorae*; Körper schlank, an der flachsten Stelle höher als die halbe Schwanzstiellänge; charakteristische Körperzeichnung. **Verbreitung** Kommt in Flüssen, Bächen und einigen Seen im Einzugsbereich der Ägäis vor. **Fortpflanzung** Mai–Juli; laicht zwischen Pflanzen oder über Kiesuntergrund in flachen Fließwasserzonen. Die Geschlechtsreife wird bei einer Länge von etwa 5 cm erreicht. **Nahrung** Die nachtaktive Art ernährt sich von benthischen Wirbellosen. **Nutzung** Ohne kommerzielle Bedeutung; kein Angelfisch. **Schutzkategorie** Geringes Gefährdungsrisiko.

Terek-Schmerle *Barbatula merga*

Größe 6–8 cm, maximal 10 cm. **Merkmale** Maul mit 6 Bartfäden; kein Augendorn; Kopf rundlich; Schuppen klein, aber deutlich sichtbar; Rückenflosse mit 7, Afterflosse mit 5 verzweigten Strahlen; Hinterrand der Schwanzflosse eingebuchtet; Körperhöhe an der flachsten Stelle kleiner als die halbe Schwanzstiellänge. **Verbreitung** In Fließgewässern im südwestlichen Russland zwischen dem Schwarzen und dem Kaspischen Meer. **Fortpflanzung** Weitgehend unbekannt. **Nahrung** Am Boden lebende Wirbellose. **Nutzung** Ohne kommerzielle Bedeutung; kein Angelfisch. **Schutzkategorie** Geringes Gefährdungsrisiko.

Größe: 6–8 cm, maximal 10 cm

Terek-Schmerle

Katzenwelse – Familie Ictaluridae

Die Katzenwelse (Ictaluridae) kommen in Nord- und Mittelamerika in nährstoffreichen Seen, Teichen und ruhigen Fließgewässern vor. Es gibt sieben Gattungen mit etwa 45 Arten, bei denen es sich ausschließlich um Süßwasserbewohner handelt. Die Tiere besitzen einen länglichen, schuppenlosen Körper mit abgeplattetem Kopf und Bartfäden am Maul. Eine Fettflosse ist vorhanden; die Rücken- und Brustflossen werden von Strahlen gestützt. Wie andere Welse auch können sich die Katzenwelse mit ihren Artgenossen durch Laute verständigen.
Einige Arten wurden auch nach Europa eingeführt, von denen drei inzwischen heimisch geworden sind.

Bestimmungsschlüssel für die in Europa eingebürgerten Katzenwelse

1	Schwanzflosse eingebuchtet, aber nicht sehr tief eingeschnitten	2
	Schwanzflosse tief eingeschnitten	*Ictalurus punctatus* S. 179
2	Anhänge an den hinteren Brustflossenstrahlen spärlich oder nicht vorhanden; Afterflosse mit 17–21 Strahlen; 17–19 Kiemenreusen; Rückenflossenmembranen dunkel	*Ameiurus melas* S. 178
	Gut entwickelte Anhänge an den hinteren Brustflossenstrahlen; Afterflosse mit 21–24 Strahlen; 13–15 Kiemenreusen; Rückenflossenmembranen nicht dunkel	*Ameiurus nebulosus* S. 179

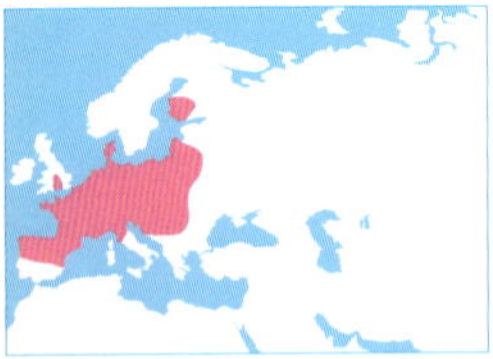

Schwarzer Zwergwels *Ameiurus melas*

Größe 20–30 cm, maximal 45 cm; Höchstgewicht ca. 3 kg. **Merkmale** Breiter, abgeplatteter Kopf mit 8 Bartfäden; Anhänge an den hinteren Brustflossenstrahlen spärlich oder nicht vorhanden; Afterflosse mit 17–21 Strahlen. **Verbreitung** Stammt aus dem östlichen Nordamerika, wurde in Europa (z. B. Italien) eingebürgert, wo sich die Art erfolgreich ausgebreitet hat. Kommt in nährstoffreichen, ruhigen Flüssen und Seen vor. **Fortpflanzung** Juni–Juli; die 2 600–3 900 Eier pro Weibchen werden unter Baumstämmen oder zwischen Pflanzen abgelegt und, ebenso wie die Jungen, von beiden Eltern bewacht. Die Geschlechtsreife wird nach 2–3 Jahren erreicht; die Lebenserwartung beträgt etwa 9 Jahre. **Nahrung** Pflanzen und Wirbellose, besonders Kleinkrebse, aber auch kleine Fische. **Nutzung** In Europa kommerziell und für den Angelsport nur wenig interessant, wird aber gern in Aquarien und Teichen gehalten; in Nordamerika ein beliebter Zucht- und Angelfisch. **Schutzkategorie** Eingebürgerte Art.

Schwarzer Zwergwels

Größe: 20–30 cm, maximal 45 cm

Brauner Katzenwels *Ameiurus nebulosus*

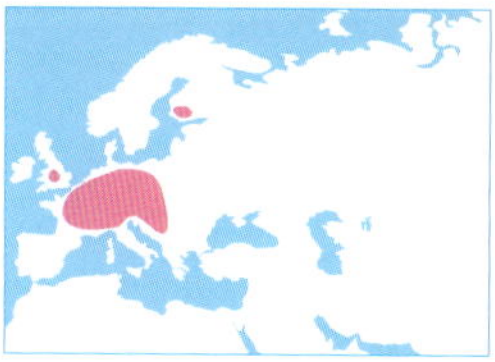

Größe 20–30 cm, maximal 45 cm; Höchstgewicht ca. 2,5 kg. **Merkmale** Breiter, abgeplatteter Kopf mit 8 Bartfäden; Anhänge an den hinteren Brustflossenstrahlen gut entwickelt; Afterflosse mit 21–24 Strahlen. **Verbreitung** Stammt aus dem Osten Nordamerikas, wurde aber inzwischen in Europa (z. B. Frankreich) erfolgreich in nährstoffreichen Seen und ruhigen Flüssen eingebürgert. **Fortpflanzung** Juni–Juli; laicht in warmem, flachem Wasser; das Gelege und die Jungen werden von beiden Eltern bewacht. Die Weibchen legen 6 000–13 000 Eier. Die Geschlechtsreife wird nach etwa 3–4 Jahren erreicht; die Lebenserwartung beträgt 9 Jahre. **Nahrung** Pflanzen und Wirbellose, besonders Krebstiere, aber auch Fische und Frösche. **Nutzung** Wird manchmal in Teichen oder Aquarien gehalten. In Nordamerika ein wichtiger Zucht- und Angelfisch. **Schutzkategorie** Eingebürgerte Art.

Getüpfelter Gabelwels *Ictalurus punctatus*

Größe 35–50 cm, maximal 120 cm; Gewicht 1–2 kg, maximal 27 kg. **Merkmale** Blaugrauer Rücken und bläulich-silberne Flanken mit schwarzen Punkten; unterständiges Maul mit 4 Bartelpaaren **Verbreitung** Die Art stammt aus Nordamerika, wo sie von Kanada bis Nordmexiko weit verbreitet ist, und wurde in Teilen Europas, etwa auf Zypern und in Italien, eingebürgert. **Fortpflanzung** Mai–Juli; das Gelege wird vom Männchen bewacht, bis die Nachkommen (bei 16–28 °C) nach 5–10 Tagen ausschlüpfen. Die Jungtiere wachsen schnell (Größe nach 1 Jahr 10–20 cm) und werden nach 3–5 Jahren geschlechtsreif. **Nahrung** Jungfische fressen am Boden lebende Wirbellose, ältere Exemplare auch Fische. **Nutzung** In Nordamerika eine bedeutende Art bei Fischern, Züchtern und Anglern; wird in Europa gelegentlich in Aquarien und Teichen gehalten. **Schutzkategorie** Eingebürgerte Art.

Echte Welse – Familie Siluridae

Die Echten Welse (Siluridae), die man vor allem in südlichen Regionen Europas und Asiens findet, sind eine der wichtigsten Welsfamilien der Alten Welt. Es gibt rund 100 Arten, die in etwa 12 Gattungen zusammengefasst werden, von denen aber in Europa nur eine *(Silurus)* vorkommt. Alle Arten sind schuppenlos, der Körper ist langgestreckt, die Afterflosse reicht fast bis zur Schwanzflosse; sowohl Ober- als auch Unterkiefer weisen Bartfäden auf. Welse können zu beachtlicher Größe heranwachsen und zählen zu den größten Süßwasserfischen der Welt. In Europa kommen nur zwei Arten vor.

Bestimmungsschlüssel für die Echten Welse Europas

1	Unterkiefer mit 2 Bartfäden	*Silurus aristotelis* S. 180
	Unterkiefer mit 4 Bartfäden	*Silurus glanis* S. 181

Aristoteleswels *Silurus aristotelis*

Größe 100–150 cm, maximal ca. 200 cm; Höchstgewicht ca. 150 kg. **Merkmale** Großer, abgeplatteter Kopf mit 2 langen Bartfäden am Oberkiefer und 2 kurzen am Unterkiefer; lange Afterflosse. **Verbreitung** Kommt nur in Südgriechenland im Einzugsbereich des Acheloos vor, wo man die Tiere in ruhigen Fließgewässern und nährstoffreichen Seen findet. **Fortpflanzung** Juni–August; der Eiablageplatz wird vom Männchen ausgewählt und bewacht, bis die Jungen ausgeschlüpft sind. **Nahrung** Sehr junge Welse fressen vor allem Zooplankton, später sind dann am Boden lebende Wirbellose und schließlich Fische die Hauptnahrung. **Nutzung** Lokal von gewisser kommerzieller Bedeutung; wird auch geangelt. **Schutzkategorie** Bern III, FFH II & V. Gefährdet.

Größe: 100–150 cm, maximal ca. 200 cm

Aristoteleswels

Wels, Waller *Silurus glanis*

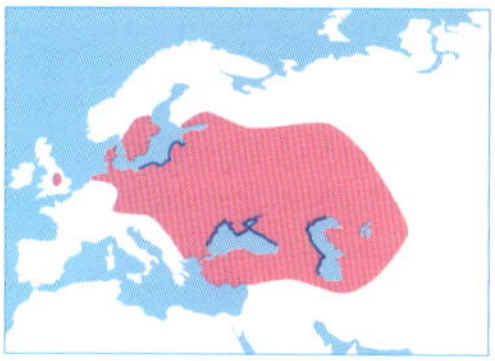

Größe 100–200 cm, maximal 500 cm (dieses Exemplar wog 306 kg). **Merkmale** Großer, abgeplatteter Kopf mit 2 langen Bartfäden am Oberkiefer; lange Afterflosse. **Verbreitung** Kommt in weiten Teilen Mittel- und Osteuropas im Unterlauf großer Flüsse und in schlammigen Seen vor; auch im Brackwasser von Ostsee und Schwarzem Meer. Wurde in zahlreichen anderen Ländern (z. B. England) erfolgreich eingebürgert. **Fortpflanzung** Mai–Juli; laicht in flachem Wasser in dichter Vegetation, wo das Männchen eine Laichgrube für die 136 000–467 000 Eier des Weibchens aushebt. Das Gelege wird vom Männchen bewacht, bis die Jungen nach 2–3 Tagen schlüpfen. Die Geschlechtsreife wird nach 4–5 Jahren erreicht; die Lebenserwartung beträgt bis zu 15 Jahre. **Nahrung** Jungtiere fressen Wirbellose, ältere Exemplare außerdem Fische, aber auch Amphibien und Wasservögel. **Nutzung** In Osteuropa, wo die Tiere mit Netzen, Reusen und Ködern gefangen werden, von beträchtlicher kommerzieller Bedeutung; wird teilweise auch in Teichen gezüchtet. Die Eier können als Kaviar verwendet werden. In einigen Regionen auch bei Anglern sehr beliebt, die die Welse mit Fischen oder Fröschen als Köder fangen. **Schutzkategorie** Bern III. Geringes Gefährdungsrisiko.

Größe: 100–200 cm, maximal 500 cm

Wels

Hechte – Familie Esocidae

Hechte (Esocidae) kommen nur in der nördlichen Hemisphäre vor, also im gemäßigten Europa, Asien und Nordamerika, wo man sie in Seen und ruhigen Fließgewässern findet. Typisch sind der lange Kopf, das große Maul und die kräftigen Zähne. Zu den Esocidae gehört nur eine Gattung mit fünf Arten, von denen drei in Nordamerika, eine in Sibirien und eine in der gesamten holarktischen Region heimisch sind. Alle Hechte sind gefräßige Räuber, die ihre Beute aus dem Hinterhalt überraschen.
In Europa kommt nur eine Art vor.

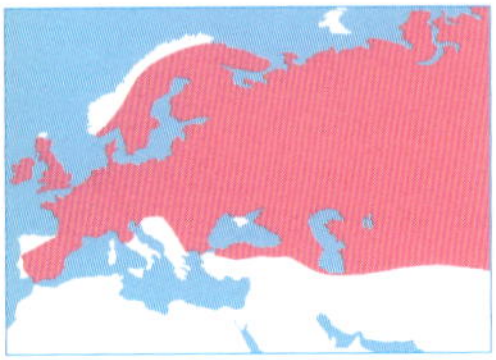

Hecht *Esox lucius*

Größe 30–120 cm, maximal 150 cm; Gewicht bis zu 34 kg. **Merkmale** Kopf und Schnauze lang; sehr großes Maul mit kräftigen Zähnen; langgestreckter, stromlinienförmiger Körper mit weit hinten sitzender Rücken- und Afterflosse; 110–130 Schuppen entlang der Seitenlinie. **Verbreitung** Verbreitet in stehenden oder langsam fließenden Gewässern im gemäßigten Europa, Asien und Nordamerika. **Fortpflanzung** Laicht im Februar zwischen Pflanzen; das Weibchen legt 17 000–80 000 klebrige Eier. Die Jungen, die nach 10–15 Tagen schlüpfen, heften sich zunächst noch einige Zeit an Pflanzen. Die Geschlechtsreife wird nach 3–4 Jahren erreicht; die Lebenserwartung beträgt bis zu 25 Jahre. **Nahrung** Anfangs Wirbellose, später vor allem Fische. Die Tiere fressen auch Artgenossen. **Nutzung** In weiten Teilen Europas ein beliebter Speise- und Angelfisch. **Schutzkategorie** Geringes Gefährdungsrisiko.

Hecht

Größe: 30–120 cm, maximal 150 cm

Hundsfische – Familie Umbridae

Die mit den Hechten verwandten Hundsfische (Umbridae) kommen nur in den gemäßigten Breiten Europas, Asiens und Nordamerikas vor, wo man sie hauptsächlich in stark verkrauteten Teichen und Fließgewässern findet. Es handelt sich um kleine Fische mit unauffälliger Färbung, die auch niedrige Temperaturen und einen geringeren Sauerstoffgehalt tolerieren. Von den drei Gattungen *(Dallia, Novumbra* und *Umbra)* mit fünf Arten sind in Europa nur zwei heimisch, von denen eine aus Nordamerika eingebürgert wurde.

Bestimmungsschlüssel für die in Europa vorkommenden Hundsfische

1	Mehr als 14 Strahlen in der Rückenflosse; 33–35 Schuppen entlang der Seitenlinie; Körper gefleckt; Unterkiefer hell	*Umbra krameri* S. 183
	Weniger als 14 Strahlen in der Rückenflosse; 35–37 Schuppen entlang der Seitenlinie; Körper gestreift; Unterkiefer dunkel	*Umbra pygmaea* S. 183

Hundsfisch *Umbra krameri*

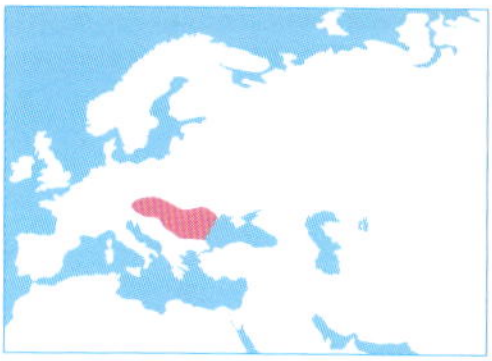

Größe 5–9 cm, maximal 11,5 cm; Höchstgewicht 27 g. **Merkmale** Mehr als 14 Strahlen in der Rückenflosse; 33–35 Schuppen entlang der Seitenlinie. **Verbreitung** Kommt vor allem im Donaubecken vor, wurde aber in anderen Regionen ausgesetzt. Die Bestände sind in den letzten Jahren, vor allem aufgrund der Gewässerverschmutzung, stark zurückgegangen. **Fortpflanzung** Februar–April; die 1600–2700 Eier werden vom Weibchen in Nestern abgelegt und bewacht. Die Geschlechtsreife wird nach 2 Jahren erreicht; die Lebenserwartung beträgt bis zu 7 Jahre. **Nahrung** Hauptsächlich Wirbellose. **Nutzung** Ohne kommerzielle Bedeutung und auch kein Angelfisch, wird aber manchmal in Aquarien gehalten. Steht in mehreren Ländern unter Schutz. **Schutzkategorie** Bern II. Gefährdet.

Größe: 5–9 cm, maximal 11,5 cm

Hundsfisch

Amerikanischer Hundsfisch *Umbra pygmaea*

Größe 4–8 cm, maximal 10 cm. **Merkmale** Weniger als 14 Strahlen in der Rückenflosse. **Verbreitung** Stammt aus dem Osten Nordamerikas, wurde wahrscheinlich von Aquarianern in Europa verbreitet. **Fortpflanzung** März–April; laicht zwischen Pflanzen in flachem Wasser. Die Jungen schlüpfen nach 5–10 Tagen. Die Geschlechtsreife wird nach 2 Jahren erreicht; die Lebenserwartung beträgt bis zu 5 Jahre. **Nahrung** Wirbellose, besonders Insektenlarven und Kleinkrebse. **Nutzung** Ohne kommerzielle Bedeutung, kein Angelfisch, wird aber manchmal in Aquarien gehalten. **Schutzkategorie** Eingebürgerte Art.

Amerikanischer Hundsfisch

Größe: 4–8 cm, maximal 10 cm

Stinte – Familie Osmeridae

Stinte (Osmeridae) kommen in weiten Teilen der nördlichen Hemisphäre vor, wobei es sowohl im Meer und im Süßwasser lebende als auch anadrome Arten gibt. Zu den sieben Gattungen gehören 15 Arten aus den Einzugsgebieten von Atlantik, Pazifik und Nordpolarmeer. Es handelt sich um relativ kleine, silbrige Fische mit langgestrecktem, seitlich abgeplattetem Körper, einer Fettflosse und großem Maul sowie gut entwickelten Zähnen, die manchmal riesige Schwärme bilden und eine wichtige Nahrungsquelle für zahlreiche Raubfische darstellen. Viele Stinte sind beliebte Speisefische mit einem typischen, gurkenartigen Geruch.
In Europa kommt im Süßwasser nur eine Art vor.

Stint *Osmerus eperlanus*

Größe 10–20 cm, maximal 31 cm; 16 cm lange Exemplare wiegen ca. 32 g. **Merkmale** Kleine silbrige Fische mit einer Fettflosse; die Bauchflossen liegen in Höhe der Rückenflosse; Schwanzflosse gekerbt; großes Maul mit kräftiger Bezahnung; Seitenlinie unvollständig. **Verbreitung** An den Küsten Nordwesteuropas und in den Mündungsgebieten und Unterläufen sauberer Flüsse. Einige Populationen aus Seen in Skandinavien sind reine Süßwasserbewohner. Viele Bestände sind im Rückgang begriffen, bedingt durch unüberwindliche Hindernisse in den Flüssen und zunehmende Wasserverschmutzung. **Fortpflanzung** März–Mai; laicht zwischen Pflanzen in Flüssen oberhalb der Mündungsgebiete oder an Seeufern. Die Jungen schlüpfen nach 20–35 Tagen; anschließend wandern sie flussabwärts ins Meer, wo sie nach 2 Jahren geschlechtsreif werden. Die Lebenserwartung beträgt bis zu 8 Jahre. Die Weibchen können 10 000–40 000 Eier legen. **Nahrung** Jungtiere fressen vor allem Wirbellose (besonders Kleinkrebse), ältere Exemplare auch Fische. **Nutzung** Wird in manchen Flüssen mit Netzen und Reusen gefangen; wurde in Skandinavien auch als Beutefisch in Seen ausgesetzt. **Schutzkategorie** Geringes Gefährdungsrisiko.

Stint

Größe: 10–20 cm, maximal 31 cm

Die Renken (Coregonidae), auch Maränen oder Felchen genannt, sind eng mit den Lachsfischen (Salmonidae) verwandt. Genau wie diese besitzen sie eine gut entwickelte Fettflosse, und der langgestreckte Körper ist ebenfalls mit relativ großen Rundschuppen bedeckt; sie weisen aber im Gegensatz zu den Salmoniden keine besondere Färbung oder Zeichnung auf. Die meisten Arten sind silbrig braun, grau oder blaugrau. Die Zähne sind in der Regel sehr klein oder fehlen ganz.

Das Vorkommen ist auf die nördliche Hemisphäre beschränkt, wo man die Fische in Nordeuropa, Asien und Nordamerika in kühlem, sauberem Wasser findet. Ihre genaue taxonomische Einordnung ist schwierig, zumeist werden heute aber drei Gattungen *(Stenodus, Prosopium* und *Coregonus)* anerkannt, wobei die Zahl der Arten in den Gattungen (besonders bei *Coregonus*) weiterhin heftig diskutiert wird. Insgesamt geht man heute aber von weltweit 20 bis 30 Arten aus. Besonders problematisch ist die Abgrenzung der Arten in der Gattung *Coregonus*, weil die Fische abhängig vom jeweiligen Lebensraum eine beträchtliche Formenvielfalt zeigen. So scheinen viele Merkmale, die man normalerweise zur Abgrenzung verwendet – etwa Form, Größe, Wachstumsrate, Zahl der Schuppen und Kiemenreusendornen – sehr variabel und unmittelbar vom Lebensraum beeinflusst zu sein. Diese Auffassung wurde durch experimentelle Untersuchungen teilweise bestätigt, bei denen man bestimmte Rassen aus ihrer Umgebung in eine andere umsetzte oder auch verschiedene Arten unter gleichen Bedingungen hielt. Inzwischen konnte man einige taxonomische Probleme zwar durch die Verwendung neuer Methoden wie Elektrophorese und DNA-Analysetechniken lösen, es sind aber dennoch weiterhin zahlreiche, oft veraltete wissenschaftliche Namen für einzelne Populationen in einem See oder Fluss in Gebrauch. Kottelat (1997) ist allerdings der Auffassung, dass viele der älteren wissenschaftlichen Namen beibehalten werden müssen, und schlägt daher vor, mindestens 45 europäische (ohne Russland) Arten aus der Gattung *Coregonus* anzuerkennen. Dieser Ansicht folgt dieses Buch aber nicht.

Renken kommen hauptsächlich im Süßwasser vor; es gibt in nördlichen Meeren aber auch einige anadrome Populationen. Häufig findet man die Fische in nördlichen Regionen in großen, kühlen, sauberen Gebirgsseen, wobei einige im freien Wasser (pelagisch) und andere eher in Bodennähe (benthisch) leben, es gibt aber auch Populationen, die im Wechsel benthisch (normalerweise im Winter) und pelagisch (zumeist im Sommer) leben. Renken bilden häufig große Schwärme und ernähren sich in der Regel von benthischen Wirbellosen oder Zooplankton. Die Fortpflanzung findet in den kälteren Monaten (oft unter Eis) statt, wobei sich die Tiere zur Laichzeit häufig in riesigen Schwärmen zusammenfinden. Die Eier werden im offenen Wasser abgelegt, in der Regel über Steinen, zwischen denen die Eier versinken und bis zum Schlüpfen im Frühjahr geschützt liegen bleiben. Die Jungfische leben zumindest während des ersten Lebensjahres pelagisch.

Bei Anglern sind Renken nicht sehr begehrt (einmal abgesehen von Weißlachs und einigen anderen Arten), ganz im Gegensatz zur kommerziellen Süßwasserfischerei, für die diese Fische in einigen Teilen Europas (Russland, Skandinavien, Alpenländer) und Nordasiens bzw. Nordamerikas (besonders an den Großen Seen und einigen weiteren großen Gewässern in Kanada) eine wichtige Rolle spielen. Gefangen werden sie mit Netzen oder Reusen und dann zumeist getrocknet oder geräuchert. Renken haben ein schmackhaftes, leicht öliges Fleisch, dessen

▶ Vollständiges Kiemenbogen- und Kiemenreusensystem bei *Coregonus lavaretus* (links) und *C. albula* (rechts)

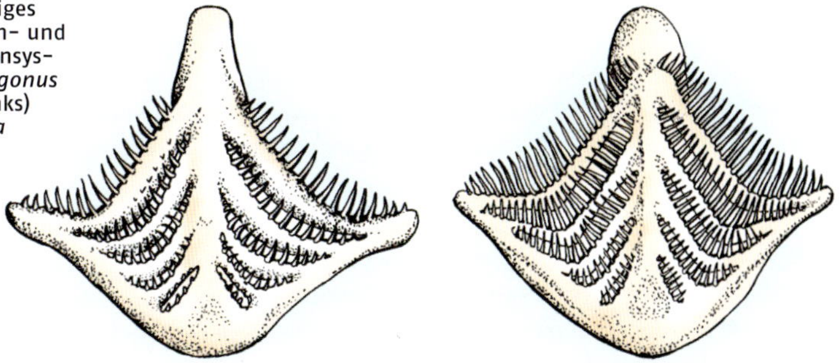

charakteristischer Geruch ein wenig an Gurken erinnert. In den letzten Jahren sind die Populationen in vielen wichtigen Fischgewässern infolge von Überfischung, Wasserverschmutzung und anderen menschlichen Einflüssen stark zurückgegangen, so dass zahlreiche Fischereibetriebe, die zuvor jährlich bis zu 40 Millionen Fische fingen, inzwischen um ihre Existenz bangen müssen. In Russland sind einige *Coregonus*-Arten in großen Stauseen ausgesetzt worden und bilden heute die Existenzgrundlage für die dort ansässigen Fischereibetriebe.
In Europa lassen sich acht Formenkreise unterscheiden, von denen einige große Ähnlichkeit mit nordamerikanischen Formen aufweisen.

Bestimmungsschlüssel für die in Europa vorkommenden Renken

1	Große, endständige Maulspalte, die etwa bis zur Höhe der Augenmitte reicht; Kiefer mit kleinen Zähnen; 19–26 Kiemenreusendornen	*Stenodus leucichthys* S. 190
	Maul klein, nicht bis zur Höhe der Augenmitte reichend; Kiefer zahnlos oder mit winzigen Zähnen	2
2	Maul end- oder oberständig; Unterkiefer reicht bis hinter den Augenvorderrand	3
	Maul unterständig; Unterkiefer reicht nicht bis hinter den Augenvorderrand	4
3	Maul oberständig; Oberkiefer kürzer als der Unterkiefer; 36–52 Kiemenreusendornen	*Coregonus albula* S. 187
	Maul endständig; Oberkiefer gleich lang wie der Unterkiefer; 49–68 Kiemenreusendornen	7
4	Gut entwickelte Schnauze; Abstand zwischen dem Augenvorderrand und der Schnauzenspitze größer als der doppelte Augendurchmesser; 35–44 Kiemenreusendornen	*Coregonus oxyrinchus* S. 189
	Stumpfe Schnauze; Abstand zwischen dem Augenvorderrand und der Schnauzenspitze geringer als der doppelte Augendurchmesser	5
5	Oberkiefer breit und kurz – in der Regel breiter als die halbe Oberkieferlänge und kürzer als 22 % der Kopflänge; Schnauze vor den Augen gebuckelt; 20–29 Kiemenreusendornen	*Coregonus nasus* S. 188
	Oberkiefer schmal und lang – in der Regel schmaler als die halbe Oberkieferlänge und länger als 22 % der Kopflänge; Schnauze vor den Augen nicht gebuckelt	6
6	Unterkiefer länger als die minimale Körperhöhe; 17–48 Kiemenreusendornen	*Coregonus lavaretus* S. 188
	Unterkiefer kürzer als die minimale Körperhöhe; 16–29 Kiemenreusendornen	*Coregonus pidschian* S. 190
7	41–48 Kiemenreusendornen; 64–67 Wirbel	*Coregonus autumnalis* S. 187
	49–68 Kiemenreusendornen; 56–62 Wirbel	*Coregonus peled* S. 189

Kleine Maräne, Zwergmaräne *Coregonus albula*

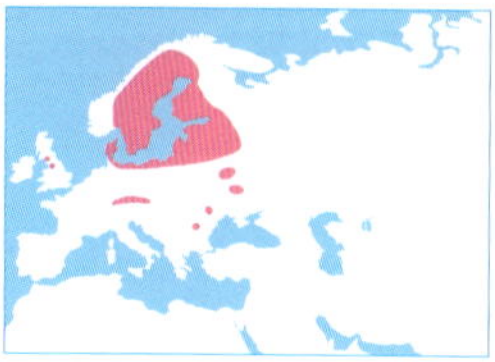

Größe 15–25 cm, maximal 33 cm; Fische mit einer Länge von 18 cm wiegen etwa 60 g. **Merkmale** Maul oberständig; 36–52 Kiemenreusendornen; 75–88 Schuppen entlang der Seitenlinie; meist klein. **Verbreitung** In weiten Teilen Nord- und Mitteleuropas, zumeist in tiefen, kalten Seen; in der Ostsee gibt es anadrome Populationen. **Fortpflanzung** Oktober–Dezember; 1700–4800 Eier werden vom Weibchen in tieferem Wasser über Kies oder Steinen abgelegt und sinken dort zu Boden; die Jungen schlüpfen nach 100–120 Tagen. Die Geschlechtsreife wird nach 2–3 Jahren erreicht; die Lebenserwartung beträgt bis zu 10 Jahre. **Nahrung** Wirbellose, besonders Kleinkrebse des Planktons. **Nutzung** Wird in einigen Ländern, etwa Finnland und Russland, mit Netzen und Reusen gefangen und dann meist geräuchert; kein Angelfisch. **Schutzkategorie** Bern III, FFH V. Geringes Gefährdungsrisiko.

Kleine Maräne

Größe: 15–25 cm, maximal 33 cm

Arktische Wandermaräne *Coregonus autumnalis*

Größe 30–35 cm und 450 g, maximal 38 cm, in extremen Fällen z. B. in Kanada 45 cm (1,3 kg) und in Sibirien 50 cm (2 kg). **Merkmale** Maul endständig; 74–86 Schuppen entlang der Seitenlinie; 35–51 Kiemenreusendornen. **Verbreitung** Nur in großen Seen Westeuropas sowie in Küstengewässern und im Unterlauf arktischer Flüsse in Nordeurasien und Nordamerika. **Fortpflanzung** Oktober–Dezember; laicht über Kies- und Steinuntergrund. Die im März ausschlüpfenden Jungen erreichen die Geschlechtsreife nach 3–4 Jahren, die Lebenserwartung liegt bei 5–7 Jahren (maximal 9–10 Jahre). Die Weibchen legen 2000–8000 Eier (sehr große Tiere ausnahmsweise bis 90000). **Nahrung** Jungtiere fressen Zooplankton, ältere Exemplare am Boden lebende Wirbellose. **Nutzung** In Irland, Sibirien und Nordamerika von kommerzieller Bedeutung. **Schutzkategorie** Bern III, FFH V. Gefährdet.

Größe: 30–35 cm, maximal 38 cm

Arktische Wandermaräne

Große Schwebrenke *Coregonus lavaretus*

Größe 15–40 cm, maximal 57 cm; Höchstgewicht ca. 2,8 kg. **Merkmale** Kleines, zahnloses, unterständiges Maul; 17–48 Kiemenreusendornen; 84–100 Schuppen entlang der Seitenlinie. Variable Art mit lokalen Rassen, von denen viele als Unterarten beschrieben wurden. **Verbreitung** In Nordwest- und Mitteleuropa in großen, kalten Seen und in der Ostsee, wo die Tiere zum Laichen in die Flüsse wandern. **Fortpflanzung** Oktober–Januar; über Kiesuntergrund. Die Jungen schlüpfen nach etwa 100 Tagen. Die Geschlechtsreife wird nach 3–4 Jahren erreicht; die Lebenserwartung beträgt bis zu 10 Jahre. Die Weibchen legen 1000–28 000 Eier. **Nahrung** Anfangs Wirbellose und Kleinkrebse des Planktons, später auch am Boden lebende Wirbellose. **Nutzung** Lokal von kommerzieller Bedeutung; wird gelegentlich auch geangelt. **Schutzkategorie** Bern III, FFH V. Geringes Gefährdungsrisiko.

Größe: 15–40 cm, maximal 57 cm

Große Schwebrenke

Große Bodenrenke, Sandfelchen *Coregonus nasus*

Größe 35–60 cm, maximal 86 cm (dieser Fisch wog 10 kg). **Merkmale** Kleines, zahnloses, unterständiges Maul; Oberkiefer kurz und breit; Schnauze gebuckelt. **Verbreitung** Holarktische Art, die in Europa, Asien und Nordamerika hauptsächlich in Seen und im Unterlauf von Flüssen vorkommt, die mit dem Nordpolarmeer in Verbindung stehen. **Fortpflanzung** Oktober–November; laicht in Flüssen. Die Jungen wandern zurück in die Seen, wo sie nach 4–5 Jahren geschlechtsreif werden; Lebenserwartung bis zu 10 Jahre. Die Weibchen legen 14 000–29 000 Eier. **Nahrung** Wirbellose, besonders Insekten und Weichtiere. **Nutzung** Wird in einigen Regionen getrocknet und geräuchert gegessen. **Schutzkategorie** Bern III, FFH V. Geringes Gefährdungsrisiko.

Große Bodenrenke

Größe: 35–60 cm, maximal 86 cm

Schnäpel, Kleine Schwebrenke
Coregonus oxyrinchus

Größe 25–40 cm, maximal 50 cm; Höchstgewicht ca. 2 kg. **Merkmale** Maul klein, zahnlos und unterständig; 35–44 Kiemenreusendornen. Wird oft auch als Unterart von *C. lavaretus* aufgefasst. **Verbreitung** In Nordeuropa, vor allem in der Ostsee, wo es früher im Brackwasser große Bestände gab, die nur zum Ablaichen ins Süßwasser wanderten. **Fortpflanzung** Oktober–Dezember; laicht im Unterlauf von Flüssen. Nach dem Schlüpfen wandern die Jungen ins Meer, wo sie nach 3–4 Jahren geschlechtsreif werden. **Nahrung** Jungtiere fressen Planktonorganismen, ältere Exemplare auch benthische Wirbellose. **Nutzung** Früher in manchen Gegenden ein wichtiger Nutzfisch, inzwischen in vielen Regionen ausgestorben. In Dänemark wurde kürzlich ein erfolgreiches Wiedereinbürgerungsprogramm durchgeführt. **Schutzkategorie** Bern III, FFH II & IV. Gefährdet.

Größe: 25–40 cm, maximal 50 cm

Schnäpel

Peledmaräne *Coregonus peled*

Größe 30–40 cm, maximal 50 cm; Höchstgewicht etwa 5 kg. **Merkmale** Maul endständig und zahnlos; 49–68 Kiemenreusendornen. **Verbreitung** In weiten Teilen Nordeuropas, vor allem in Seen von Sibirien bis Finnland und Schweden. **Fortpflanzung** September–November; laicht im flachen Wasser von Seen und Flüssen; wandert oft über große Entfernungen zu den Laichplätzen. Die Weibchen legen 29 000–105 000 Eier. **Nahrung** Wirbellose, besonders Kleinkrebse des Planktons. **Nutzung** Wirtschaftlich sehr wichtige Art, die in vielen russischen Gewässern in großem Umfang gefangen wird. **Schutzkategorie** Bern III, FFH V. Geringes Gefährdungsrisiko.

Peledmaräne

Größe: 30–40 cm, maximal 50 cm

Kleine Bodenrenke *Coregonus pidschian*

Größe 20–30 cm, maximal 50 cm; ein 48 cm langer Fisch wiegt etwa 1,25 kg. **Merkmale** Maul unterständig; Oberkiefer schmal und lang; 16–29 Kiemenreusendornen. Wird oft zum nordamerikanischen *C.-clupeaformis*-Formenkreis gerechnet. **Verbreitung** In den arktischen Regionen Europas in Flüssen, Seen und einigen Küstengebieten der Ostsee. **Fortpflanzung** Oktober–Dezember; die im Frühjahr ausschlüpfenden Jungen werden mit 2–4 Jahren geschlechtsreif. Die Weibchen legen 8 000–50 000 Eier. **Nahrung** Wirbellose, besonders Kleinkrebse. **Nutzung** In vielen Regionen von großer kommerzieller Bedeutung. **Schutzkategorie** Bern III, FFH V. Geringes Gefährdungsrisiko.

Kleine Bodenrenke

Größe: 20–30 cm, maximal 50 cm

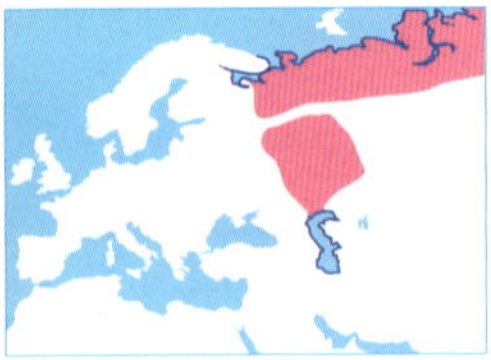

Weißlachs *Stenodus leucichthys*

Größe 50–80 cm, maximal 130 cm, Höchstgewicht ca. 35 kg und damit die größte Renke. **Merkmale** Vorstehender Unterkiefer mit kleinen Zähnen. **Verbreitung** Kommt in Europa und Nordamerika in Seen und Flüssen im Einzugsbereich des Nordpolarmeers vor. Eine weitere Population existiert im Kaspischen Meer und seinen nördlichen Zuflüssen. **Fortpflanzung** Oktober–November; laicht in der Regel im Unter- oder Mittellauf großer Flüsse. Die Geschlechtsreife wird nach 8–10 Jahren erreicht; die Lebenserwartung beträgt bis zu 20 Jahre. Die Weibchen legen 130 000–420 000 Eier. **Nahrung** Jungtiere fressen Wirbellose, ausgewachsene Exemplare hauptsächlich Fische. **Nutzung** In einigen Teilen Kanadas und Russlands ein wichtiger Nutzfisch, der vor allem während der Laichwanderung mit Netzen gefangen und dann geräuchert oder getrocknet wird. **Schutzkategorie** Bern III, FFH V. Geringes Gefährdungsrisiko.

Größe: 50–80 cm, maximal 130 cm

Weißlachs

Lachsfische – Familie Salmonidae

Zu den Salmonidae gehören mehrere Fischgruppen, die man gemeinhin als Lachse, Forellen und Saiblinge bezeichnet. Unter den Mitgliedern dieser wichtigen Familie gibt es keine reinen Meeresbewohner, sondern es handelt sich ausschließlich um anadrome Arten oder reine Süßwasserfische. Ursprünglich sind sie in Europa, Nordwestafrika, Nordasien und Nordamerika heimisch, wurden aber auch in vielen anderen Teilen der Welt eingebürgert, etwa in Südamerika, Indien, Australien und Neuseeland, meist ausgehend von europäischen Beständen. Insgesamt gibt es sieben Gattungen mit etwa 30 Arten.

Der Körper der Lachsfische ist mit gut entwickelten Rundschuppen bedeckt. Alle besitzen eine Fettflosse. Viele Arten haben eine auffällige Färbung oder Zeichnung, die Geschlechter lassen sich zur Laichzeit oft gut unterscheiden; Jugendstadien zeigen häufig ein dunkles Fleckenmuster an den Flanken. Zähne sind normalerweise vorhanden und bei vielen Arten auch gut entwickelt.

Die Taxonomie der Familie wird seit mehr als 200 Jahren heftig diskutiert; heute bevorzugen die meisten Taxonomen ein zusammenfassendes System mit vergleichsweise wenigen Arten. Dagegen ist Kottelat (1997) der Auffassung, man solle viele der älteren wissenschaftlichen Namen beibehalten, und schlägt daher vor, in Europa (Russland ausgenommen) mindestens 28 Arten der Gattung *Salmo* und 23 Arten der Gattung *Salvelinus* anzuerkennen. Dieser Ansicht folgt das vorliegende Buch aber nicht.

Die Biologie der meisten Arten zeigt eine Reihe übereinstimmender Merkmale. So laichen alle im Süßwasser, wobei die meisten Fließgewässer bevorzugen; Lachsfische leben ausschließlich in kühlen Gewässern, und die Paarung findet stets in den kältesten Monaten des Jahres statt. Das Ablaichen erfolgt normalerweise paarweise; nach der Balz hebt das Weibchen im Boden eine Laichgrube für die Eier aus und bedeckt das Gelege anschließend mit Kies.

Viele Angehörige der Salmoniden sind wertvolle Nutzfische, die in vielen Ländern inzwischen nicht nur geangelt, sondern auch in Fischzuchtbetrieben vermehrt und aufgezogen werden. So kommen in Europa mittlerweile jährlich etwa 300 000 Tonnen Lachs *(Salmo salar)* aus Zuchtbetrieben auf den Markt; diese Zahl übersteigt um ein Vielfaches die Menge der in der Natur gefangenen Tiere, um deren Erhaltung sich vor allem die NASCO (North Atlantic Salmon Conservation Organisation) kümmert.

Im westlichen Nordamerika und Nordostasien sind vor allem die Arten der Gattung *Oncorhynchus* (Pazifiklachse) von großer wirtschaftlicher Bedeutung. Die dort vorkommenden fünf Arten bilden schon seit über hundert Jahren die Existenzgrundlage für zahlreiche Fischereibetriebe. Dabei gestaltete sich der Kampf um die Bestände unter den am Pazifik liegenden Nationen (besonders UdSSR, Japan, Kanada und USA) so heftig, dass es notwendig war, eine internationale Kommission einzusetzen, um die Fischereirechte zu regeln und wissenschaftliche Studien über die Biologie der betroffenen Arten durchführen zu lassen. Diese Untersuchungen haben viele wertvolle Erkenntnisse über die Gattung *Oncorhynchus* und andere Fischarten erbracht, beispielsweise über das Orientierungsvermögen, die physiologischen Mechanismen zur Anpassung an Süß- und Salzwasser sowie die Faktoren, die die Größe der Bestände beeinflussen. An vielen Flüssen, in denen Pazifiklachse vorkommen, sind inzwischen Konservenfabriken und Räuchereien entstanden, die Lachs in alle Welt exportieren. Versuche, Pazifiklachse auch in anderen Regionen einzubürgern, waren zunächst weniger erfolgreich, inzwischen scheinen aber vier Arten in Nordeuropa heimisch geworden zu sein.

In Europa gibt es zwölf Lachsfisch-Arten, von denen sechs aus Nordamerika eingebürgert wurden.

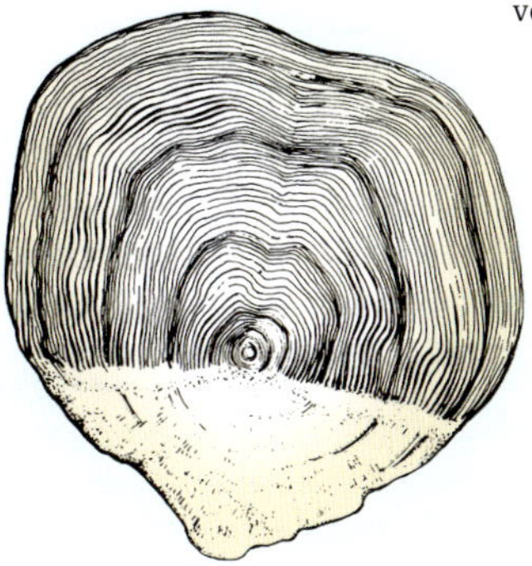

▲ Rundschuppe einer Forelle mit Jahresringen

Bestimmungsschlüssel für die in Europa vorkommenden Lachsfische

1	Hintere Augenhöhlenknochen reichen bis zum Praeopercular; Afterflosse mit 12–19 verzweigten Strahlen	2
	Hintere Augenhöhlenknochen reichen nicht bis zum Praeopercular; Afterflosse mit 8–12 verzweigten Strahlen	4
2	Keine schwarzen Punkte auf Rücken und Schwanzflosse; 16–20 Kiemenreusendornen	*Oncorhynchus keta* S. 195
	Deutliche schwarze Punkte auf Rücken und Schwanzflosse	3
3	Große schwarze Punkte auf Rücken und Schwanzflosse; 147–205 Schuppen entlang der Seitenlinie; 16–22 Kiemenreusendornen	*Oncorhynchus gorbuscha* S. 194
	Kleine schwarze Punkte auf Rücken und Schwanzflosse; 112–148 Schuppen entlang der Seitenlinie; 18–25 Kiemenreusendornen	*Oncorhynchus kisutch* S. 196
4	Pflugscharbein lang, bei jungen Exemplaren stets mit Zähnen	5
	Pflugscharbein kurz, auch bei jungen Exemplaren stets ohne Zähne	9
5	Mehr als 130 Schuppen entlang der Seitenlinie; Körper ohne rote Punkte, aber mit einem breiten rosa Längsband an den Flanken; zahlreiche schwarze Punkte auf Körper und Flossen, einschließlich Fett- und Schwanzflosse	*Oncorhynchus mykiss* S. 197
	Weniger als 130 Schuppen entlang der Seitenlinie; Körper manchmal rein silberfarben, aber normalerweise mit vielen schwarzen und einigen roten Punkten; schwarze Punkte auf Fett- und Schwanzflosse undeutlich oder fehlend; kein rosa Längsband an den Flanken	6
6	Weniger als 110 Schuppen entlang der Seitenlinie	*Salmothymus obtusirostris* S. 200
	Mehr als 110 Schuppen entlang der Seitenlinie	7
7	Vorderteil des Pflugscharbeins zahnlos, Seitenplatten spärlich mit leicht ausfallenden Zähnen besetzt; Rückenflosse mit 10–12 Strahlen; 10–13 Schuppen zwischen Fettflosse und Seitenlinie	*Salmo salar* S. 198
	Vorderteil des Pflugscharbeins mit dauerhaften Zähnen, ebenso wie die Seitenplatten; Rückenflosse mit 8–10 Strahlen; 13–16 Schuppen zwischen Fettflosse und Seitenlinie	8
8	Körper mit dunklen, teilweise hell gerandeten Punkten, aber nicht unregelmäßig dunkel marmoriert	*Salmo trutta* S. 199
	Körper überwiegend unregelmäßig dunkel marmoriert	*Salmo marmoratus* S. 197
9	Deutliche Lücke zwischen Pflugscharbein- und Gaumenzähnen; Körper ohne dunkle Punkte	10
	Pflugscharbein- und Gaumenzähne bilden eine durchgehende hufeisenförmige Linie; Körper mit dunklen Punkten	*Hucho hucho* S. 193
10	Schwanzflosse tief eingeschnitten; Körper und Flossen mit unregelmäßigen hellen (niemals rosa oder roten) Flecken; mehr als 90 Blindsäcke am Magenausgang	*Salvelinus namaycush* S. 202
	Schwanzflosse nicht oder kaum eingeschnitten; Körper und Flossen mit rosa oder roten Punkten und meist mit dunklen Streifen und Flecken; weniger als 90 Blindsäcke am Magenausgang	11
11	Zungenbein mit Zähnen; Praemaxillare auf der rechten Seite ohne Zähne; Rücken mit hellen Flecken; Afterflosse stets ohne dunkle Streifen	*Salvelinus alpinus* S. 201
	Zungenbein zahnlos; Praemaxillare auf der rechten Seite mit Zähnen; Rücken mit heller Marmorierung; Afterflosse stets mit dunklen Streifen	*Salvelinus fontinalis* S. 202

Huchen, Taimen *Hucho hucho*

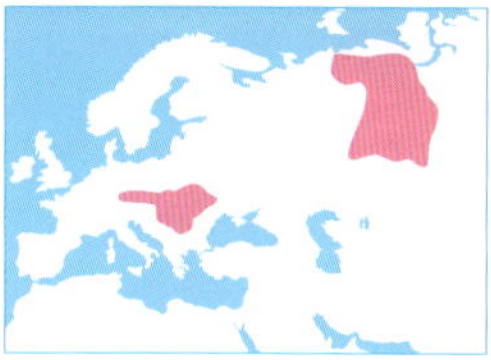

Größe 50–100 cm; ein 120 cm langer Fisch wiegt rund 20 kg, das größte jemals gefangene Exemplar wog 105 kg (1943). **Merkmale** Afterflosse mit 10 oder weniger verzweigten Strahlen; Pflugscharbein zahnlos; Körper mit kleinen dunklen Flecken; 9–19 Kiemenreusendornen auf dem ersten Kiemenbogen; 107–194 Schuppen entlang der Seitenlinie. **Verbreitung** Reine Süßwasserart; kommt als Huchen *(H. hucho hucho)* im Einzugsbereich der Donau und als etwas größere, Taimen genannte Unterart *(H. hucho taimen)* in der Wolga und den großen Flüssen weiter ostwärts vor. **Fortpflanzung** März–Mai; laicht über Kiesuntergrund in fließendem Wasser. Die Jungen schlüpfen nach etwa 35 Tagen. Die Geschlechtsreife wird nach 4–5 Jahren erreicht; die Lebenserwartung kann bis 20 (Huchen) oder 50 Jahre (Taimen) betragen; möglicherweise werden einzelne Exemplare sogar bis zu 100 Jahre alt. Weibchen mit einem Durchschnittsgewicht von 5 kg legen ca. 5000 Eier. **Nahrung** Jungtiere fressen Wirbellose und Fische, ältere Tiere hauptsächlich Fische (besonders *Chondrostoma*-Arten). **Nutzung** Dieser größte Lachs der Erde ist ein begehrter Angelfisch, dessen Zahl in den letzten Jahren aber erschreckend stark zurückgegangen ist. Inzwischen versucht man die Bestände durch Jungfische aus Zuchtbetrieben aufzustocken. **Schutzkategorie** Bern III, FFH II & V. Gefährdet.

Huchen

Größe: 50–100 cm

Taimen

Buckellachs *Oncorhynchus gorbuscha*

Größe 40–50 cm, maximal 64 cm; Fische mit einer Länge von 50 cm wiegen ca. 1,7 kg. **Merkmale** Afterflosse mit 10 oder mehr verzweigten Strahlen; 177–240 Schuppen entlang der Seitenlinie. **Verbreitung** Im Nordpazifik und seinen großen Zuflüssen in Nordamerika und Asien heimisch, kommt aber vereinzelt auch in nordeuropäischen Meeren und einigen einmündenden Flüssen vor, weil die Art im Weißen Meer eingebürgert wurde. **Fortpflanzung** September–Oktober; die Laichgruben werden im Kiesuntergrund an strömungsreichen Stellen angelegt. Die Jungen schlüpfen nach 100–120 Tagen, um dann schon bald flussabwärts ins Meer zu wandern, wo sie schnell heranwachsen und nach etwa 2 Jahren die Geschlechtsreife erreichen. Die Weibchen legen 1100–1600 Eier. **Nahrung** Hauptsächlich Wirbellose (besonders größere Krebstiere) und Fische. **Nutzung** In einigen Küstenbereichen des Nordpazifiks und Flüssen der Region sehr bedeutende Art für Berufsfischer und Angler. **Schutzkategorie** Eingebürgerte Art.

Buckellachs

Größe: 40–50 cm, maximal 64 cm

Ketalachs *Oncorhynchus keta*

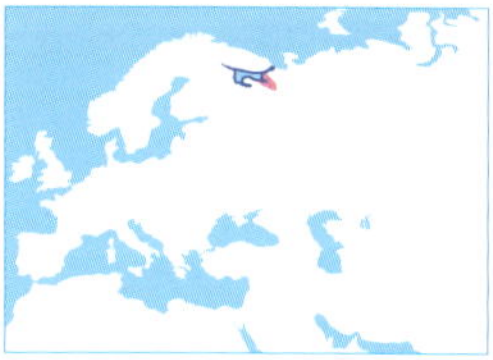

Größe 45–90 cm, maximal 100 cm; Exemplare mit einer Länge von 75 cm wiegen ca. 5 kg. **Merkmale** Afterflosse mit 10 oder mehr verzweigten Strahlen; 150–160 Schuppen entlang der Seitenlinie. **Verbreitung** Im Nordpazifik und den großen Zuflüssen in Nordamerika und Asien heimisch, kommt aber vereinzelt auch in nordeuropäischen Meeren und einigen einmündenden Flüssen vor, weil die Art im Weißen Meer regelmäßig ausgesetzt wird und sich dort inzwischen augenscheinlich ausgebreitet hat. **Fortpflanzung** August–Dezember; in Bereichen mit grobem Kiesboden und kräftiger Strömung. Das Weibchen legt 2 000–4 400 Eier in Laichgruben ab, die es zuvor aushebt. Die Jungen schlüpfen nach 90–130 Tagen; anschließend bleiben sie noch mehrere Monate im Fluss, bevor sie gegen Ende des ersten Lebensjahres ins Meer abwandern. Dort erreichen sie nach 3–4 Jahren die Geschlechtsreife und ziehen anschließend wieder in die Flüsse. **Nahrung** Jungtiere fressen kleinere Wirbellose, ausgewachsene Exemplare große Wirbellose (hauptsächlich Krebstiere) und Fische. **Nutzung** Eine für Berufs- und Sportfischer im nördlichen Pazifik sehr wichtige Art, die sowohl im Meer als auch im Süßwasser gefangen wird. **Schutzkategorie** Eingebürgerte Art.

♂

Ketalachs

Größe: 45–90 cm,
maximal 100 cm

♀

Coholachs, Silberlachs *Oncorhynchus kisutch*

Größe 45–60 cm, maximal 100 cm; Fische mit einer Länge von 55 cm wiegen ca. 5 kg, weltweiter Angelrekord 14 kg. **Merkmale** Strahlen der Schwanzflosse grob gefurcht; 121–148 Schuppen entlang der Seitenlinie. **Verbreitung** Im Nordpazifik und in Küstengewässern von Sachalin nordwärts bis Alaska und südwärts bis nach Monterey; in anderen Gebieten ausgesetzt, vor allem in den Großen Seen (USA) und in mehreren europäischen Ländern, hat sich aber nur in Frankreich etabliert. **Fortpflanzung** Oktober–März; die Laichgruben für die 1400–6000 Eier werden an Stellen mit Kiesboden und starker Strömung angelegt; nach der Paarung gehen die Fische ein. Die Jungen schlüpfen nach 35–50 Tagen; einige Jungfische wandern sehr bald ins Meer, die meisten bleiben aber etwa 1 Jahr im Süßwasser. **Nahrung** Jungtiere fressen hauptsächlich Insekten; im Meer sind Wirbellose und Fische die Hauptnahrung. **Nutzung** In Europa ohne größere Bedeutung, in Nordamerika kommerziell und für den Angelsport wichtige Art. **Schutzkategorie** Eingebürgerte Art.

Größe: 45–60 cm, maximal 100 cm

Coholachs

♂ Jungtier

♂ mit Laichfärbung

♀ mit Laichfärbung

Regenbogenforelle *Oncorhynchus mykiss*

Größe 25–45 cm, maximal 70 cm; weltweiter Angelrekord 19 kg. **Merkmale** Afterflosse mit höchstens 10 verzweigten Strahlen; Schwanz- und Fettflosse mit zahlreichen Punkten; breites rosa Längsband an den Flanken. Hieß früher *Salmo gairdneri*. **Verbreitung** Kommt an der Pazifikküste Nordamerikas und Asiens vor, wo es sowohl Wander- als auch reine Süßwasserformen gibt. Wurde an vielen Orten in Europa ausgesetzt, ist aber nicht überall heimisch geworden. **Fortpflanzung** Oktober–März; die Laichgruben für die 1 000–5 000 Eier werden an strömungsreichen Stellen mit Kiesboden ausgehoben. Die Jungen schlüpfen nach 100–150 Tagen und ziehen dann langsam in größere Flüsse und Seen. **Nahrung** Jungtiere fressen Wirbellose, ältere Exemplare auch Fische. **Nutzung** Wirtschaftlich sehr wichtige Art, wird in vielen Fischzuchtbetrieben in Europa und Nordamerika gezüchtet und häufig geangelt. **Schutzkategorie** Eingebürgerte Art.

Größe: 25–45 cm, maximal 70 cm

Regenbogenforelle

Marmorierte Forelle *Salmo marmoratus*

Größe 35–50 cm, maximal 100 cm; Höchstgewicht 20 kg. **Merkmale** Typisch ist die dunkle marmorierte Zeichnung auf dem hellen Körper. Wird manchmal auch als Unterart von *S. trutta* geführt. **Verbreitung** Bewohnt Flüsse in Norditalien und im Einzugsbereich der Adria in Slowenien, Kroatien, Montenegro und Albanien. **Fortpflanzung** Dezember–Januar; laicht in sauberem Wasser über Kies. Die Jungen schlüpfen – abhängig von der Temperatur – nach 28–150 Tagen und sind nach 12 Monaten etwa 8 cm groß, nach 2 Jahren rund 15 cm; die Geschlechtsreife wird nach 3–4 Jahren erreicht. Die Weibchen legen etwa 1800 Eier pro kg Körpergewicht. **Nahrung** Jungfische ernähren sich hauptsächlich von am Boden lebenden Wirbellosen, ausgewachsene Exemplare fressen fast ausschließlich Fische. **Nutzung** Wird von Anglern hoch geschätzt. Leider gehen die Bestände immer mehr zurück, auch infolge der Konkurrenz durch ausgesetzte *S. trutta*. **Schutzkategorie** FFH II. Gefährdet.

Größe: 35–50 cm, maximal 100 cm

Marmorierte Forelle

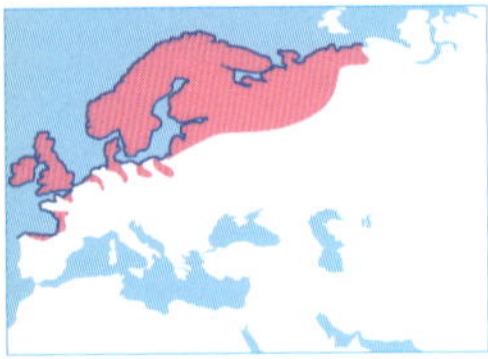

Atlantischer Lachs *Salmo salar*

Größe 40–100 cm, maximal 120 cm; weltweiter Angelrekord 36 kg. **Merkmale** Afterflosse mit höchstens 10 verzweigten Strahlen; Pflugscharbein nur hinten bezahnt. **Verbreitung** Anadrome Art aus dem Einzugsbereich des Atlantiks in Nordeuropa und im östlichen Nordamerika; lebt in klaren, steinigen Flüssen, Bächen und gut zugänglichen Seen. **Fortpflanzung** Oktober–Januar; die Laichgrube wird an strömungsreichen Stellen mit Kiesboden ausgehoben. Die Jungen schlüpfen – abhängig von der Wassertemperatur – nach 70–160 Tagen. Nach 2–6 Jahren nehmen sie eine überwiegend silberne Färbung an, um dann als „Blanklachse" ins Meer zu wandern. Von dort kehren sie nach frühestens 1 Jahr in ihre Heimatgewässer zurück. Ein etwa 70 cm großes Weibchen kann 5 000–6 000 Eier ablegen. **Nahrung** Jungtiere fressen Wirbellose, ältere Exemplare auch Fische. **Nutzung** Wirtschaftlich wichtige Art, die vor den atlantischen Küsten und Flussmündungen sowie vor Grönland mit Netzen gefangen wird; auch bei Anglern beliebt. Wird in einigen Ländern gezüchtet. **Schutzkategorie** Bern III, FFH II & V. Gefährdet.

Größe: 40–100 cm, maximal 120 cm

Forelle *Salmo trutta*

Größe 15–50 cm, maximal 70 cm; weltweiter Angelrekord 16 kg. **Merkmale** Afterflosse mit höchstens 10 verzweigten Strahlen; Pflugscharbein vorn und hinten bezahnt; weniger als 130 Schuppen entlang der Seitenlinie. Von dieser Art wurden zahlreiche Unterarten beschrieben. **Verbreitung** Kommt in weiten Teilen Europas in fließenden und stehenden Gewässern vor. Wanderformen findet man an den europäischen Küsten von Spanien bis hoch in den Norden. **Fortpflanzung** September–Oktober; laicht in kleinen Flüssen und Bächen. Die durchschnittlich etwa 5400 Eier werden in einer Laichgrube abgelegt, die das Weibchen im Kies aushebt. Die Jungen schlüpfen nach etwa 150 Tagen; anschließend bleiben sie mindestens 1 Jahr im Laichgewässer, um dann in einen größeren Fluss oder See (oder im Falle von anadromen Wanderformen ins Meer) zu ziehen. Die Geschlechtsreife wird nach 3–5 Jahren erreicht; die Lebenserwartung beträgt bis zu 20 Jahre. **Nahrung** Jungtiere fressen Wirbellose, ältere Exemplare auch Fische. **Nutzung** In vielen Regionen ein begehrter Nutzfisch und für Sportfischer wohl die wichtigste Art in ganz Europa; wurde auch in vielen anderen Teilen der Erde ausgesetzt, so z. B. in Nordamerika, wo sich die Art in einigen Regionen gut eingelebt hat. **Schutzkategorie** Geringes Gefährdungsrisiko.

Süßwasserform (Bachforelle)

Forelle

Größe: 15–50 cm, maximal 70 cm

Anadrome Wanderform (Meerforelle)

Adriatischer Lachs *Salmothymus obtusirostris*

Größe 25–40 cm, maximal 50 cm; Höchstgewicht 5 kg. **Merkmale** 101–103 Schuppen entlang der Seitenlinie; kurzer Kopf. **Verbreitung** Kommt nur in Fließgewässern Dalmatiens vor. Wird von vielen Ichthyologen als isolierte Population des Atlantischen Lachses eingestuft; es gibt verschiedene lokale Rassen. **Fortpflanzung** Oktober–Dezember; laicht über Kies in fließendem Wasser ab. **Nahrung** Jungtiere fressen Wirbellose, ältere Exemplare auch Fische. **Nutzung** Kommerziell und für den Angelsport von geringem Interesse. **Schutzkategorie** Vom Aussterben bedroht. – *S. ohridanus* ist eine nah verwandte Art, deren taxonomischer Status aber als unsicher gilt, so dass es sich möglicherweise auch nur um eine Unterart von *S. obtusirostris* handelt. Ihr Vorkommen ist auf den Ohridsee in Albanien und Mazedonien beschränkt.

Adriatischer Lachs

Größe: 25–40 cm, maximal 50 cm

Wandersaibling *Salvelinus alpinus*

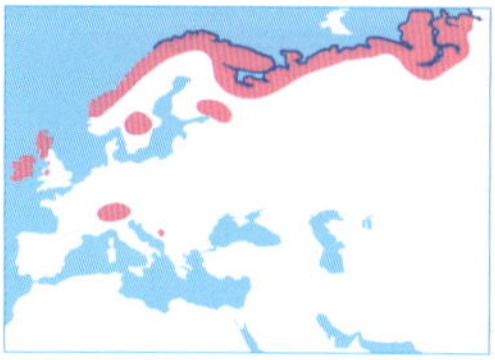

Größe 15–40 cm, maximal 88 cm; weltweiter Angelrekord 14,8 kg. **Merkmale** Afterflosse mit höchstens 10 verzweigten Strahlen; Pflugscharbeinstiel zahnlos; Körper gleichmäßig mit hellen Punkten bedeckt. Es gibt zahlreiche lokale Rassen, darunter Wander- und Zwergformen, die manchmal sogar gemeinsam in einem See vorkommen. **Verbreitung** Der Wandersaibling ist eine holarktische Art, die in Europa im Gebiet des nördlichen Eismeeres, aber auch in klaren, kühlen Alpenseen vorkommt. Die Populationen im Norden sind anadrome Wanderfische, die im Meer heranwachsen und dann zum Ablaichen in die Flüsse ziehen. Sie sind zumeist deutlich größer als die reinen Süßwasserformen, bei denen es sich oft um Zwergrassen handelt. **Fortpflanzung** Oktober–März; laicht über Kiesuntergrund in Seen oder Flüssen. Nach dem Schlüpfen wandern die Jungen in größere Seen oder ins Meer, wo sie im Verlauf von 3–6 Jahren heranreifen. Die Weibchen legen 600–7300 Eier. **Nahrung** Hauptsächlich Wirbellose, besonders Kleinkrebse des Planktons. Große Formen fressen auch Fische, darunter nicht selten Artgenossen. **Nutzung** Wird in nördlichen Regionen während der Laichwanderung an vielen Stellen mit Netzen gefangen. Besonders wichtig ist die Art für die Inuit Nordamerikas. Wird in manchen Seen auch geangelt. **Schutzkategorie** Geringes Gefährdungsrisiko.

♂

Wander-
saibling

Größe: 15–40 cm,
maximal 88 cm

♀

Bachsaibling *Salvelinus fontinalis*

Größe 20–35 cm, maximal 50 cm; weltweiter Angelrekord 6,6 kg. **Merkmale** Afterflosse mit höchstens 10 verzweigten Strahlen; Pflugscharbein zahnlos; Körper mit heller Marmorierung und Punktzeichnung. **Verbreitung** Stammt aus dem Westen Nordamerikas, wurde aber in vielen Regionen Europas eingebürgert. **Fortpflanzung** Oktober–März; an strömungsreichen Stellen mit Kiesboden. Die Jungen schlüpfen im Frühjahr und bleiben dann etwa 2 Jahre im selben Gebiet, bevor sie in größere Flüsse oder Seen wandern. Die Geschlechtsreife wird nach 2–3 Jahren erreicht. Die Weibchen können 100–5 000 Eier legen. **Nahrung** Hauptsächlich Wirbellose, größere Exemplare fressen auch Fische. **Nutzung** Vor allem in Nordamerika, aber auch in Europa bei Anglern recht beliebt. **Schutzkategorie** Eingebürgerte Art.

Bachsaibling

Größe: 20–35 cm, maximal 50 cm

Amerikanischer Seesaibling *Salvelinus namaycush*

Größe 30–50 cm, maximal 126 cm (dieser Fisch wog 46,3 kg); weltweiter Angelrekord 29 kg. **Merkmale** Afterflosse mit höchstens 10 verzweigten Strahlen; Pflugscharbein zahnlos; Körper mit heller Fleckenzeichnung. **Verbreitung** Im Norden der USA und in Kanada; in Europa eingebürgert, wo gesunde Populationen in großen, tiefen Seen in Schweden und der Schweiz entstanden sind. **Fortpflanzung** September–November; die Eier werden über Steinen und Kies abgelegt. Die Jungen schlüpfen nach 100–150 Tagen; die Geschlechtsreife wird nach 6–8 Jahren erreicht; die Lebenserwartung beträgt bis zu 25 Jahre. Ein 80 cm großes Weibchen kann ca. 18 000 Eier ablegen. **Nahrung** Jungtiere fressen Wirbellose, ältere Exemplare auch Fische. **Nutzung** Wird in Nordamerika wirtschaftlich und als Angelfisch genutzt, in Europa spielt die Art kaum eine Rolle. **Schutzkategorie** Eingebürgerte Art.

Größe: 30–50 cm, maximal 126 cm

Amerikanischer Seesaibling

Äschen (Thymallidae), von denen es nur eine Gattung mit fünf Arten gibt, kommen ausschließlich in der nördlichen Hemisphäre (Europa, Asien und Nordamerika) vor; verwandtschaftliche Beziehungen bestehen zu den Salmoniden und Coregoniden. Zu finden sind die Fische in schnellen Fließgewässern und kalten Seen, gelegentlich aber auch in Mündungsgebieten. Der wissenschaftliche Name bezieht sich auf das Fleisch, dessen Geruch an Thymian erinnern soll. Typisch für alle Arten ist die hohe Rückenflosse.
In Europa kommt nur eine Art vor, eine weitere Spezies gibt es in Russland mit der Arktischen Äsche *(Thymallus arcticus)* aus den Flüssen Nordsibiriens.

Äsche *Thymallus thymallus*

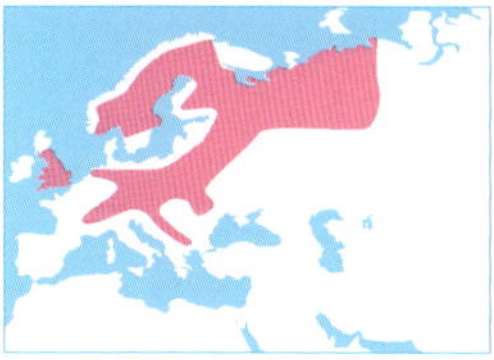

Größe 25–35 cm, maximal 50 cm; Höchstgewicht 4,7 kg. **Merkmale** Mit Fettflosse und großer Rückenflosse; das Punktmuster am Körper kann bei einzelnen Exemplaren ganz unterschiedlich ausfallen. **Verbreitung** In weiten Teilen Europas, besonders im Norden des Kontinents, in sauberen, kühlen Fließgewässern, manchmal auch in Seen und Flussmündungen. **Fortpflanzung** März–Mai; die Laichgrube wird in einem Kiesbett ausgehoben; die Jungen schlüpfen nach 20–30 Tagen. Die Geschlechtsreife wird nach 3–4 Jahren erreicht; die Lebenserwartung kann bis zu 15 Jahre betragen. Etwa 45 cm lange Weibchen können ca. 10 000 Eier legen. **Nahrung** Hauptsächlich Wirbellose, besonders Insekten; größere Exemplare fressen auch kleine Fische. **Nutzung** Wird in Teilen Russlands kommerziell genutzt; in einigen Ländern ein beliebter Angelfisch, dem man z. B. in Großbritannien mit Wurmköder oder künstlicher Fliege nachstellt. **Schutzkategorie** Bern III, FFH V. Geringes Gefährdungsrisiko.

Äsche

Größe: 25–35 cm, maximal 50 cm

Dorschfische – Familie Gadidae

Dorschfische (Gadidae) sind überwiegend Bewohner des Meeres, wobei man die Tiere vor allem in den kälteren Gewässern der Nordhalbkugel findet, in geringerem Ausmaß aber auch in der südlichen Hemisphäre. Einige Arten leben in größerer Tiefe in den Ozeanen, andere sind Bewohner der Gezeitenzonen, aber die Mehrzahl kommt in geringerer Tiefe im Bereich des Festlandssockels vor. Es gibt 15 Gattungen mit etwa 30 Arten, davon nur wenige im Süßwasser. Dorschfische haben einen breiten Kopf mit großen Kiefern und zahlreichen spitzen Zähnen; bei manchen Arten sind Bartfäden am Oberkiefer und an der Spitze des Unterkiefers vorhanden. Typisch sind auch die weit vorn – noch vor den Brustflossen – sitzenden Bauchflossen. Einige Arten der Familie sind sehr begehrte Nutzfische, zum Beispiel Kabeljau *(Gadus morhua)*, Schellfisch *(Melanogrammus aeglefinus)* und Wittling *(Merlangius merlangus)*, die man vor allem im Nordatlantik fängt; andere werden auch geangelt.
In Europa kommt nur eine Süßwasserart vor.

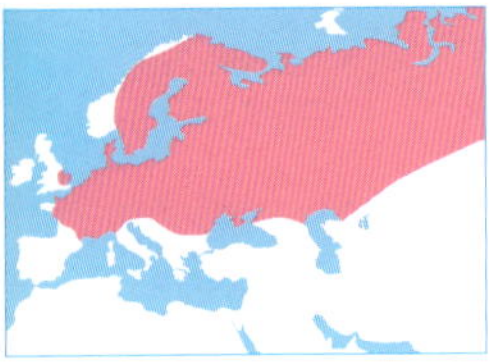

Quappe, Rutte *Lota lota*

Größe 30–50 cm, maximal 120 cm; Höchstgewicht ca. 32 kg. **Merkmale** Langgestreckter Körper mit 2 Rückenflossen, die erste kürzer als die zweite; breiter Kopf mit einem langen Bartfaden am Unterkiefer und einer kürzeren Bartel an jeder Nasenöffnung. **Verbreitung** Kommt in weiten Teilen Europas, Asiens und Nordamerikas in Seen und Flüssen vor; in Teilen des Verbreitungsgebietes sind die Bestandszahlen stark rückläufig (in Großbritannien ist die Art inzwischen ausgestorben). **Fortpflanzung** Dezember–März; über Stein- und Kiesuntergrund in Flüssen und Seen. Die Jungen schlüpfen nach 40–50 Tagen. Die Geschlechtsreife wird nach 3–4 Jahren erreicht; die Lebenserwartung beträgt bis zu 25 Jahre. Die Weibchen können 33 000–3 000 000 Eier legen. **Nahrung** Jungtiere fressen Wirbellose, wie Kleinkrebse und Insektenlarven, ältere Exemplare auch Fische. **Nutzung** Wird in manchen Gegenden mit Netzen, Reusen oder beköderten Haken gefangen; bei Anglern weniger beliebt. **Schutzkategorie** Gefährdet.

Quappe

Größe: 30–50 cm,
maximal 120 cm

Meeräschen – Familie Mugilidae

Die Meeräschen (Mugilidae) gehören zu den häufigeren Arten der Meere. Dort leben sie vor allem in Küstengewässern, einige Arten findet man aber auch in Brack- und Süßwasser, allerdings für gewöhnlich nur in Mündungsgebieten, Lagunen oder im Unterlauf der Flüsse und dann auch nur kurzzeitig – manchmal nur für einige Stunden während der Flut. Es gibt 17 Gattungen mit insgesamt etwa 80 Arten, die vor allem in den Gewässern der Tropen und der gemäßigten Breiten vorkommen.

Meeräschen sind langgestreckte, kräftig gebaute Fische mit einem seitlich nur wenig abgeplatteten Körper. Das Maul ist groß und endständig, die Zähne sind entweder sehr klein oder nicht vorhanden, einige Arten besitzen besonders gut entwickelte Augenlider (Fettlider), die vermutlich eine Schutzfunktion haben. Der Körper ist meist mit großen Rundschuppen bedeckt, die sich bis weit über den Kopf erstrecken; eine Seitenlinie fehlt; die Kiemenreusendornen sind lang und dünn. Auffällig sind außerdem die beiden deutlich voneinander getrennten Rückenflossen, wobei die vordere kurz ist und von 1–5 harten Strahlen gestützt wird, während die zweite längere und weichere Strahlen aufweist. Die Brustflossen sitzen weit oben direkt hinter den Kiemendeckeln.

Meeräschen sind flinke Schwarmfische, die zur Futtersuche oft Flachwasserbereiche aufsuchen. Ihre Nahrung besteht zum großen Teil aus Fadenalgen, sie fressen aber auch Wirbellose. Der Verdauungstrakt besteht aus einem muskulösen Kaumagen, in dem die Nahrung zerkleinert wird, und einem sehr langen Darm.

Die Eiablage findet normalerweise im Frühjahr in küstennahen Gewässerzonen statt, wobei Einzelheiten über die Fortpflanzung noch kaum bekannt sind. Die Nachkommen halten sich in den Küstengewässern oder in einmündenden Bächen auf, ausgewachsene Exemplare wandern gelegentlich in größere Flüsse ein.

Die Bedeutung der Meeräschen als Nutzfische ist in einzelnen Regionen unterschiedlich. So werden sie manchmal vom Ufer oder auch von Booten aus geangelt, während Berufsfischer hauptsächlich Reusen und Wadennetze einsetzen. Auf diese Weise werden im Mittelmeergebiet jährlich bis zu 20000 Tonnen gefangen, aber auch in Südrussland spielen Fleisch und Rogen dieser Fische eine wichtige Rolle.

Charakteristische Merkmale der Mugilidae

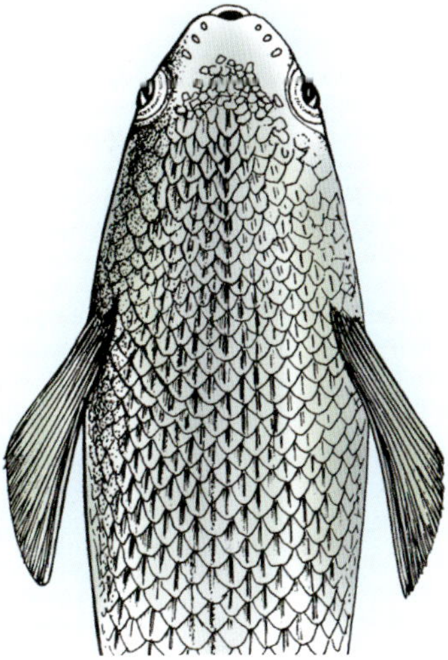

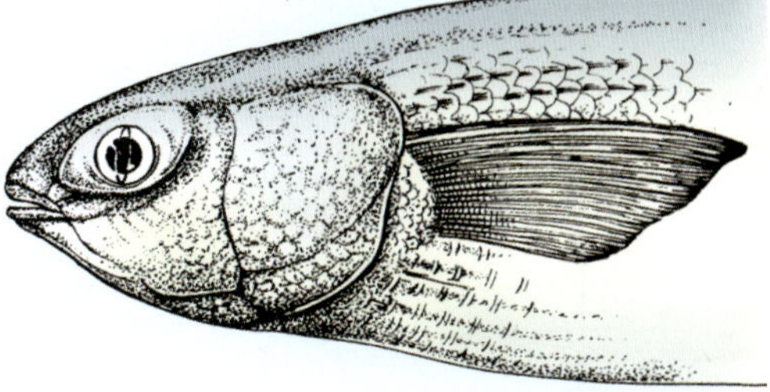

▲ Seitenansicht der Großköpfigen Meeräsche mit gut entwickeltem Fettlid

▲ Rückenansicht der Springmeeräsche mit Sinnesgruben am Kopf

Bestimmungsschlüssel für die europäischen Arten der Meeräschen

1	Vorderer Augenhöhlenknochen reicht nicht bis in die Höhe des Mundwinkels; Oberkiefer ist unter dem vorderen Augenhöhlenknochen verborgen; gut entwickelte Fettlider bedecken die Augen bis zur Pupille	*Mugil cephalus* S. 209
	Vorderer Augenhöhlenknochen reicht über die Höhe des Mundwinkels hinaus; Oberkiefer steht am Mundwinkel unter dem vorderen Augenhöhlenknochen hervor; die schwach entwickelten Fettlider reichen nie bis zur Pupille	2
2	Oberlippe sehr dick (mehr als 1/10 der Kopflänge bzw. mehr als der halbe Augendurchmesser); mit schuppenfreiem Streifen an der Kehle	3
	Oberlippe nicht so dick (unter 1/10 der Kopflänge bzw. dem halben Augendurchmesser); Kehle nicht mit schuppenfreiem Streifen	4
3	Oberlippe glatt; ihre Dicke entspricht etwa dem Augendurchmesser	*Oedalechilus labeo* S. 209
	Oberlippe mit 2 Reihen kleiner Warzen; ihre Dicke ist geringer als der Augendurchmesser	*Chelon labrosus* S. 207
4	Einige Rückenschuppen weisen mehrere (2–5) Kanäle auf; Oberseite des Kopfes bis zu den vorderen Nasenöffnungen mit Schuppen, gehen am Ende der Schnauze in zahlreiche Reihen kleiner Schuppen über; Basis der Brustflossen ohne längliche Anhänge; Kiemendeckel mit einzelnen goldfarbenen Punkten	*Liza saliens* S. 208
	Rückenschuppen mit nur einem Kanal	5
5	Oberseite des Kopfes mit Schuppen bis zu den vorderen Nasenöffnungen oder darüber hinaus; Hinterende des vorderen Augenhöhlenknochens abgerundet oder gerade abgeschnitten, aber nie schräg; Basis der Brustflossen mit länglichen Anhängen	*Liza ramada* S. 208
	Schuppen auf der Oberseite des Kopfes nicht bis zu den vorderen Nasenöffnungen, enden in einer einzelnen Reihe kleiner Schuppen; Hinterende des vorderen Augenhöhlenknochens schräg abgeschnitten; Basis der Brustflossen ohne längliche Anhänge; ein goldfarbener Punkt hinter jedem Kiemendeckel und ein weiterer hinter jedem Auge	*Liza aurata* S. 207

Dicklippige Meeräsche *Chelon labrosus*

Größe 30–50 cm, maximal 90 cm. **Merkmale** Körper mit großen Rundschuppen bedeckt, die sich bis zum Kopf erstrecken; dickes Fettlid; 2 Rückenflossen, die erste mit nur 4 harten Strahlen; Oberlippe sehr dick und mit 2 Reihen kleiner Warzen; 45–46 Schuppen entlang der Seitenlinie. **Verbreitung** In atlantischen Küstengewässern ab Norwegen südwärts sowie im Mittelmeerraum und im Schwarzen Meer; wandert gelegentlich in den Unterlauf von Flüssen. **Fortpflanzung** Juni–August; laicht im Meer ab. Die Geschlechtsreife wird nach 2–4 Jahren erreicht. **Nahrung** Fadenalgen und andere Pflanzen sowie am Boden lebende Wirbellose. **Nutzung** Von beträchtlicher kommerzieller Bedeutung; wird in einigen Regionen auch geangelt. **Schutzkategorie** Geringes Gefährdungsrisiko.

Größe: 30–50 cm, maximal 90 cm

Dicklippige Meeräsche

Goldmeeräsche *Liza aurata*

Größe 20–35 cm, maximal 50 cm. **Merkmale** Der Körper ist mit großen Rundschuppen bedeckt, die sich bis auf den Kopf erstrecken; Kiemendeckel und Wangen mit goldfarbenen Flecken; 2 Rückenflossen, die erste mit nur 4 harten Strahlen; keine Anhänge an der Basis der Brustflossen; goldfarbener Punkt auf den Kiemendeckeln und hinter jedem Auge. **Verbreitung** In den atlantischen Küstenzonen Südeuropas, einschließlich Mittelmeer und Schwarzes Meer; wurde im Kaspischen Meer erfolgreich eingebürgert; wandert in den Unterlauf einiger Flüsse (z. B. Dnjepr). **Fortpflanzung** August–September; laicht im Meer ab. Die Geschlechtsreife wird nach 3–5 Jahren erreicht; die Lebenserwartung beträgt bis zu 10 Jahre. Die Weibchen legen 1 200 000–2 100 000 Eier. **Nahrung** Fadenalgen und anderes pflanzliches Material, aber auch am Boden lebende Wirbellose. **Nutzung** Von beträchtlichem kommerziellem Wert, besonders in der Mittelmeerregion und am Schwarzen Meer; wird nur wenig geangelt. **Schutzkategorie** Geringes Gefährdungsrisiko.

Größe: 20–35 cm, maximal 50 cm

Goldmeeräsche

Dünnlippige Meeräsche *Liza ramada*

Größe 25–40 cm, maximal 60 cm. **Merkmale** Oberlippe mit nur einer Reihe kleiner Warzen; Körper mit großen Rundschuppen, die sich in einer Reihe bis auf den Kopf erstrecken; 2 Rückenflossen, die erste mit nur 4 harten Strahlen; keine goldfarbenen Flecken auf den Kiemendeckeln. **Verbreitung** An fast allen europäischen Küsten weit verbreitet (einschließlich Mittelmeer und Schwarzes Meer, nicht im hohen Norden); wandert auch in den Unterlauf großer Flüsse und in Küstenseen. **Fortpflanzung** August–September; laicht im Meer. Die Geschlechtsreife wird nach 3–5 Jahren erreicht. **Nahrung** Hauptsächlich Fadenalgen sowie daran sitzende Wirbellose. **Nutzung** In manchen Regionen kommerziell bedeutend und auch als Angelfisch genutzt. **Schutzkategorie** Geringes Gefährdungsrisiko.

Dünnlippige Meeräsche

Größe: 25–40 cm, maximal 60 cm

Springmeeräsche *Liza saliens*

Größe 20–30 cm, maximal 40 cm. **Merkmale** Der Körper ist mit großen Rundschuppen bedeckt, die sich in 2 Reihen bis auf den Kopf erstrecken; 2 Rückenflossen, die erste mit nur 4 dornigen Strahlen; mit mehreren goldfarbenen Flecken auf den Kiemendeckeln. **Verbreitung** An den Atlantikküsten Südeuropas und Nordafrikas sowie im Mittelmeer und Schwarzen Meer; im Kaspischen Meer eingebürgert. Auch im Süßwasser im Unterlauf von Flüssen (z. B. Guadalquivir) sowie in Küstenlagunen. **Fortpflanzung** Mai–Juni; laicht in flachen Meereszonen. **Nahrung** Hauptsächlich benthische Algen und anderes pflanzliches Material sowie daran sitzende Wirbellose. **Nutzung** Wird im Mittelmeer und Schwarzen Meer wirtschaftlich genutzt. **Schutzkategorie** Geringes Gefährdungsrisiko.

Größe: 20–30 cm, maximal 40 cm

Springmeeräsche

Großköpfige Meeräsche *Mugil cephalus*

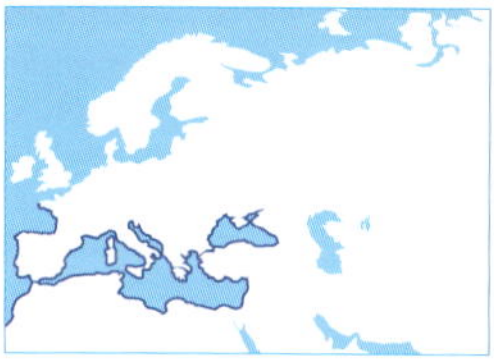

Größe 30–60 cm, maximal 70 cm; Höchstgewicht ca. 6 kg. **Merkmale** Der Körper ist mit großen Rundschuppen bedeckt, die sich auch auf den Kopf erstrecken; 2 Rückenflossen, davon die erste mit nur 4 harten Strahlen; gut entwickeltes, bis zur Pupille reichendes Fettlid. **Verbreitung** An den Atlantikküsten Südeuropas, im Mittelmeer und Schwarzen Meer sowie in Nordamerika; im Kaspischen Meer eingebürgert. Auch in den Mündungsgebieten großer Flüsse und in Küstenseen zu finden. **Fortpflanzung** Juni–August; laicht im Meer. Die Geschlechtsreife wird nach 6–8 Jahren erreicht. Die Weibchen legen 5 000 000–7 200 000 Eier. **Nahrung** Hauptsächlich Fadenalgen und anderes pflanzliches Material, aber auch Wirbellose. **Nutzung** Von beträchtlicher kommerzieller Bedeutung; wird in mehreren Ländern in großer Zahl gefangen und mancherorts in Flussmündungen auch geangelt. **Schutzkategorie** Geringes Gefährdungsrisiko.

Größe: 30–60 cm, maximal 70 cm

Großköpfige Meeräsche

Mugil soiuy (ohne Abbildung)

Diese Art, die im japanischen Meer und anderen asiatischen Gewässern heimisch ist und auch im Süßwasser vorkommt, wurde im Schwarzen und im Asowschen Meer eingebürgert. **Schutzkategorie** Eingebürgerte Art.

Graue Meeräsche *Oedalechilus labeo*

Größe 15–20 cm, maximal 25 cm. **Merkmale** Der Körper ist mit großen Rundschuppen bedeckt, die sich bis auf den Kopf erstrecken; 2 Rückenflossen, die erste mit nur 4 harten Strahlen; Oberlippe glatt und etwa so dick wie der Augendurchmesser; Auge weitgehend von einem Fettlid bedeckt. **Verbreitung** In Küstenbereichen von Frankreich bis ins nördliche Mittelmeer, manchmal auch im Unterlauf großer Flüsse. **Fortpflanzung** Juli–September; laicht im Meer. **Nahrung** Feines pflanzliches Material und benthische Wirbellose. **Nutzung** Für die Küstenfischerei in Frankreich von beträchtlicher kommerzieller Bedeutung; für den Angelsport wenig interessant. **Schutzkategorie** Geringes Gefährdungsrisiko.

Größe: 15–20 cm, maximal 25 cm

Graue Meeräsche

Ährenfische – Familie Atherinidae

Die Ährenfische (Atherinidae), die man oft in großen Schwärmen in flachem Wasser findet, sind nahezu global verbreitet. Es handelt sich um Planktonfresser, die sowohl im Meer als auch in Brack- und Süßwasser vorkommen. Es gibt 25 Gattungen mit etwa 160 Arten, von denen ungefähr 50 im Süßwasser heimisch sind. Zumeist handelt es sich dabei um kleine Fische (unter 15 cm Länge), es gibt aber auch sehr viel größere Vertreter. Die meisten Arten sind silbrig gefärbt, etwas durchscheinend, mit einem typischen Längsband.
In Europa sind nur fünf, überwiegend marine Arten heimisch, die man aber manchmal auch im Süßwasser findet.

Bestimmungsschlüssel für die im Süßwasser vorkommenden Ährenfische

1	Erste Rückenflosse viel kleiner als die zweite und weit hinten in Höhe des Afters sitzend; große Fische (bis zu 70 cm), die nur im Nemisee nahe Rom vorkommen	*Odonthestes bonariensis* S. 212
	Erste Rückenflosse etwa gleich groß wie die zweite und weit vor dem After sitzend; kleine Fische (maximal 25 cm)	2
2	Weniger als 52 Schuppen entlang der Seitenlinie	3
	Mehr als 51 Schuppen entlang der Seitenlinie	4
3	42–48 Schuppen entlang der Seitenlinie; 40–47 Wirbel	*Atherina boyeri* S. 210
	48–51 Schuppen entlang der Seitenlinie; 48–52 Wirbel	*Atherina mochon* S. 211
4	Weniger als 12 verzweigte Strahlen in der zweiten Rückenflosse; 59–65 Schuppen entlang der Seitenlinie	*Atherina hepsetus* S. 211
	Mehr als 12 verzweigte Strahlen in der zweiten Rückenflosse; 52–57 Schuppen entlang der Seitenlinie	*Atherina presbyter* S. 212

Kleiner Ährenfisch *Atherina boyeri*

Größe 7–9 cm, maximal 13 cm. **Merkmale** 42–48 Schuppen entlang der Seitenlinie; 40–47 Wirbel; Afterflosse mit 11–13 verzweigten Strahlen. **Verbreitung** Kommt im Küstenbereich von Mittelmeer und Kaspischem Meer vor, aber auch in Lagunen und gelegentlich im Süßwasser (z. B. Trichonissee). **Fortpflanzung** Juni–August; die Eier haften mit Hilfe von fadenförmigen Anhängen an Pflanzen. **Nahrung** Wirbellose, hauptsächlich Kleinkrebse, aber auch Würmer und Weichtiere. **Nutzung** Lokal von geringer kommerzieller Bedeutung; kein Angelfisch. **Schutzkategorie** Geringes Gefährdungsrisiko.

Kleiner Ährenfisch

Größe: 7–9 cm, maximal 13 cm

Großer Ährenfisch *Atherina hepsetus*

Größe 10–12 cm, maximal 15 cm. **Merkmale** Mehr als 55 Schuppen entlang der Seitenlinie; weniger als 12 verzweigte Strahlen in der Rückenflosse. **Verbreitung** An den Küsten von Mittelmeer, Schwarzem und Kaspischem Meer sowie in einigen Flussmündungen und Seen. **Fortpflanzung** Juni–August; laicht zwischen Pflanzen, an denen die Eier mit Haftfäden hängen bleiben. **Nahrung** Wirbellose, hauptsächlich Krebstiere. **Nutzung** Lokal von geringer kommerzieller Bedeutung; kein Angelfisch. **Schutzkategorie** Geringes Gefährdungsrisiko.

Großer Ährenfisch

Größe: 10–12 cm, maximal 15 cm

Atherina mochon

Größe 8–12 cm, maximal 14 cm. **Merkmale** Weniger als 55 Schuppen entlang der Seitenlinie. **Verbreitung** An den Küsten von Mittelmeer, Schwarzem und Kaspischem Meer sowie in den Mündungsgebieten und im Unterlauf einiger Flüsse (Dnjestr, Bug). **Fortpflanzung** Juli–August; laicht zwischen Pflanzen, an denen die Eier mit Haftfäden hängen bleiben. **Nahrung** Benthische Wirbellose, besonders Krebstiere; in Süßwasser auch Insektenlarven. **Nutzung** Im Schwarzen und Kaspischen Meer lokal von geringer kommerzieller Bedeutung, für Angler ohne Interesse. **Schutzkategorie** Geringes Gefährdungsrisiko.

Atherina mochon

Größe: 8–12 cm, maximal 14 cm

Streifenfisch, Atlantischer Ährenfisch
Atherina presbyter

Größe 10–13 cm, maximal 15 cm. **Merkmale** Über 55 Schuppen entlang der Seitenlinie; mehr als 15 verzweigte Strahlen in der Rückenflosse. **Verbreitung** An den europäischen Küsten von Dänemark bis Spanien und im westlichen Mittelmeer sowie in den Mündungsgebieten einiger Flüsse. **Fortpflanzung** April–Juli; laicht in flachen Gewässerzonen zwischen Seegras, an dem die Eier mit Haftfäden hängen bleiben. **Nahrung** Wirbellose, besonders Krebstiere. **Nutzung** An der Mittelmeerküste von geringer kommerzieller Bedeutung; für Angler ohne Interesse. **Schutzkategorie** Geringes Gefährdungsrisiko.

Streifenfisch

Größe: 10–13 cm,
maximal 15 cm

Odontesthes bonariensis

Größe 40–50 cm, maximal 70 cm und damit viel größer als alle heimischen Ährenfischarten. **Merkmale** Maul endständig; erste Rückenflosse etwa in Höhe des Afters und viel kleiner als die zweite. **Verbreitung** Stammt aus Südamerika und wurde erfolgreich im Nemisee nahe Rom als Ersatz für *Coregonus*-Arten eingebürgert. **Fortpflanzung** Über die Fortpflanzung in Europa liegen keine Angaben vor. **Nahrung** Zooplankton, hauptsächlich Wasserflöhe und Ruderfußkrebse. **Nutzung** In Europa kommerziell und als Angelfisch von geringer Bedeutung. **Schutzkategorie** Eingebürgerte Art.

Odontesthes bonariensis

Größe: 40–50 cm,
maximal 70 cm

Die Reisfische (Adrianichthyidae) bilden eine kleine, mit den Cyprinodontidae verwandte Familie, zu der nur Brack- und Süßwasserfische gehören. Alle Vertreter stammen aus Asien, wo man sie vor allem in Japan, Korea, China, Vietnam, Malaysia, Indien und auf Celebes, Sri Lanka und Java findet. Es gibt vier Gattungen mit insgesamt 18 Arten.
Zur Gattung *Oryzias* gehören mehrere Arten von weniger als 5 cm Länge. Die meisten von ihnen sind beliebte Aquarienfische, von denen es inzwischen auch eine Reihe von Zuchtformen gibt, die sich vor allem in der Färbung unterscheiden. Eine dieser Arten scheint mittlerweile in Europa heimisch geworden zu sein.

Japankärpfling, Japanischer Reiskärpfling
Oryzias latipes

Größe Meist 2–3 cm, maximal 4 cm. **Merkmale** Körper graugrün mit silbrig schimmernden Schuppen; Rückenflosse mit 6–7, Afterflosse mit 18–20 verzweigten Strahlen; ohne Seitenlinie. **Verbreitung** Die Art, die aus Vietnam, China, Korea und Japan stammt, wurde eventuell nur versehentlich mit anderen Fischarten nach Russland eingeschleppt, wo sie aber inzwischen zur Bekämpfung von Stechmücken weiterverbreitet wird. **Fortpflanzung** Laicht zwischen Pflanzen ab; das Weibchen trägt die Eier nach der Befruchtung noch eine Zeit lang in einer Schleimhülle am Bauch, bis sie schließlich an Pflanzen abgestreift werden. Die Jungen schlüpfen nach 10–12 Tagen. **Nahrung** Jungtiere fressen hauptsächlich Protozoen, später ernähren sich die in ruhigen Fließgewässern und in Seen lebenden Fische hauptsächlich von Zooplankton und kleinen Insektenlarven. **Nutzung** Beliebter Aquarienfisch, der auch zur Bekämpfung von Stechmücken und in der Forschung eingesetzt wird. **Schutzkategorie** Eingebürgerte Art.

Größe: meist 2–3 cm, maximal 4 cm

Japankärpfling

Fundulen – Familie Fundulidae

Die zur Gruppe der Zahnkärpflinge gehörende Familie der Fundulidae umfasst eine große Zahl von Arten, die alle in Nord- und Mittelamerika sowie auf einigen Inseln der Region (z. B. Bermudas und Kuba) heimisch sind, inzwischen aber auch in anderen Regionen eingebürgert wurden. Alle haben einen zylinderförmigen Körper, abgeplatteten Kopf und seitlich leicht zusammengedrückten Schwanzstiel. Sie kommen in den unterschiedlichsten Süß- und Brackwasserbiotopen bis hin zum Meer vor. Die Geschlechter lassen sich normalerweise leicht unterscheiden, weil die Männchen größere Flossen und eine auffälligere Zeichnung und Färbung aufweisen. Ein außergewöhnliches Merkmal bei den Weibchen ist eine äußerlich sichtbare Verlängerung des Eileiters, die vom ersten Strahl der Afterflosse gestützt wird. Viele Arten der Familie sind beliebte Aquarienfische, die in vielen Ländern verkauft werden. Insgesamt gibt es fünf Gattungen mit etwa 48 Arten.
In Europa war ursprünglich keine dieser Arten heimisch; inzwischen wurde aber eine Art erfolgreich auf der Iberischen Halbinsel eingebürgert.

Blaubandkärpfling *Fundulus heteroclitus*

Größe 8–10 cm, maximal 13 cm. **Merkmale** Gedrungener Körper mit weit hinten sitzender Rückenflosse; Maul oberständig; 8–12 Kiemenreusendornen; 32–38 Schuppen entlang der Seitenlinie. **Verbreitung** An der Küste Nordamerikas vom Sankt-Lorenz-Golf bis Nordflorida heimisch; wurde auf der Iberischen Halbinsel eingebürgert. **Fortpflanzung** Juni–Juli; nach Balz und Paarung werden die etwa 400–500 Eier am Boden abgelegt. Die Jungen schlüpfen – abhängig von der Temperatur – nach 10–20 Tagen. **Nahrung** Allesfresser, die sich von Pflanzen, Wirbellosen, darunter Flohkrebsen und Weichtieren, aber auch kleinen Fischen und Fischlaich ernähren. **Nutzung** Wurde in der Vergangenheit häufig für Forschungen (Embryologie und Physiologie) eingesetzt, aber auch als Köderfisch beim Angeln. Wirtschaftlich ohne Bedeutung. **Schutzkategorie** Eingebürgerte Art.

Größe: 8–10 cm, maximal 13 cm

Blaubandkärpfling

Europäische Kärpflinge – Familie Valenciidae

Zur Familie Valenciidae gehört nur eine Gattung mit zwei Arten, die beide im europäischen Mittelmeerraum heimisch sind. Von den nahe verwandten Eierlegenden Zahnkarpfen (Cyprinodontidae) unterscheiden sie sich durch kegelförmige, einspitzige Zähne (bei der Gattung *Aphanias* sind sie dreispitzig). Es handelt sich um kleine Fische, die hauptsächlich in stehenden Gewässern vorkommen, häufig in Meeresnähe.

Bestimmungsschlüssel für die Europäischen Kärpflinge

1	Afterflosse mit 12–14 Strahlen; Schwanzflosse mit 4–7 dunklen Streifen; kommt nur in Spanien vor	*Valencia hispanica* S. 215
	Afterflosse mit 11–13 Strahlen; Schwanzflosse mit 2–4 dunklen Streifen; kommt nur in Griechenland und Südalbanien vor	*Valencia letourneuxi* S. 215

Valenciakärpfling *Valencia hispanica*

Größe 5–7 cm, maximal 8 cm. **Merkmale** Maul endständig; Rückenflosse sitzt vor der Afterflosse; letztere mit 12–14 Strahlen; dunkler Punkt oberhalb der Brustflossenbasis. **Verbreitung** Kommt nur in Küstengebieten Südostspaniens vor, wo die Tiere in den unterschiedlichsten Gewässern (Brack- und Süßwasser) zu finden sind. **Fortpflanzung** April–Juli; laicht zwischen Pflanzen in flachen Gewässerzonen. Die Jungen schlüpfen nach 12–15 Tagen; die Geschlechtsreife wird nach weniger als 1 Jahr erreicht. Die Weibchen legen 200–250 Eier. **Nahrung** Wirbellose, besonders Kleinkrebse und Insektenlarven. **Nutzung** Wird manchmal in Aquarien gehalten. **Schutzkategorie** Bern II, FFH II & IV. Gefährdet.

♀

♂

Valencia-kärpfling

Größe: 5–7 cm, maximal 8 cm

Korfukärpfling *Valencia letourneuxi*

Größe 5–7 cm, maximal 8 cm. **Merkmale** Afterflosse mit 11–13 Strahlen; Schwanzflosse mit 2–4 dunklen Streifen. **Verbreitung** Kommt nur im östlichen Mittelmeer von Südalbanien bis zum Peloponnes vor, wo man die Tiere entlang der Küste in Lagunen und Quellgewässern findet. **Fortpflanzung** März–Juni; laicht zwischen Pflanzen in flachen Gewässerzonen. **Nahrung** Kleine Wirbellose, besonders Krebstiere und Insektenlarven. **Nutzung** Wird manchmal in Aquarien gehalten. **Schutzkategorie** Bern II. Gefährdet.

Größe: 5–7 cm, maximal 8 cm

Korfu-kärpfling

Lebendgebärende Zahnkarpfen – Familie Poeciliidae

Lebendgebärende Zahnkarpfen (Poeciliidae), zu denen etwa 30 Gattungen mit ca. 300 Arten gehören, findet man hauptsächlich in den Tropen und Subtropen Nord-, Mittel- und Südamerikas. Die meisten Arten sind lebendgebärend; die Afterflosse des Männchens ist zu einem Begattungsorgan (Gonopodium) umgewandelt. In Europa werden sie häufig in Aquarien gehalten, es gibt aber auch eine Art, die erfolgreich eingebürgert wurde. Eine weitere tropische Art, der Guppy *(Poecilia reticulata)*, kommt in Europa stellenweise in Gewässern vor, die durch Kühlwasserzuflüsse von Kraftwerken oder Industrieanlagen ganzjährig warm sind.

Bestimmungsschlüssel für eingebürgerte Lebendgebärende Zahnkarpfen

1	Rücken- und Schwanzflosse ohne deutliche schwarze Punkte; weniger als 29 Schuppen entlang der Seitenlinie	*Poecilia reticulata* S. 216
	Rücken- und Schwanzflosse mit schwarzen Punkten; mehr als 29 Schuppen entlang der Seitenlinie	*Gambusia affinis* S. 217

Guppy *Poecilia reticulata*

Größe Meist 2–3 cm, maximal 3,5 cm (Männchen) bzw. 5 cm (Weibchen). **Merkmale** Beim Männchen gibt es zahlreiche Farbschläge; Rückenflosse mit 7–8, Afterflosse mit 8–10 verzweigten Strahlen. **Verbreitung** Heimisch in Südamerika von Venezuela bis Guyana und auf verschiedenen Karibikinseln; nach Europa kam die Art ursprünglich als Aquarienfisch, inzwischen haben sich in durch Kühlwasserzuflüsse ganzjährig warmen Gewässern (z. B. in der Moskwa) freilebende Populationen gebildet. **Fortpflanzung** Lebendgebärende Art mit jährlich 20–40 Würfen. **Nahrung** Hauptsächlich Zooplankton und kleine Insekten. **Nutzung** Beliebter Aquarienfisch; wird auch zur Stechmückenbekämpfung und in der Forschung eingesetzt. **Schutzkategorie** Eingebürgerte Art.

♂

Guppy

Größe: meist 2–3 cm, maximal 3,5 cm (♂) bzw. 5 cm (♀)

♀

Koboldkärpfling *Gambusia affinis*

Größe 3–5 cm, maximal 6 cm. **Merkmale** Maul oberständig; Rückenflosse weit hinten, über oder hinter der Afterflosse sitzend; Afterflosse des Männchens zu einem Begattungsorgan umgewandelt. Es gibt zwei Unterarten: *G. affinis affinis* und *G. affinis holbrooki*, die zu verschiedenen Zeiten in Europa eingebürgert wurden. **Verbreitung** Die im Südosten Nordamerikas heimische Art wurde an mehreren Stellen in Europa zur Stechmückenbekämpfung ausgesetzt. Inzwischen ist die Art in Südeuropa weit verbreitet, wo die Tiere unterschiedlichste Süß- und Brackwasserbiotope bewohnen, darunter kleine, stark verkrautete Gräben und Tümpel. **Fortpflanzung** Hauptsächlich April–August. Bei der Paarung findet eine innere Befruchtung des Weibchens statt, das nach etwa 30 Tagen bis zu 50 Junge zur Welt bringt, wobei jährlich mehrere Würfe möglich sind. Die Jungfische werden innerhalb von 1 Jahr geschlechtsreif. **Nahrung** Wirbellose, besonders Kleinkrebse und Insektenlarven. **Nutzung** Spielt besonders in Malaria-Regionen eine wichtige Rolle bei der Stechmückenbekämpfung, gilt aber auch als Bedrohung für einige einheimische Arten. Beliebter Aquarienfisch. **Schutzkategorie** Eingebürgerte Art.

♂

Größe: 3–5 cm,
maximal 6 cm

Koboldkärpfling

♀

Eierlegende Zahnkarpfen – Familie Cyprinodontidae

Die Mitglieder dieser Familie findet man hauptsächlich im Süßwasser, nur einige Arten kommen gelegentlich auch in Brack- und Meerwasser vor. Ihr Verbreitungsgebiet liegt in Südeuropa, Afrika, Südostasien, Südamerika und im Südosten der USA, wo sie in warmen Gewässern zu finden sind. Es handelt sich um kleine Fische mit nach oben gerichtetem (oberständigem) Maul und gut entwickelten, aber kleinen dreispitzigen Zähnen. Viele Arten sind beliebte Aquarienfische.
Es gibt neun Gattungen mit etwa 100 Arten, von denen in Europa aber nur zwei vorkommen.

Bestimmungsschlüssel für die Eierlegenden Zahnkarpfen Europas

1	Rückenflosse mit 9–10 Strahlen; Schwanzflosse der Männchen mit mehreren Querbinden; Weibchen mit dunklen Flecken auf den grünlichen Flanken	*Aphanius iberus* S. 219
	Rückenflosse mit 10–13 Strahlen; Schwanzflosse der Männchen mit 1 Querbinde; Weibchen mit undeutlichen Querbinden auf den grauen Flanken	*Aphanius fasciatus* S. 218

Zebrakärpfling *Aphanius fasciatus*

Größe 4–5 cm, maximal 6 cm. **Merkmale** Kleiner Fisch mit oberständigem Maul; Rückenflosse weit hinten in Höhe der Afterflosse; Rückenflosse mit 10–13, Afterflosse mit 9–13 Strahlen. **Verbreitung** Kommt in Küstengebieten im östlichen Mittelmeerraum vor, wo man die Tiere in unterschiedlichen Süß- und Brackwasserbiotopen findet. **Fortpflanzung** April–August; laicht zwischen Pflanzen. Die Jungen schlüpfen nach 10–15 Tagen, die Geschlechtsreife wird nach etwa 1 Jahr erreicht. **Nahrung** Wirbellose, besonders Kleinkrebse und Insektenlarven. **Nutzung** Wird manchmal in Aquarien gehalten. **Schutzkategorie** Bern II & III, FFH II. Gefährdet.

♂

Zebrakärpfling

Größe: 4–5 cm, maximal 6 cm

♀

Spanienkärpfling *Aphanius iberus*

Größe 3–4 cm, maximal 5 cm. **Merkmale** Kleiner Fisch mit oberständigem Maul; Rückenflosse weit hinten in Höhe der Afterflosse; Rücken- und Afterflosse jeweils mit 9–10 Strahlen. **Verbreitung** In Küstenregionen Südostspaniens (sowie in Algerien) in unterschiedlichen Süß- und Brackwasserbiotopen, auch in kleinen Gräben, Tümpeln und Weihern. **Fortpflanzung** April–August; laicht zwischen Pflanzen in Flachwasserzonen ab. Die Jungen schlüpfen nach 10–15 Tagen; die Geschlechtsreife wird nach etwa 1 Jahr erreicht. Die Weibchen können bis zu 200 Eier legen. **Nahrung** Wirbellose, hauptsächlich Kleinkrebse und Insektenlarven. **Nutzung** Ohne kommerzielle Bedeutung und auch kein Angelfisch; wird manchmal in Aquarien gehalten. **Schutzkategorie** Bern II & III, FFH II. Gefährdet.

♂

Größe: 3–4 cm,
maximal 5 cm

Spanienkärpfling

♀

Stichlinge – Familie Gasterosteidae

Stichlinge (Gasterosteidae) kommen nur auf der Nordhalbkugel vor, wo sie in Europa, Asien und Nordamerika die unterschiedlichsten Gewässer bewohnen. So findet man sie nicht nur in den verschiedensten Süßwasserbiotopen (mit Ausnahme sehr schnell fließender Bäche und Flüsse), sondern auch im Meer und im Brackwasser von Flussmündungen. Ungeachtet ihrer weiten Verbreitung gibt es aber nur relativ wenige Arten (wahrscheinlich acht), die sich auf fünf Gattungen verteilen.

Stichlinge sind kleine, seitlich etwas abgeplattete Fische mit charakteristischen, stark entwickelten Rücken- und Bauchflossenstrahlen. Genau genommen gibt es zwei Rückenflossen, wobei die erste, ebenso wie die Bauchflossen, nur aus einer Reihe von Stacheln besteht. Maul und Zähne sind klein; der Körper ist nicht mit Schuppen, sondern mit Knochenplatten bedeckt.

Obwohl klein, sind Stichlinge dennoch sehr aggressive Fische, die sich von verschiedensten Wirbellosen und von Fischbrut ernähren. Typisch für die europäischen Arten ist die Verteidigung eines Reviers zur Paarungszeit, in dem das Männchen das Nest für die Eier baut. Das Weibchen wird nach der Eiablage verjagt, und das Männchen kümmert sich um das Gelege und die frisch geschlüpften Jungfische.

In Europa kommen im Süßwasser vier Arten vor; eine fünfte, den Seestichling *(Spinachia spinachia)*, findet man vor allem im Meer, gelegentlich auch in Flussmündungen.

▶ Unterschiedliche Knochenplattenausbildung bei verschiedenen Rassen von *Gasterosteus aculeatus: trachurus*-Form – hauptsächlich im Brackwasser (oben); Übergangsformen (*semiarmatus*-Form, Mitte); *leiurus*-Form – hauptsächlich im Süßwasser (unten)

Bestimmungsschlüssel für die europäischen Arten der Stichlinge

1	2–3 Stacheln vor der Rückenflosse	*Gasterosteus aculeatus* S. 221
	4–12 Stacheln vor der Rückenflosse	2
2	4–6 Stacheln vor der Rückenflosse; Körper mit dunklen Punkten oder Flecken	*Pungitius hellenicus* S. 222
	7–12 Stacheln vor der Rückenflosse; Körper ohne dunkle Punkte oder Flecken	3
3	Schwanzstiel in der Regel mit gut entwickeltem Seitenkiel; Körper ohne Knochenplatten	*Pungitius pungitius* S. 223
	Schwanzstiel glatt, ohne Seitenkiel; Körper mit Knochenplatten entlang der Seitenlinie	*Pungitius platygaster* S. 222

Dreistachliger Stichling *Gasterosteus aculeatus*

Größe 4–8 cm, maximal 11 cm. **Merkmale** 3 kräftige Stacheln vor der Rückenflosse; Körper ohne Schuppen, aber zumeist durch Knochenplatten geschützt; Männchen zur Laichzeit mit roter Unterseite und schillernd blaugrünem Rücken. In Teilen Nordwestschottlands gibt es stachellose Formen. **Verbreitung** In vielen Teilen Europas weit verbreitet; kommt in den unterschiedlichsten Küsten- und Binnengewässern vor. **Fortpflanzung** März–Juni, das Männchen baut ein Nest aus Pflanzenteilen, in dem zumeist mehrere Weibchen jeweils 90–450 Eier ablegen. Die Jungen, die nach 5–20 Tagen schlüpfen, werden vom Männchen bewacht. Die Geschlechtsreife wird nach 1–2 Jahren erreicht; die Lebenserwartung beträgt selten mehr als 4 Jahre. **Nahrung** Wirbellose, hauptsächlich Würmer, Kleinkrebse und Insektenlarven, manchmal auch kleine Fische. **Nutzung** Wurde früher in Teilen Europas zur Herstellung von Fischmehl verwendet; heute ohne kommerzielle Bedeutung und auch für Angler uninteressant, wird aber manchmal in Aquarien gehalten und für Lehrzwecke eingesetzt. **Schutzkategorie** Geringes Gefährdungsrisiko.

Dreistachliger Stichling

Größe: 4–8 cm, maximal 11 cm

Pungitius hellenicus

Größe 3–4 cm, maximal 5 cm. **Merkmale** 2–5 Rückenstacheln; variables Punkt- oder Fleckenmuster an den Flanken. **Verbreitung** Nur in sauberen, kühlen (nicht über 12 °C), sauerstoffreichen, stark verkrauteten Karstquellen im Einzugsbereich des Sperchios in Griechenland. **Fortpflanzung** Unbekannt. **Nahrung** Vermutlich kleine Wirbellose. **Nutzung** Ohne kommerzielles Interesse. Steht in Griechenland unter Schutz. **Schutzkategorie** Bern III. Gefährdet.

Pungitius hellenicus

Größe: 3–4 cm, maximal 5 cm

Ukrainischer Stichling *Pungitius platygaster*

Größe 4–6 cm, maximal 7 cm. **Merkmale** 8 oder 9 kräftige Stacheln vor der Rückenflosse; Körper ohne Schuppen, aber mit dünnen Knochenplatten; Bauchflossenstacheln deutlich gesägt. **Verbreitung** In verschiedenen Brack- und Süßwasserbiotopen im nördlichen Einzugsbereich von Schwarzem und Kaspischem Meer sowie im Aralsee. **Fortpflanzung** April–Mai; laicht in Nestern ab, die vom Männchen in flachen, pflanzenreichen Gewässerzonen gebaut und nach der Eiablage einige Zeit bewacht werden. **Nahrung** Wirbellose, besonders Kleinkrebse und Insektenlarven. **Nutzung** Ohne kommerzielle Bedeutung; kein Angelfisch. **Schutzkategorie** Bern III. Geringes Gefährdungsrisiko.

Ukrainischer Stichling

Größe: 4–6 cm, maximal 7 cm

Zwergstichling *Pungitius pungitius*

Größe 5–7 cm, maximal 9 cm. **Merkmale** 7–12 (meist 9) kräftige Stacheln vor der Rückenflosse; Körper ohne Schuppen. Beim Männchen verfärben sich zur Laichzeit Kehle und Brust dunkel. **Verbreitung** In weiten Teilen Nordeuropas, Asiens und Nordamerikas in Brackwasserbiotopen und Binnengewässern, zumeist in Meeresnähe. **Fortpflanzung** April–Juli; das Männchen baut in flachen, pflanzenreichen Gewässerzonen ein Nest, in dem meist mehrere Weibchen ablaichen. Das Gelege und anschließend die Jungen, die nach 10–20 Tagen schlüpfen, werden noch einige Zeit vom Männchen bewacht. Die Geschlechtsreife wird nach etwa 1 Jahr erreicht; die Lebenserwartung beträgt höchstens 2–3 Jahre. **Nahrung** Wirbellose, besonders Kleinkrebse und Insektenlarven. **Nutzung** Ohne kommerzielle Bedeutung, kein Angelfisch; wird manchmal in Aquarien gehalten. **Schutzkategorie** Geringes Gefährdungsrisiko.

♂

Zwergstichling

Größe: 5–7 cm,
maximal 9 cm

♀

Seenadeln – Familie Syngnathidae

Seenadeln (Syngnathidae) kommen hauptsächlich im Meer vor, wo sie vorzugsweise in flachen Küstenbereichen zwischen Seegras leben. Es gibt 52 Gattungen mit etwa 190 Arten, von denen nur wenige Vertreter gelegentlich auch im Unterlauf von Flüssen oder in Lagunen und Mündungsgebieten anzutreffen sind.

Alle Seenadeln haben einen langgestreckten Körper. Brust-, Bauch- und Schwanzflossen können fehlen; die Rückenflosse ist dagegen für gewöhnlich recht gut entwickelt. Die Schuppen sind durch Knochenringe ersetzt, so dass ein stabiles Außenskelett entsteht. An der stark verlängerten Schnauze befinden sich ein kleines, endständiges Maul sowie zwei Nasenöffnungen auf jeder Seite. Zähne fehlen; die sehr kleinen Kiemenöffnungen liegen weit oben hinter den Kiemendeckeln.

Die meisten Mitglieder der Familie sind ziemlich schlechte Schwimmer, so dass sie sich überwiegend an geschützten Stellen zwischen Pflanzen und Steinen aufhalten, wo sie dank ihrer länglichen Form und Fleckenzeichnung gut getarnt sind. Als Nahrung kommen wegen des winzigen Mauls nur sehr kleine Tiere in Frage, beispielsweise Kleinkrebse des Zooplanktons und Fischbrut.

Ein sehr charakteristisches Merkmal der Gruppe ist der Brutbeutel am Bauch des Männchens. Er wird von zwei vorstehenden Hautfalten gebildet, die in der Mitte zusammentreffen. Bei einigen Gruppen (z. B. bei der Gattung *Nerophis*) fehlt dieser Beutel, so dass die Eier direkt an den Unterleib geheftet werden. Während des Laichvorgangs werden die Eier befruchtet und dann im Brutbeutel des Männchens ausgebrütet. Nach dem Ausschlüpfen beginnen die Jungen, die den Elterntieren – abgesehen von der Größe – schon sehr ähnlich sind, sofort für sich selbst zu sorgen.

In Europa sind vier Arten gelegentlich in Süßwasser zu finden.

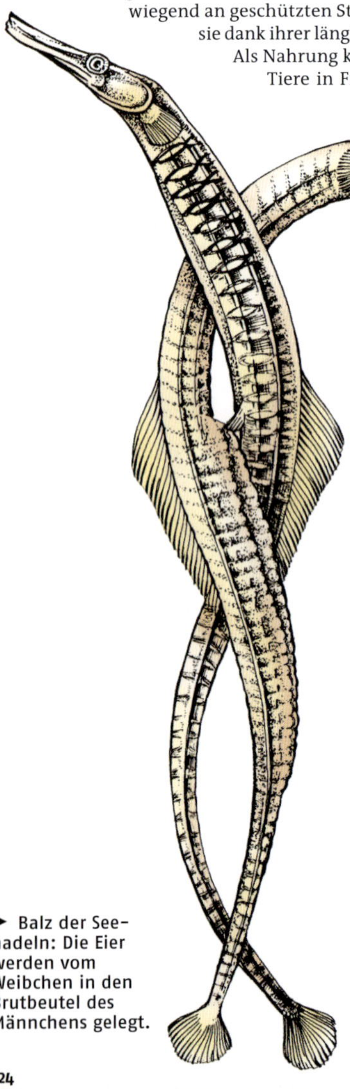

► Balz der Seenadeln: Die Eier werden vom Weibchen in den Brutbeutel des Männchens gelegt.

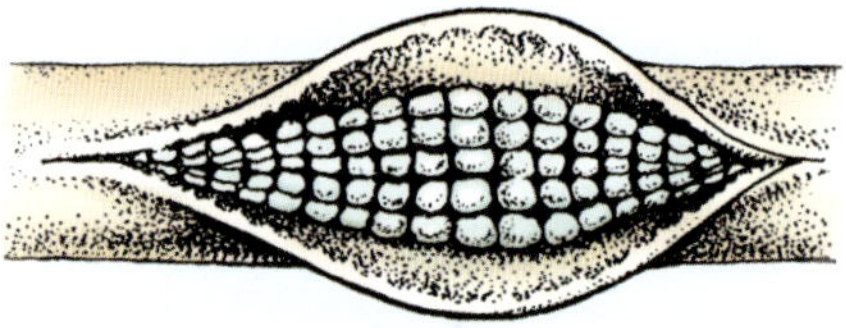

▲ Geöffneter Brutbeutel des Männchens mit Eiern

Bestimmungsschlüssel für im Süßwasser vorkommende Seenadeln

1	Ausgewachsene Exemplare ohne Brustflossen	*Nerophis ophidion* S. 225
	Ausgewachsene Exemplare mit Brustflossen	2
2	Die beiden Hälften des Brustringes nicht zusammengewachsen, sondern beweglich; in der Regel keine mittlere Bauchknochenplatte unter dem Brustring; Schnauze seitlich stark zusammengedrückt	*Syphonostoma typhle* S. 226
	Die beiden Hälften des Brustringes unten zusammengewachsen und daher unbeweglich; mittlere Bauchknochenplatte unter dem Brustring vorhanden; Schnauze annähernd zylindrisch und langgestreckt	3
3	Rückenflosse mit 29–42 Strahlen, erstreckt sich über 7–9 Ringe	*Syngnathus abaster* S. 225
	Rückenflosse mit 41–62 Strahlen, erstreckt sich über 11–13 Ringe	*Syngnathus acus* S. 226

Kleine Schlangennadel *Nerophis ophidion*

Größe 15–25 cm, maximal 30 cm. **Merkmale** Fische, die länger als 10 cm sind, besitzen keine Brustflossen. **Verbreitung** An europäischen Küsten von Nordnorwegen bis zum Mittelmeer und Schwarzen Meer. Wandert manchmal in den Unterlauf von Flüssen. **Fortpflanzung** Mai–August; die 200–300 Eier werden nach der Übertragung in die Bruttasche befruchtet. Die Geschlechtsreife wird nach 1 Jahr erreicht; die Lebenserwartung beträgt 3–4 Jahre. **Nahrung** Kleine Wirbellose und Fischbrut. **Nutzung** Ohne kommerzielle Bedeutung; kein Angelfisch. **Schutzkategorie** Geringes Gefährdungsrisiko.

Größe: 15–25 cm, maximal 30 cm

Kleine Schlangennadel

Schwarzmeer-Seenadel *Syngnathus abaster*

Größe 15–18 cm, maximal 22 cm. **Merkmale** Die Rückenflosse erstreckt sich über 7–9 Ringe und weist 29–42 Strahlen auf; Schnauze annähernd zylindrisch und langgestreckt. **Verbreitung** Im Mittelmeer, Schwarzen und Kaspischen Meer zwischen Pflanzen, wandert manchmal in den Unterlauf von Flüssen ein (z. B. Dnjestr und Wolga); auch in Seen dieser Region anzutreffen. **Fortpflanzung** Mai–August; die Jungen schlüpfen nach 20–25 Tagen. Die Geschlechtsreife wird nach etwa 1 Jahr erreicht. **Nahrung** Kleine Wirbellose (hauptsächlich Kleinkrebse) und Fischlarven. **Nutzung** Ohne kommerzielle Bedeutung; kein Angelfisch. **Schutzkategorie** Bern III. Geringes Gefährdungsrisiko.

Größe: 15–18 cm, maximal 22 cm

Schwarzmeer-Seenadel

Große Seenadel *Syngnathus acus*

Größe 20–35 cm, maximal 46 cm. **Merkmale** Rückenflosse mit 41–62 Strahlen, erstreckt sich über 11–13 Ringe; Schnauze langgestreckt und zylindrisch; Körper braun mit dunkelgrünen Querbinden. **Verbreitung** Entlang der Atlantikküste von Westnorwegen bis nach Spanien sowie im Mittelmeer und in einigen Flussmündungen. **Fortpflanzung** Juni–Juli; die 200–400 Eier werden vom Weibchen in den Brutbeutel des Männchens übertragen und dort befruchtet; nach 30–35 Tagen schlüpfen 22–35 mm große Jungtiere. **Nahrung** Kleine Wirbellose, hauptsächlich Kleinkrebse und Fischlarven. **Nutzung** Ohne kommerzielle Bedeutung; kein Angelfisch. **Schutzkategorie** Geringes Gefährdungsrisiko.

Große Seenadel

Größe: 20–35 cm, maximal 46 cm

Grasnadel *Syphonostoma typhle*

Größe 20–30 cm, maximal 37 cm. **Merkmale** Maul seitlich abgeplattet; Körper grünlich braun; Kopf mit kleinen dunklen Punkten. **Verbreitung** Kommt an den europäischen Küsten von Norwegen bis ins Mittelmeer und Schwarze Meer vor; lebt zwischen Seegras und Algen. Manchmal auch in Mündungsgebieten und im Unterlauf von Flüssen zu finden. **Fortpflanzung** März–August; die 150–200 Eier werden vom Weibchen in den Brutbeutel des Männchens übertragen und anschließend befruchtet. Nach 25–30 Tagen schlüpfen die Jungen. Die Geschlechtsreife wird nach 1 Jahr erreicht; die Lebenserwartung beträgt 3–4 Jahre. **Nahrung** Kleine Wirbellose (hauptsächlich Kleinkrebse) und Fischlarven. **Nutzung** Ohne kommerzielle Bedeutung; kein Angelfisch. **Schutzkategorie** Geringes Gefährdungsrisiko.

Grasnadel

Größe: 20–30 cm, maximal 37 cm

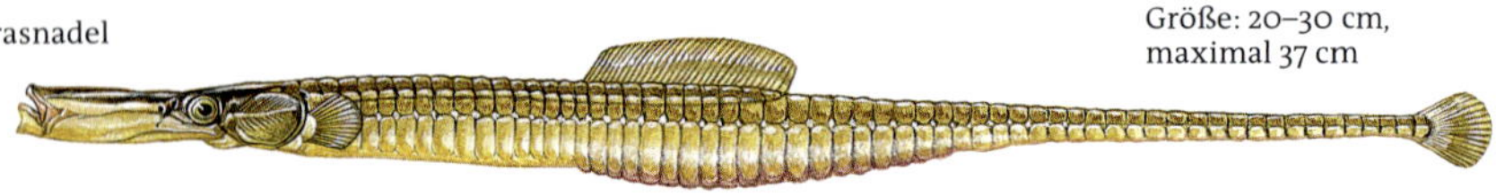

Groppen – Familie Cottidae

Groppen (Cottidae) sind kleine, hauptsächlich am Boden lebende Fische, die in Europa, Asien und Nordamerika vorkommen. Bei der Mehrzahl der über 300 Arten, die in 70 Gattungen zusammengefasst sind, handelt es sich um Meeresbewohner, die hauptsächlich in den kühlen Gewässern auf der Nordhalbkugel zu finden sind. Typisch für Groppen sind ein keulenförmiger Körper mit großem Kopf, Stacheln auf den Kiemendeckeln und breite Brustflossen.
In Europa kommen im Süßwasser nur drei Arten vor.

Bestimmungsschlüssel für die europäischen Süßwasserarten der Groppen

1	Kiemenhäute nicht mit dem Isthmus verwachsen, sondern eine Falte bildend; 4 Knochenhöcker auf dem Kopf	*Triglopsis quadricornis* S. 228
	Kiemenhäute mit dem Isthmus verwachsen, keine freie Falte bildend; ohne Knochenhöcker auf dem Kopf	2
2	Seitenlinie reicht bis zur Schwanzflosse; innerster Bauchflossenstrahl unpigmentiert und nur wenig kürzer als der längste	*Cottus gobio* S. 227
	Seitenlinie endet unter der zweiten Rückenflosse; innerster Bauchflossenstrahl pigmentiert und nur ½ so lang wie der längste	*Cottus poecilopus* S. 228

Groppe, Koppe *Cottus gobio*

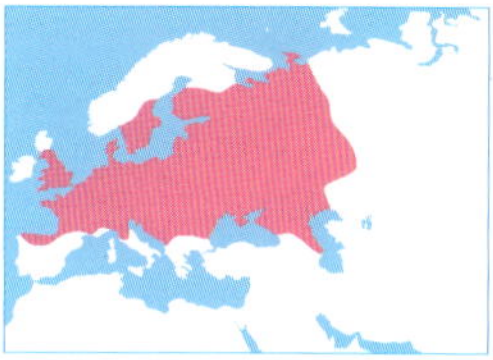

Größe 10–15 cm, maximal 18 cm. **Merkmale** Schuppenloser Körper; Seitenlinie mit 30–35 Poren, reicht bis zur Schwanzflosse. *C. petiti*, der nur in einem kleinen Stausee in Frankreich vorkommt, ist wahrscheinlich eine Unterart von *C. gobio*. **Verbreitung** In weiten Teilen Europas, mit Ausnahme des äußersten Nordens und Südens, in steinigen Fließgewässern und einigen oligotrophen Seen. **Fortpflanzung** März–Mai; die Männchen legen eine Laichgrube an und bewachen sie. Das klumpenförmige Gelege besteht aus etwa 100 hellgelben Eiern; nach 20–25 Tagen schlüpfen die Jungen. Die Geschlechtsreife wird nach 2 Jahren erreicht; die Lebenserwartung beträgt bis zu 6 Jahre. **Nahrung** Hauptsächlich Wirbellose, besonders Insektenlarven, aber auch Fischeier und Fischbrut. **Nutzung** Ohne kommerzielle Bedeutung; kein Angelfisch. **Schutzkategorie** FFH II. Geringes Gefährdungsrisiko.

Groppe

Größe: 10–15 cm, maximal 18 cm

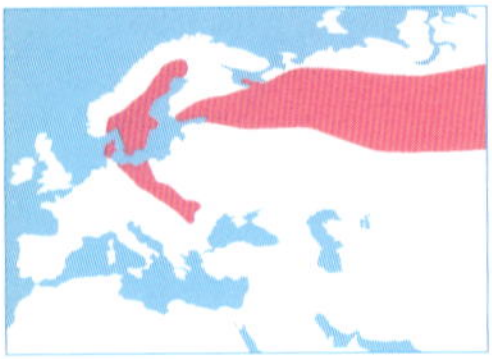

Sibirische Groppe *Cottus poecilopus*

Größe 8–10 cm, maximal 13 cm. **Merkmale** Schuppenloser Körper; Seitenlinie mit 20–25 Poren, endet unter der zweiten Rückenflosse. **Verbreitung** Kommt in steinigen Bächen, Flüssen und einigen Seen in Nord- und Mitteleuropa sowie Nordasien vor. **Fortpflanzung** Februar–April; legt Laichgruben für das klumpenförmige Gelege an. **Nahrung** Wirbellose, besonders Kleinkrebse und Insektenlarven. **Nutzung** Ohne kommerzielle Bedeutung; kein Angelfisch. **Schutzkategorie** Bern III. Geringes Gefährdungsrisiko.

Sibirische Groppe

Größe: 8–10 cm, maximal 13 cm

Vierhörniger Seeskorpion *Triglopsis quadricornis*

Größe 10–25 cm, maximal 60 cm. **Merkmale** Kopf mit 4 schwammig-knöchernen Auswüchsen; vorderer Kiemendeckel mit 4 Stacheln; zahlreiche kleine Knochenhöcker oberhalb der Seitenlinie. **Verbreitung** Kommt im Meer und im Brackwasser an den Eismeerküsten Europas, Asiens und Nordamerikas vor; außerdem gibt es isolierte Populationen in großen Seen (z. B. Mälarsee, Oberer See), wo die Tiere oft in großer Tiefe auf weichem Schlamm leben. **Fortpflanzung** Dezember–Januar; die zwischen Steinen abgelegten Eier werden vom Männchen bewacht. **Nahrung** Benthische Wirbellose, besonders Krebstiere. **Nutzung** Lokal von geringer wirtschaftlicher Bedeutung; kein Angelfisch. **Schutzkategorie** Bern III. Geringes Gefährdungsrisiko.

Vierhörniger Seeskorpion

Größe: 10–25 cm, maximal 60 cm

Wolfsbarsche – Familie Moronidae

Wolfsbarsche (Moronidae) kommen an der nordamerikanischen Atlantikküste sowie an den Küsten Europas und Nordafrikas vor. Die kleine Familie umfasst nur zwei Gattungen und sechs Arten. Die meisten davon leben im Meer oder in Mündungsgebieten, besonders Jungtiere findet man aber manchmal auch im Süßwasser. Es handelt sich um schlanke Fische mit Stachelstrahlen in der vorderen Rückenflosse und Kammschuppen. Die Moronidae und einige verwandte Familien bilden in einigen Ländern die Grundlage des kommerziellen Fischfangs.
In europäischen Flüssen kommen nur zwei Arten vor.

Bestimmungsschlüssel für die europäischen Süßwasserarten der Wolfsbarsche

1	Zwischen den Augen mit Rundschuppen; Zähne nur am vorderen Teil des Pflugscharbeins; ausgewachsene Exemplare ohne Punktzeichnung	*Dicentrarchus labrax* S. 229
	Zwischen den Augen mit Kammschuppen; Zähne am gesamten Pflugscharbein; ausgewachsene Exemplare mit dunkler Punktzeichnung	*Dicentrarchus punctatus* S. 230

Seebarsch, Wolfsbarsch *Dicentrarchus labrax*

Größe 40–70 cm, maximal 100 cm; Höchstgewicht ca. 12 kg. **Merkmale** Mit 2 gleich großen Rückenflossen, die sich gerade berühren; zwischen den Augen mit Rundschuppen; 52–74 Schuppen entlang der Seitenlinie; dunkle Zeichnung auf den Kiemendeckeln, aber nicht am Körper. **Verbreitung** An allen europäischen Küsten weit verbreitet, mit Ausnahme des äußersten Nordens, aber einschließlich Mittelmeer und Schwarzes Meer. Kommt auch im Unterlauf großer Flüsse vor. **Fortpflanzung** März–Juni; laicht in küstennahen Zonen im Meer, die Eier treiben frei im Plankton. Große Weibchen können bis zu 2 000 000 Eier legen. Die Geschlechtsreife wird nach 3–4 Jahren erreicht; die Lebenserwartung beträgt bis zu 30 Jahre. **Nahrung** Jungtiere fressen vor allem Wirbellose, besonders Weichtiere und Kleinkrebse, und manchmal Fische; ausgewachsene Exemplare hauptsächlich Fische. **Nutzung** In einigen Ländern von geringer wirtschaftlicher Bedeutung; in Mündungs- und Küstengebieten ein beliebter Angelfisch. **Schutzkategorie** Geringes Gefährdungsrisiko.

Seebarsch

Größe: 40–70 cm, maximal 100 cm

Gefleckter Seebarsch *Dicentrarchus punctatus*

Größe 25–40 cm, maximal 100 cm. **Merkmale** Mit 2 gleich großen Rückenflossen, die sich gerade berühren; zwischen den Augen Kammschuppen; 57–65 Schuppen entlang der Seitenlinie; Körper mit zahlreichen dunklen Punkten an den Flanken, die meist in mehreren Längsreihen angeordnet sind. **Verbreitung** An fast allen europäischen Küsten von Nordfrankreich bis Süditalien, mit Ausnahme des östlichen Mittelmeeres, sowie im Unterlauf einiger Flüsse und ihren Mündungsgebieten. **Fortpflanzung** Mai–August; laicht in Flussmündungen und entlang der Küsten. Im Süß- und Brackwasser sinken die Eier zu Boden, während sie im Salzwasser schwimmen. **Nahrung** Wirbellose, besonders Weichtiere und Krebstiere, sowie verschiedene Fische. **Nutzung** Wird im westlichen Mittelmeer von Berufs- und Sportfischern gefangen. **Schutzkategorie** Geringes Gefährdungsrisiko.

Gefleckter Seebarsch

Größe: 25–40 cm, maximal 100 cm

Die Sonnenbarsche (Centrarchidae) sind eine kleine, aber wichtige Familie mit acht Gattungen und etwa 30 Arten. Sie stammen ursprünglich aus dem östlichen Nordamerika, wo sie vor allem in ruhigen Flüssen und nährstoffreichen, stark verkrauteten Seen vorkommen. Heute hat die Familie jedoch eine viel größere Verbreitung, weil verschiedene Arten erfolgreich in zahlreichen anderen Regionen der Erde eingebürgert wurden, darunter im westlichen Nordamerika und in Europa.

Die meisten Sonnenbarsche sind kleine bis mittelgroße, seitlich etwas abgeplattete Fische mit einer gut entwickelten Rückenflosse, deren vordere Hälfte sehr spitze Strahlen aufweist. Die Abschnitte der Rückenflosse mit Stachel- bzw. Gliederstrahlen sind mehr oder weniger deutlich voneinander getrennt, sitzen aber in jedem Fall enger zusammen als bei den Arten aus der Familie Percidae (Barsche). Die anderen Flossen sind ebenfalls gut entwickelt, besonders die Afterflosse, die meist ähnlich groß ist wie der hintere Teil der Rückenflosse. Augen und Maul sind groß, zahlreiche kleine Zähne sind an mehreren Stellen des Mauls einschließlich der Zunge vorhanden.

Zu den Centrarchidae gehören zahlreiche sehr farbenprächtige Arten, die zudem eine Reihe interessanter Verhaltensweisen zeigen. Daher sind die kleineren Arten auch bei Aquarianern und Gartenteichbesitzern recht beliebt, während die größeren gern geangelt werden. Besonders begehrt sind der Forellen- und der Schwarzbarsch, die vor allem im östlichen Kanada und Teilen der USA für den Angeltourismus eine wichtige Rolle spielen. Im kommerziellen Fischfang sind Sonnenbarsche dagegen heute kaum noch von Bedeutung.

Die Fortpflanzungsbiologie, die sich bei den meisten Arten ähnelt, ist inzwischen gut dokumentiert. So weiß man, dass geschlechtsreife Fische für gewöhnlich im späten Frühjahr oder im Frühsommer ablaichen, nachdem die Männchen ein Revier abgegrenzt und eine Laichgrube ausgehoben haben. Dabei handelt es sich um eine flache, rundliche Vertiefung von 10–200 cm Durchmesser, die normalerweise in Sand- oder Kiesboden und dort oft im Schutz von Steinen oder Pflanzen angelegt wird. Häufig kehren die Männchen im nächsten Jahr zur gleichen Laich-

► Ein Sonnenbarschmännchen bewacht sein Gelege

grube zurück, oder sie wählen zumindest einen Platz ganz in der Nähe aus. Nach Fertigstellung der Laichgrube folgen die Balz, die sich längere Zeit hinziehen kann, und schließlich das Ablaichen. Die Eier sind klebrig und bleiben am Untergrund der Laichgrube haften. Während der Entwicklung der Eier wird das Gelege vom Männchen bewacht und mit Frischwasser versorgt. Nach dem Ausschlüpfen besitzen die Jungen einen großen Dottersack, so dass sie zunächst mehrere Tage in der Laichgrube liegen bleiben können, wo sie weiterhin vom Männchen bewacht und betreut werden. Anschließend verlassen sie das Nest, bleiben aber zunächst noch in der Nähe des Vaters, bis sich die Familie schließlich auflöst.
In europäischen Gewässern kommen sechs Arten vor, die hauptsächlich von Anglern ausgesetzt wurden oder aus Aquarien stammen.

Bestimmungsschlüssel für die eingebürgerten Sonnenbarsche Europas

1	Basis der 6 Afterflossenstacheln in einer schuppigen Furche; Körper unterhalb der Seitenlinie mit 7–9 Reihen schwarzer Punkte; Basis der Afterflosse nur um etwa ⅓ kürzer als die der Rückenflosse	*Ambloplites rupestris* S. 233
	Die 3 Stacheln der Afterflosse sitzen nicht in einer schuppigen Furche; Körper unterhalb der Seitenlinie ohne schwarze Punkte; Basis der Afterflosse höchstens ½ so lang wie die der Rückenflosse	2
2	Mehr als 55 Schuppen entlang der Seitenlinie; Körper länger als die 3-fache maximale Körperhöhe	3
	Weniger als 50 Schuppen entlang der Seitenlinie; Körperlänge geringer als die 3-fache maximale Körperhöhe	4
3	Oberkiefer reicht bis hinter das Auge; 60–68 Schuppen entlang der Seitenlinie; Bauchflossen nicht durch eine Membran miteinander verbunden	*Micropterus salmoides* S. 235
	Oberkiefer reicht nicht bis hinter das Auge; 68–78 Schuppen entlang der Seitenlinie; Bauchflossen durch eine Membran miteinander verbunden	*Micropterus dolomieu* S. 235
4	Kiemendeckelanhang vollständig schwarz, ohne andersfarbigen Rand	*Lepomis auritus* S. 233
	Kiemendeckelanhang mit dunkler Mitte und gelbem, orangefarbenem oder rotem Rand bzw. Fleckenmuster	5
5	Die vorn spitz zulaufenden Brustflossen erreichen etwa ⅓ der Körperlänge; Kiemenreusendornen knotig; Kiemendeckelanhang kurz, mit einem auffälligen roten Fleck	*Lepomis gibbosus* S. 234
	Die vorn abgerundeten Brustflossen erreichen etwa ¼ der Körperlänge; Kiemenreusendornen nicht knotig; Kiemendeckelanhang ohne auffälligen roten Fleck	*Lepomis cyanellus* S. 232

Steinbarsch *Ambloplites rupestris*

Größe 15–20 cm, maximal 34 cm; Höchstgewicht 1,7 kg. **Merkmale** Afterflosse mit 6 Stacheln, die in einer schuppigen Furche entspringen; Körper unterhalb der Seitenlinie mit 7–9 Reihen schwarzer Punkte; 39–40 Schuppen entlang der Seitenlinie. **Verbreitung** Stammt aus Nordamerika, wurde in Europa eingebürgert und ist lokal heimisch geworden. **Fortpflanzung** Mai–Juli; die Eier werden in einer Laichgrube abgelegt. Die männlichen Tiere bewachen die 3 000–11 000 Eier und anfangs auch die Jungfische, die nach 3–4 Tagen ausschlüpfen. Die Geschlechtsreife wird nach 2–3 Jahren erreicht; die Lebenserwartung beträgt bis zu 10 Jahre. **Nahrung** Wirbellose sowie kleine Fische. **Nutzung** In Europa ohne Bedeutung, in Nordamerika ein begehrter Nutz- und Angelfisch. **Schutzkategorie** Eingebürgerte Art.

Größe: 15–20 cm, maximal 34 cm

Steinbarsch

Großohriger Sonnenbarsch *Lepomis auritus*

Größe 12–15 cm, maximal 24 cm (dieses Exemplar wog 0,79 kg). **Merkmale** Rückenflosse ist in 2 unterschiedliche Teile gegliedert; Kiemendeckelanhang schwarz, ohne andersfarbigen Rand. **Verbreitung** Süßwasserart aus dem Osten Nordamerikas; wurde in Italien eingebürgert. **Fortpflanzung** Juni–Juli; die Eier werden in einer Laichgrube abgelegt und – ebenso wie die Jungfische – vom Männchen bewacht. **Nahrung** Hauptsächlich Wirbellose, besonders Insektenlarven, aber auch kleine Fische. **Nutzung** In Europa ohne Bedeutung; wird in Nordamerika manchmal geangelt. **Schutzkategorie** Eingebürgerte Art.

Größe: 12–15 cm, maximal 24 cm

Großohriger Sonnenbarsch

Grüner Sonnenbarsch *Lepomis cyanellus*

Größe 10–12 cm, maximal 30 cm (dieser Fisch wog ca. 1 kg). **Merkmale** Die Rückenflosse besteht aus 2 Teilen; Kiemenreusendornen nicht knotig; Körper braun bis oliv, mit smaragdgrünem Schimmer; Kiemendeckelanhänge ohne roten Punkt. **Verbreitung** Stammt aus dem Osten Nordamerikas und wurde in Europa eingebürgert, wo die Art in Deutschland mittlerweile heimisch geworden ist. **Fortpflanzung** Mai–August; die Eier werden in einer Laichgrube abgelegt, die in flachen Wasserzonen zwischen Pflanzen und Steinen vom Männchen ausgehoben wird. Dieses bewacht auch das Gelege und die Jungfische, die nach 3–5 Tagen schlüpfen. Die Geschlechtsreife wird nach 2 Jahren erreicht; die Lebenserwartung beträgt bis zu 9 Jahre. **Nahrung** Hauptsächlich Wirbellose, gelegentlich auch kleine Fische. **Nutzung** In Europa ohne kommerzielle Bedeutung und auch kein Angelfisch, in Teilen der USA aber bei Anglern sehr beliebt. **Schutzkategorie** Eingebürgerte Art.

Größe: 10–12 cm, maximal 30 cm

Grüner Sonnenbarsch

Sonnenbarsch, Kürbiskernbarsch *Lepomis gibbosus*

Größe 10–15 cm, maximal 22 cm; Höchstgewicht ca. 300 g. **Merkmale** Die Rückenflosse besteht aus 2 Teilen; Kiemenreusendornen knotig; Kiemendeckelanhang kurz, mit rotem Punkt; 40–47 Schuppen entlang der Seitenlinie. **Verbreitung** Kommt in Nordamerika von Kanada bis Tennessee im Süßwasser vor, wurde in vielen Teilen Europas ausgesetzt. **Fortpflanzung** Mai–Juli; die 600–5 000 Eier werden in flachen Laichgruben zwischen Pflanzen abgelegt und anschließend, ebenso wie die nach 3–5 Tagen ausschlüpfenden Jungfische, vom Männchen bewacht. Die Geschlechtsreife wird nach 2–3 Jahren erreicht; die Lebenserwartung beträgt bis zu 9 Jahre. **Nahrung** Hauptsächlich Wirbellose, ausgewachsene Exemplare fressen auch kleine Fische. **Nutzung** In Europa von geringer Bedeutung; wird in Nordamerika kommerziell und von Anglern genutzt. **Schutzkategorie** Eingebürgerte Art.

Größe: 10–15 cm, maximal 22 cm

Sonnenbarsch

Schwarzbarsch *Micropterus dolomieu*

Größe 20–40 cm, maximal 58 cm; Höchstgewicht 6 kg. **Merkmale** Der Oberkiefer reicht nur bis zur Mitte des Auges; 60–68 Schuppen entlang der Seitenlinie. **Verbreitung** Ursprünglich in sauberen Seen und einigen Flüssen Nordamerikas heimisch; wurde in Europa ausgesetzt, wo in mehreren Ländern dauerhafte Populationen entstanden sind, z. B. in Frankreich. **Fortpflanzung** Mai–Juli; die 5000–14000 Eier werden in flachen Laichgruben zwischen Pflanzen abgelegt und anschließend, ebenso wie die nach 4–10 Tagen schlüpfenden Jungfische, vom Männchen bewacht. Die Geschlechtsreife wird nach 3–4 Jahren erreicht; die Lebenserwartung beträgt bis zu 15 Jahre. **Nahrung** Jungtiere fressen Wirbellose, ältere Exemplare auch Fische. **Nutzung** In Europa von geringer Bedeutung, in Nordamerika früher ein wichtiger Nutzfisch, wird dort auch heute noch gern geangelt. **Schutzkategorie** Eingebürgerte Art.

Größe: 20–40 cm, maximal 58 cm

Schwarzbarsch

Forellenbarsch *Micropterus salmoides*

Größe 20–40 cm, maximal 83 cm; Höchstgewicht 11 kg. **Merkmale** Oberkiefer reicht bis hinter das Auge; 60–68 Schuppen entlang der Seitenlinie. **Verbreitung** Ist in Südkanada und den USA heimisch; wurde in Europa ausgesetzt, wo in einigen Ländern, z. B. Spanien, dauerhafte Populationen entstanden sind. **Fortpflanzung** März–Juli; die 750–11500 Eier werden in flachen Laichgruben abgelegt, das Gelege und die nach 2–5 Tagen schlüpfenden Jungfische bewacht das Männchen. Die Geschlechtsreife wird nach 3–4 Jahren erreicht; die Lebenserwartung beträgt bis zu 15 Jahre. **Nahrung** Jungtiere fressen vor allem Wirbellose, ältere Exemplare außerdem Fische und Frösche. **Nutzung** Gewinnt in Europa zunehmend an Bedeutung; wird in Nordamerika kommerziell und von Anglern genutzt. **Schutzkategorie** Eingebürgerte Art.

Forellenbarsch

Größe: 20–40 cm, maximal 83 cm

Barsche – Familie Percidae

Das Verbreitungsgebiet der Barsche (Percidae) ist auf die Nordhalbkugel beschränkt, wo sie in Europa, Nordasien und Nordamerika in den unterschiedlichsten Gewässern vorkommen; mindestens eine Art, nämlich der Flussbarsch, wurde aber auch in der Südhemisphäre (Australien) eingebürgert. Es gibt zehn Gattungen mit etwa 195 Arten, von denen 13 auch in Europa vorkommen. Mit einer Ausnahme leben alle im Süßwasser, wobei einige aber manchmal auch im Brackwasser zu finden sind.

Die typischen Vertreter der Familie sind langgestreckte, seitlich abgeplattete Fische. Im großen Maul befinden sich mehrere Reihen von Zähnen, davon viele spitz und einige zu Fangzähnen umgebildet. Normalerweise gibt es zwei Rückenflossen, wobei die erste von 6–15 kräftigen Stachelstrahlen gestützt wird, die zweite von weicheren, verzweigten Gliederstrahlen. Der Körper ist mit gut entwickelten Kammschuppen bedeckt, so dass sich die Haut rau anfühlt. Bei vielen Arten erstrecken sich die Schuppen bis auf den Kopf, der zusätzlich durch Kiemendeckeldornen geschützt ist.

Besonders größere Barscharten sind bei Anglern sehr beliebt, vor allem der Flussbarsch, aber auch einige Arten aus der Gattung *Sander*. Sowohl in Europa als auch in Nordamerika werden sie mit unterschiedlichen Methoden gefangen (z. B. Spinnrute, Blinker). In vielen Ländern spielen die größeren Arten auch für die kommerzielle Fischerei eine wichtige Rolle, denn das weiße, lockere Fleisch ist bei richtiger Zubereitung sehr schmackhaft. Die Tiere werden in Reusen (Flussbarsche besonders im Frühsommer) oder Netzen gefangen. Im Jahre 1934 wurden allein auf der kanadischen Seite der Großen Seen über 25 000 Tonnen des Amerikanischen Flussbarsches *(Perca flavescens)*, einem nahen Verwandten des europäischen Flussbarsches, gefangen. In europäischen Gewässern werden zwar geringere, aber immer noch beträchtliche Fangquoten erreicht.

Alle Angehörigen der Percidae sind karnivor (fleischfressend), wobei die größeren Arten sich hauptsächlich von anderen Fischen ernähren. Deshalb werden sie auch eingesetzt, um die Zahl pflanzenfressender Fische in Fischteichen und anderen Gewässern zu kontrollieren. Die meisten Arten laichen paarweise oder auch in Gruppen aus einzelnen Männchen und mehreren Weibchen. Die Eiablage erfolgt über Pflanzen, Steinen oder Kies; bei einigen Arten (z. B. beim Flussbarsch) werden die Eier in langen Gallertbändern abgelegt, so dass sie leicht an Pflanzen hängen bleiben, bei anderen sinken sie einzeln in die Ritzen zwischen Kies und Steinen.

In Europa kommen 13 Arten vor. Zwar wurden immer wieder andere Barsche ausgesetzt, zum Beispiel *Sander vitreus*, von denen sich aber anscheinend keiner durchgesetzt hat.

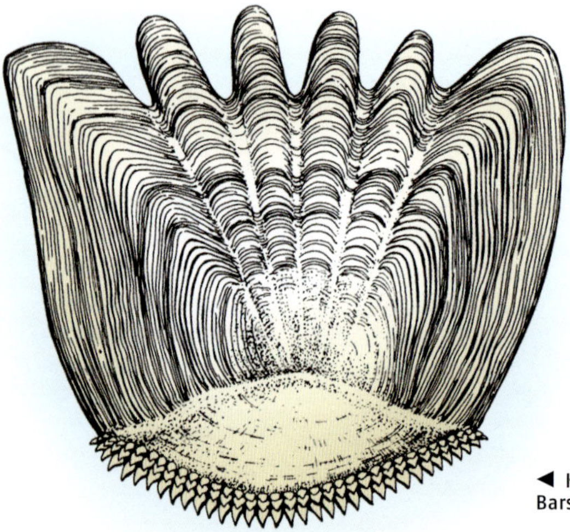

◄ Kammschuppe eine Barsches mit Jahresringen

Bestimmungsschlüssel für die in Europa vorkommenden Barscharten

1	Augen nach oben gerichtet	*Romanichthys valsanicola* S. 241
	Augen sitzen seitlich (lateral oder dorsolateral) am Kopf	2
2	Sinnesgruben schwach entwickelt, seitlich oder vorn am Kopf	3
	Große Sinnesgruben seitlich oder rückseitig (dorsal) am Kopf	9
3	Oberkieferknochen hinten frei, nicht vom vorderen Augenhöhlenknochen verdeckt; Körper seitlich abgeplattet	4
	Oberkieferknochen hinten vom vorderen Augenhöhlenknochen verdeckt; Körper spindelförmig	7
4	Erste Rückenflosse (an der Basis) länger als die zweite; bauchseitige Flossen dicht zusammen, Abstand nicht größer als ⅔ der Bauchflossenbreite (an der Basis); Zähne klein, keine Fangzähne	*Perca fluviatilis* S. 240
	Erste Rückenflosse (an der Basis) höchstens gleich lang wie die zweite; Abstand der bauchseitigen Flossen mindestens ⅔ der Bauchflossenbreite (an der Basis)	5
5	Nie mehr als 18 verzweigte Rückenflossenstrahlen; Augenabstand viel größer als der Augendurchmesser; Fangzähne vorhanden	*Sander marina* S. 242
	Mehr als 18 verzweigte Rückenflossenstrahlen; Augenabstand gleich groß wie der Augendurchmesser oder kleiner	6
6	Fangzähne gut entwickelt; Wangen nackt oder teilweise beschuppt; 80–97 Schuppen entlang der Seitenlinie	*Sander lucioperca* S. 242
	Keine Fangzähne; Wangen vollständig beschuppt; 70–83 Schuppen entlang der Seitenlinie	*Sander volgensis* S. 243
7	Erste Rückenflosse mit 13–15, zweite mit 18–20 Strahlen	*Zingel zingel* S. 244
	Erste Rückenflosse mit 8–9, zweite mit 12–13 Strahlen	8
8	Schwanzstiel so lang wie die Basis der zweiten Rückenflosse oder länger; Körper mit dunklen, scharf begrenzten Querbinden	*Zingel streber* S. 244
	Schwanzstiel kürzer als die Basis der zweiten Rückenflosse; Körper mit unregelmäßigen dunklen Querbinden	*Zingel asper* S. 243
9	Deutlicher Abstand zwischen den Rückenflossen; Kiefer frei	*Percarina demidoffi* S. 241
	Rückenflossen nicht getrennt; Kiefer vom vorderen Augenhöhlenknochen bedeckt	10
10	Schnauze kurz, höchstens so lang wie der Augendurchmesser; Rückenflosse mit 11–16 Stachelstrahlen; 35–40 Schuppen entlang der Seitenlinie	11
	Schnauze lang, mindestens das 1,5-Fache des Augendurchmessers; Rückenflosse mit 17–19 Stachelstrahlen; 50–62 Schuppen entlang der Seitenlinie	12
11	Rückenflosse mit 11–16 Stachelstrahlen; 35–40 Schuppen entlang der Seitenlinie; keine deutlichen Querbinden	*Gymnocephalus cernuus* S. 239
	Rückenflosse mit 14–16 Stachelstrahlen; 35–39 Schuppen entlang der Seitenlinie; mehrere deutliche Querbinden	*Gymnocephalus baloni* S. 238
12	Körperlänge kleiner als die 5-fache Körperhöhe; schwarze Punkte an den Flanken	*Gymnocephalus acerina* S. 238
	Körperlänge größer als die 5-fache Körperhöhe; 3 oder viele schwarze Querbinden an den Flanken	*Gymnocephalus schraetser* S. 239

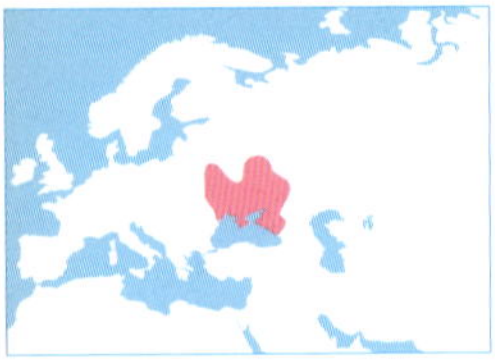

Don-Kaulbarsch *Gymnocephalus acerina*

Größe 12–18 cm, maximal 21 cm. **Merkmale** Die beiden Rückenflossen sind teilweise miteinander verwachsen, die vordere weist 17–19 Stachelstrahlen auf; 50–55 Schuppen entlang der Seitenlinie; kleine schwarze Punkte an den Flanken, keine Streifen. **Verbreitung** Kommt nur in ruhigen Fließgewässern im nördlichen Einzugsbereich des Schwarzen Meeres vor (z. B. Dnjestr, Dnjepr, Don). **Fortpflanzung** April–Mai; laicht in Flachwasserzonen über Steinen und Pflanzen. **Nahrung** Hauptsächlich Wirbellose, besonders Kleinkrebse und Insekten, manchmal kleine Fische. **Nutzung** Kommerziell und als Angelfisch von geringer Bedeutung. **Schutzkategorie** Geringes Gefährdungsrisiko.

Don-Kaulbarsch

Größe: 12–18 cm, maximal 21 cm

Donau-Kaulbarsch *Gymnocephalus baloni*

Größe 15–20 cm, maximal 25 cm. **Merkmale** 2 kleine Dornen auf dem Kiemendeckel; dunkle Querbinden an den Flanken; vordere Rückenflosse mit 14–16 Strahlen; 35–39 Schuppen entlang der Seitenlinie. **Verbreitung** Kommt nur in langsam fließenden Bereichen der Donau und ihren Nebenflüssen vor. **Fortpflanzung** April–Mai; laicht in flachen Gewässerzonen über Steinen oder Pflanzen. **Nahrung** Am Boden lebende Wirbellose, Fischlaich; größere Exemplare fressen auch kleine Fische. **Nutzung** Kommerziell und als Angelfisch von geringer Bedeutung. **Schutzkategorie** Bern III. Gefährdet.

Donau-Kaulbarsch

Größe: 15–20 cm, maximal 25 cm

Kaulbarsch *Gymnocephalus cernuus*

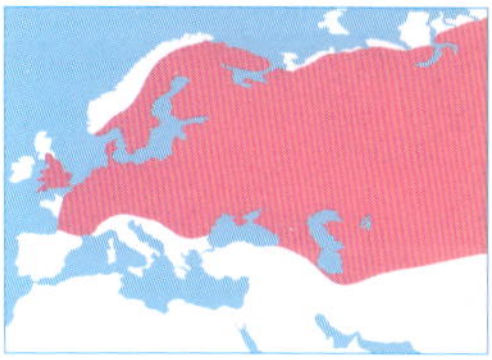

Größe 10–15 cm, maximal 30 cm (in Sibirien ausnahmsweise bis 50 cm). **Merkmale** Rückenflossen teilweise miteinander verwachsen, die vordere mit 11–16 Stachelstrahlen; 35–40 Schuppen entlang der Seitenlinie. **Verbreitung** Kommt in weiten Teilen Europas, außer im äußersten Norden und Süden, in ruhigen Fließgewässern und Seen vor. Wurde im Oberen See (USA) mit dem Ballastwasser europäischer Schiffe eingeschleppt. **Fortpflanzung** April–Mai; laicht in flachen Gewässerzonen über Steinen oder Pflanzen. Die Jungen schlüpfen nach 8–12 Tagen; die Geschlechtsreife wird nach 2–3 Jahren erreicht. Die Weibchen können 4000–104000 Eier legen. **Nahrung** Am Boden lebende Wirbellose, besonders Weichtiere, Kleinkrebse und Insektenlarven, manchmal kleine Fische. **Nutzung** Kommerziell und als Angelfisch von geringer Bedeutung; wird manchmal als Köderfisch verwendet. **Schutzkategorie** Geringes Gefährdungsrisiko.

Größe: 10–15 cm, maximal 30 cm

Kaulbarsch

Schrätzer *Gymnocephalus schraetser*

Größe 15–20 cm, maximal 24 cm. **Merkmale** Rückenflossen teilweise miteinander verwachsen, die vordere mit 17–19 Stachelstrahlen; 55–62 Schuppen entlang der Seitenlinie; mit mehreren dunklen Längsbändern an den Flanken. **Verbreitung** Kommt nur im Einzugsbereich der Donau und gelegentlich im Donaudelta vor. **Fortpflanzung** April–Mai; laicht in flachen Gewässerzonen über Steinen und Pflanzen. **Nahrung** Hauptsächlich Wirbellose; ältere Exemplare fressen auch Fische. **Nutzung** Kommerziell und als Angelfisch von geringer Bedeutung. **Schutzkategorie** Bern III, FFH II & V. Gefährdet.

Schrätzer

Größe: 15–20 cm, maximal 24 cm

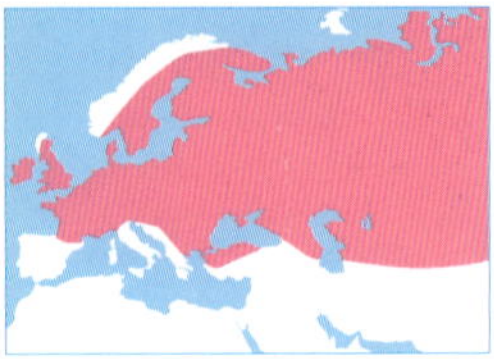

Flussbarsch *Perca fluviatilis*

Größe 20–35 cm, maximal 51 cm; Höchstgewicht ca. 4,75 kg. **Merkmale** 2 getrennte Rückenflossen, die erste mit ausgeprägten Stachelstrahlen; Bauch- und Afterflossen rötlich; mehrere dunkle Querbinden an den Flanken. **Verbreitung** Kommt in weiten Teilen Europas und Asiens in ruhigen Fließgewässern und Seen vor. Viele Experten halten *P. fluviatilis* und den Amerikanischen Flussbarsch *(P. flavescens)* aus dem Osten Nordamerikas für nur eine Art. **Fortpflanzung** April–Juni; laicht in flachen Gewässerzonen zwischen Pflanzen. Die weißlichen Eier werden in bis zu 1 m langen Gallertbändern abgelegt; die Jungen schlüpfen nach 15–20 Tagen. Die Geschlechtsreife wird nach 2–3 Jahren erreicht; die Lebenserwartung beträgt bis zu 10 Jahre. Die Weibchen können 12 000–199 000 Eier legen. **Nahrung** Jungtiere fressen Wirbellose, besonders Kleinkrebse und Insektenlarven, ältere Exemplare auch Fische. **Nutzung** Wird in manchen Ländern mit Reusen, Netzen und beköderten Haken gefangen; ist außerdem ein beliebter Angelfisch. **Schutzkategorie** Geringes Gefährdungsrisiko.

Flussbarsch

Größe: 20–35 cm, maximal 51 cm

Percarina *Percarina demidoffi*

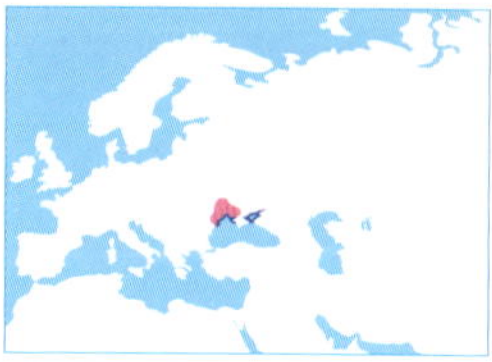

Größe 6–9 cm, maximal 10 cm. **Merkmale** 2 deutlich voneinander getrennte Rückenflossen, die vordere mit 9–11 Stachelstrahlen; Rückenlinie mit einer Reihe schwarzer Punkte; 33–37 Schuppen entlang der Seitenlinie. **Verbreitung** Kommt in den Mündungsgebieten und im Unterlauf von Flüssen vor, die ins nördliche Schwarze und Asowsche Meer fließen. **Fortpflanzung** Juni–Juli; laicht in Flachwasserzonen von Süß- und Meerwasserbiotopen über Sand oder Schlick. Die Jungen schlüpfen nach etwa 2 Tagen. Die Geschlechtsreife wird nach 1 Jahr erreicht; die Lebenserwartung beträgt selten mehr als 3–4 Jahre. Die Weibchen legen höchstens etwa 3000 Eier. **Nahrung** Wirbellose, besonders Kleinkrebse, sowie kleine Fische. **Nutzung** Lokal von geringer kommerzieller Bedeutung. **Schutzkategorie** Gefährdet.

Größe: 6–9 cm,
maximal 10 cm

Percarina

Groppenbarsch *Romanichthys valsanicola*

Größe 8–12 cm, maximal 13 cm. **Merkmale** Mit 2 deutlich voneinander getrennten Rückenflossen, die zweite größer als die erste; Augen nach oben gerichtet; 58–67 Schuppen entlang der Seitenlinie. **Verbreitung** Die erst Mitte des letzten Jahrhunderts entdeckte Art kommt nur im Oberlauf schnell fließender Bäche und Flüsse (Arges, Vilsan und Riul) im rumänischen Donaubecken vor. **Fortpflanzung** Unbekannt. **Nahrung** Wirbellose (hauptsächlich Insektenlarven, besonders Steinfliegen) und kleine Fische. **Nutzung** Ohne kommerzielle Bedeutung; kein Angelfisch. **Schutzkategorie** Vom Aussterben bedroht.

Groppenbarsch

Größe: 8–12 cm,
maximal 13 cm

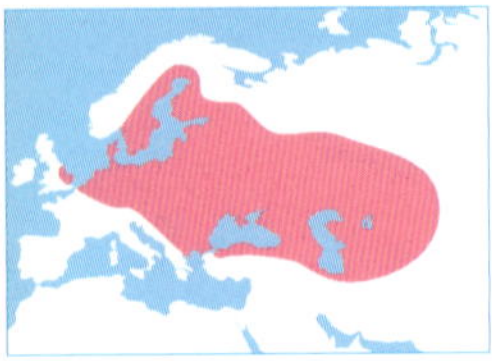

Zander *Sander lucioperca*

Größe 30–70 cm, maximal 130 cm; Höchstgewicht ca. 18 kg. **Merkmale** Die Rückenflossen berühren sich fast; große Fangzähne; 80–95 Schuppen entlang der Seitenlinie. **Verbreitung** In ruhigen Fließgewässern und nährstoffreichen Seen von den Niederlanden bis ans Kaspische Meer; wurde in einigen Ländern eingebürgert (z. B. in England). **Fortpflanzung** April–Juni; laicht über Kies und Steinen ab. Die 180 000–1 185 000 Eier werden von beiden Eltern bewacht; die Jungen schlüpfen nach 5–10 Tagen und erreichen nach 3–5 Jahren die Geschlechtsreife. **Nahrung** Anfangs Wirbellose, später fast ausschließlich Fische. **Nutzung** Sehr begehrt bei Berufsfischern und Anglern. **Schutzkategorie** Geringes Gefährdungsrisiko.

Größe: 30–70 cm, maximal 130 cm

Zander

Seezander *Sander marina*

Größe 30–50 cm, maximal 62 cm; 54 cm lange Exemplare wiegen ca. 1,7 kg. **Merkmale** Die Rückenflossen berühren sich fast; große Fangzähne; 78–84 Schuppen entlang der Seitenlinie. **Verbreitung** Schwarzes und Kaspisches Meer sowie im Unterlauf einmündender Flüsse (z. B. Bug und Dnjepr). **Fortpflanzung** April–Mai; über Steinen in Süß- und Meerwasser. Die Geschlechtsreife wird nach 3–5 Jahren erreicht; die Lebenserwartung beträgt bis zu 10 Jahre. Die Weibchen legen 13 000–126 000 Eier. **Nahrung** Zunächst Wirbellose, später fast ausschließlich Fische. **Nutzung** Nutzfisch, der mit Reusen und Netzen gefangen, aber selten geangelt wird. **Schutzkategorie** Gefährdet.

Seezander

Größe: 30–50 cm, maximal 62 cm

Wolgazander *Sander volgensis*

Größe 25–40 cm, maximal 45 cm; Durchschnittsgewicht ca. 1,3 kg. **Merkmale** Rückenflossen berühren sich fast; ausgewachsene Exemplare ohne Fangzähne; 70–83 Schuppen entlang der Seitenlinie. **Verbreitung** Im Einzugsgebiet von Flüssen, die ins Schwarze oder Kaspische Meer münden (z. B. Wolga und Donau); bewohnt ruhige Zonen der Fließgewässer und Seen. **Fortpflanzung** April–Mai; laicht über Steinen und Pflanzen. Die Geschlechtsreife wird nach 3–4 Jahren erreicht. **Nahrung** Große Wirbellose, besonders Krebse, aber auch Fische. **Nutzung** Nutzfisch, der mit Netzen und Reusen gefangen wird; für Angler von geringer Bedeutung. **Schutzkategorie** Bern III. Gefährdet.

Wolgazander

Größe: 25–40 cm,
maximal 45 cm

Rhone-Streber *Zingel asper*

Größe 15–20 cm, maximal 22 cm. **Merkmale** 2 deutlich getrennte Rückenflossen, die erste mit 8–9 Stachelstrahlen, die zweite mit 12–13 Gliederstrahlen; Schwanzstiel kürzer als die Basis der hinteren Rückenflosse. **Verbreitung** Kommt nur in der Rhone und ihren Nebenflüssen vor. **Fortpflanzung** März–April; laicht in Flachwasserzonen über Steinen und Pflanzen. **Nahrung** Hauptsächlich am Boden lebende Wirbellose, besonders Kleinkrebse und Insektenlarven, aber auch Fischlaich und Jungfische. **Nutzung** Ohne kommerzielle Bedeutung; kein Angelfisch. **Schutzkategorie** Bern II, FFH IV. Gefährdet.

Rhone-Streber

Größe: 15–20 cm,
maximal 22 cm

Streber *Zingel streber*

Größe 12–15 cm, maximal 22 cm. **Merkmale** 2 deutlich getrennte Rückenflossen, die vordere mit 8–9 Stachelstrahlen, die hintere mit 12–13 Gliederstrahlen; Schwanzwurzel so lang wie oder länger als die Basis der zweiten Rückenflosse. **Verbreitung** Nur in der Donau und ihren Nebenflüssen (normalerweise in höher gelegenen Gebieten als der Zingel) sowie im Einzugsgebiet des Flusses Vardar. **Fortpflanzung** März–April; laicht in strömungsreichen Gewässerzonen über Steinen. **Nahrung** Wirbellose (hauptsächlich Kleinkrebse und Insektenlarven) sowie kleine Fische. **Nutzung** Kommerziell und als Angelfisch von geringer Bedeutung. **Schutzkategorie** Bern III, FFH II. Gefährdet.

Streber

Größe: 12–15 cm, maximal 22 cm

Zingel *Zingel zingel*

Größe 15–30 cm, maximal 48 cm. **Merkmale** 2 deutlich getrennte Rückenflossen, die vordere mit 13–15 Stachelstrahlen, die hintere mit 18–20 Gliederstrahlen; Schwanzstiel kürzer als die Basis der hinteren Rückenflosse. **Verbreitung** Kommt nur in der Donau und ihren Nebenflüssen vor (normalerweise in tiefer gelegenen Gebieten als der Streber). **Fortpflanzung** März–Mai; laicht in strömungsreichen Gewässerzonen über Steinen. Die Weibchen legen etwa 5000 Eier. **Nahrung** Benthische Wirbellose sowie kleine Fische. **Nutzung** Ohne kommerzielle Bedeutung; kein Angelfisch. **Schutzkategorie** Bern III, FFH V. Gefährdet.

Zingel

Größe: 15–30 cm, maximal 48 cm

Zur großen Familie der Buntbarsche (Cichlidae) gehören zahlreiche sehr hübsch gefärbte Arten, die hauptsächlich im tropischen Afrika, im Nahen Osten, in Asien sowie in Süd- und in Mittelamerika vorkommen, während sie in Europa fehlen. Es gibt mindestens 105 Gattungen mit rund 1300 Arten, die eine Vielzahl unterschiedlicher Lebensräume bewohnen, von großen, stark verkrauteten Flüssen bis hin zu sehr tiefen Seen. Buntbarsche haben nur ein Paar Nasenöffnungen; die Seitenlinie besteht in der Regel aus zwei Teilen. Viele Arten zeigen ein sehr differenziertes Fortpflanzungsverhalten, zu dem häufig eine aufwendige Brutpflege gehört. In Europa werden Buntbarsche gern in Warmwasseraquarien gehalten; erfolgreich eingebürgert wurde jedoch nur eine Art, der Chanchito. Es gibt aber unbestätigte Berichte über Populationen anderer Arten, z. B. vom Pfauenaugenbuntbarsch *(Astronotus ocellatus)*, in Gewässern, die durch Industrieanlagen ganzjährig aufgeheizt werden.

Chanchito *Cichlasoma facetum*

Größe 10–15 cm, maximal 30 cm. **Merkmale** Nur 1 Paar Nasenöffnungen; große Rückenflosse, vorn mit kräftigen Stachelstrahlen; sehr variable Färbung, zumeist messinggelb bis grünlich oder sogar schwarz, in der Regel mit mehreren dunklen Querbinden. **Verbreitung** Die aus Südamerika stammende Art verträgt viel niedrigere Temperaturen als die meisten anderen Mitglieder der Familie und wurde erfolgreich in Südportugal eingebürgert. **Fortpflanzung** Juni–August; die Laichgrube wird von Männchen und Weibchen gemeinsam ausgehoben; die Jungen schlüpfen nach 2–4 Tagen und werden von den Eltern einige Zeit bewacht. **Nahrung** Wirbellose, besonders Weichtiere und Insektenlarven. **Nutzung** Ohne kommerzielle Bedeutung und auch kein Angelfisch, wird aber in Aquarien gehalten. **Schutzkategorie** Eingebürgerte Art.

Größe: 10–15 cm, maximal 30 cm

Chanchito

Schleimfische – Familie Blenniidae

Bei den Schleimfischen (Blenniidae) handelt es sich in der Mehrzahl um kleine, am Boden lebende Meeresfische. Es gibt etwa 280 Arten, von denen 20 auch in Europa vorkommen. Typisch für die meisten Schleimfische ist ein schlanker, langgestreckter, schuppenloser Körper mit einer großen Rückenflosse, die sich vom Kopf bis zum Schwanzstiel erstreckt; die schmalen Bauchflossen sitzen vor den breiten Brustflossen. Häufig ist eine Flecken-, Punkt- oder Streifenzeichnung vorhanden, und einige Arten haben charakteristische Anhänge über dem Auge.
Fast alle in Europa vorkommenden Schleimfische sind Meeresbewohner, die vor allem im Mittelmeer heimisch sind, es gibt aber auch eine Süßwasserart.

Süßwasser-Schleimfisch *Salaria fluviatilis*

Größe 8–12 cm, maximal 15 cm. **Merkmale** Sehr große Rückenflosse, die sich vom Kopf bis zur Schwanzwurzel erstreckt; kleine Anhänge direkt über den Augen; die Brustflossen liegen vor den Bauchflossen. **Verbreitung** Kommt in Flüssen und Seen im Einzugsbereich des westlichen und nordöstlichen Mittelmeeres vor; bevorzugt dort Gewässer mit steinigem oder schlammigem Untergrund. **Fortpflanzung** April–Juni; die Eier werden in Höhlen unter Steinen abgelegt und vom Männchen bewacht. **Nahrung** Wirbellose, besonders Kleinkrebse und Insekten, sowie kleine Fische. **Nutzung** Ohne kommerzielle Bedeutung; für Angler vor allem als Köderfisch interessant. **Schutzkategorie** Bern III. Stark gefährdet.

Süßwasser-Schleimfisch

Größe: 8–12 cm, maximal 15 cm

Schläfergrundeln – Familie Eleotridae

Die Schläfergrundeln (Eleotridae) haben große Ähnlichkeit mit den nahe verwandten Grundeln (Gobiidae), von denen sie sich aber dadurch unterscheiden, dass die Bauchflossen nicht zu einer Saugscheibe verwachsen sind, wie es bei den meisten Grundeln der Fall ist. Die Familie Eleotridae umfasst etwa 35 Gattungen mit rund 150 Arten, die in verschiedenen tropischen, subtropischen und gemäßigten Regionen der Erde in Süß- und Brackwasser sowie im Meer vorkommen.
In Europa sind Schläfergrundeln natürlicherweise nicht heimisch, eine Süßwasserart wurde aber inzwischen eingebürgert.

Chinesische Schläfergrundel *Perccottus glenii*

Größe 7–9 cm, maximal 25 cm. **Merkmale** 37–43 Schuppen entlang der Seitenlinie; Rückenflosse mit 6–8 Stachelstrahlen und 9–11 verzweigten Gliederstrahlen; Afterflosse mit 7–10, Bauchflossen mit 5 verzweigten Strahlen; mit dunkelbraunen Flecken und Punkten auf Rücken und Flanken. **Verbreitung** Stammt aus dem östlichen Russland sowie China und Nordkorea. Wurde in Europa ausgesetzt, wo sich die Art inzwischen in Stauseen im westlichen Russland, Polen (Vistula) und Ungarn (Tisza) ausgebreitet und dabei einheimische Arten verdrängt hat. Die Chinesische Schläfergrundel ist überwiegend in Seen und Teichen, aber auch in Sumpf- und sogar in Brackwassergebieten anzutreffen. **Fortpflanzung** Mai–Juni; laicht in Flachwasserzonen. Ein kleines, 5–6 cm langes und 2 Jahre altes Weibchen legt etwa 1000 Eier. **Nahrung** Wirbellose, besonders Insektenlarven; größere Exemplare fressen auch kleine Fische. **Nutzung** Von geringer kommerzieller Bedeutung und auch kein Angelfisch, wird aber gern in Aquarien gehalten. **Schutzkategorie** Eingebürgerte Art.

Chinesische Schläfergrundel

Größe: 7–9 cm, maximal 25 cm

Grundeln – Familie Gobiidae

Die Grundeln (Gobiidae) sind eine Familie von meist eher kleinen Fischen, die sich sehr erfolgreich in vielen tropischen und gemäßigten Regionen der Erde ausgebreitet haben. Man kennt etwa 212 Gattungen mit rund 1875 Arten, von denen die meisten im Meer leben; es gibt aber auch Brackwassergrundeln und eine Reihe von Süßwasserarten, die unterschiedlichste fließende und stehende Gewässer bewohnen. Die Bestimmung ist gerade bei nahe verwandten Arten nicht immer ganz einfach, da die Unterschiede gering sind und die Fische zudem oft recht klein; erschwerend kommt hinzu, dass es beträchtliche Unterschiede zwischen den Geschlechtern gibt.
Hauptmerkmal der Familie sind die zu einer Saugscheibe verwachsenen Bauchflossen. Der Körper ist normalerweise langgestreckt, der große Kopf oft breit und abgeplattet. Lippen und Wangen sind gut entwickelt, im Kopfbereich können sensorische Papillen oder andere charakteristische Anhänge vorhanden sein. Die Seitenlinie ist unvollständig oder fehlt ganz. Die beiden Rückenflossen sind gut entwickelt, die Afterflosse ist oft von ähnlicher Größe wie die zweite Rückenflosse.
Grundeln halten sich zumeist in Bodennähe auf, wo man sie, besonders in flachen Küstenbereichen, oft in großer Zahl finden kann; einige Arten leben aber auch pelagisch. Zur Laichzeit verfärben sich die Männchen oft dunkel, manche sogar vollkommen schwarz, außerdem werden ihre Flossen länger und die Form des Kopfes verändert sich. Grundeln bauen einfache Nester aus Muschelschalen, Steinen oder Pflanzenteilen und bewachen das Gelege und die frisch geschlüpften Jungfische.
Leider ist der Status vieler Arten und Unterarten aus dieser großen und wichtigen Familie ungesichert. Daher werden von den 30 europäischen Süßwasserspezies folgende Arten nicht näher beschrieben: *Knipowitschia goerneri, K. milleri, K. mrakovcici, K. thessala.* Die übrigen 26 Arten lassen sich mit Hilfe des folgenden Schlüssels bestimmen.

Bestimmungsschlüssel für die in Europa vorkommenden Arten der Grundeln

1	Perianalorgan vorhanden	2
	Perianalorgan nicht vorhanden	3
2	Perianalorgan etwa halb so groß wie die Saugscheibe; Brustflossen mit 17–18 Strahlen; geschlechtsreife Tiere sind über 3 cm groß	*Economidichthys pygmaeus* S. 252
	Perianalorgan weniger als halb so groß wie die Saugscheibe; Brustflossen mit 13–16 Strahlen; geschlechtsreife Tiere sind weniger als 3 cm groß	*Economidichthys trichonis* S. 253
3	Körper im Allgemeinen schuppenlos, es können aber Plättchen oder Dornen vorhanden sein; Kopf ohne sensorische Poren oder Kanäle	4
	Körper mit Schuppen; Kopf mit sensorischen Poren oder Kanälen	8
4	Körper völlig nackt; vordere Nasenöffnungen nicht röhrenartig verlängert	*Caspiosoma caspium* S. 252
	Körper in der Regel mit Plättchen oder Dornen; vordere Nasenöffnungen röhrenartig verlängert	5
5	Vordere Rückenflosse mit 6, hintere mit 12–13, Afterflosse mit 9–11 Strahlen; Flanken mit dornigen Schuppen	*Benthophiloides brauneri* S. 250
	Vordere Rückenflosse mit 1–4, hintere mit 6–11, Afterflosse mit 6–10 Strahlen; Flanken ohne Schuppen	6
6	Körper ausschließlich mit winzigen Knochenhöckern (nicht Knochenplatten) bedeckt	*Benthophilus granulosus* S. 250
	Mit 3 Reihen großer Dornen auf jeder Flanke, dazwischen kleine Knochenplatten; Bauch- und Hinterleibsregion nackt	7
7	Körper dicht mit Knochenhöckern bedeckt; 22–27 kleine Knochenplatten in einer Reihe am Rücken; Körper grau, ohne Querbinden	*Benthophilus macrocephalus* S. 251
	Körper überwiegend mit kleinen Knochenplatten bedeckt, dazwischen wenige Knochenhöcker; Rücken mit 3 dunklen Querbinden	*Benthophilus stellatus* S. 251

8	Hintere Rückenflosse mit weniger als 12 verzweigten Strahlen	9
	Hintere Rückenflosse mit mehr als 12 verzweigten Strahlen	17
9	Vordere Nasenöffnungen zu herabhängenden, bartelähnlichen Röhren verlängert; 36–48 Schuppen entlang der Seitenlinie	*Proterhorinus marmoratus* S. 261
	Vordere Nasenöffnungen nicht zu Röhren verlängert; 45–79 Schuppen entlang der Seitenlinie	10
10	Schwimmblase vorhanden	*Zosterisessor ophiocephalus* S. 262
	Ausgewachsene Exemplare ohne Schwimmblase	11
11	Scheitel- und Hinterkopfbereich schuppenlos	12
	Scheitel- und Hinterkopfbereich in der Regel mit Schuppen	16
12	Afterflosse mit 10–13 verzweigten Strahlen; 42–58 Schuppen entlang der Seitenlinie	*Neogobius melanostomus* S. 258
	Afterflosse mit 11–17 verzweigten Strahlen; mehr als 55 Schuppen entlang der Seitenlinie	13
13	Zweite Rückflosse nach hinten abfallend	*Neogobius fluviatilis* S. 257
	Zweite Rückflosse nie nach hinten abfallend, sondern entweder überall gleich hoch oder hinten höher	14
14	Schwanzstiel etwa 1,5-mal so lang wie hoch; seitliche Anhänge am Rand der Saugscheibe rundlich	*Neogobius syrman* S. 259
	Schwanzstiel etwa so lang wie hoch oder nur geringfügig länger; seitliche Anhänge am Rand der Saugscheibe zugespitzt	15
15	Geringste Körperhöhe über 8 % der Körperlänge; Dicke des Schwanzstiels kleiner als ⅔ seiner Höhe	*Neogobius cephalarges* S. 256
	Geringste Körperhöhe weniger als 8 % der Körperlänge; Dicke des Schwanzstiels größer als ⅔ seiner Höhe	*Neogobius kessleri* S. 258
16	65–84 Schuppen entlang der Seitenlinie; 8 oder mehr Vertiefungen in einer Reihe unter dem Auge	*Mesogobius batrachocephalus* S. 256
	47–69 Schuppen entlang der Seitenlinie; 6 oder mehr Vertiefungen in einer Reihe unter dem Auge	*Neogobius gymnotrachelus* S. 257
17	Mehr als 60 Schuppen entlang der Seitenlinie	*Relictogobius kryzanovskii* S. 262
	Weniger als 60 Schuppen entlang der Seitenlinie	18
18	Afterflosse mit 7 verzweigten Strahlen; 35–40 Schuppen entlang der Seitenlinie	19
	Afterflosse mit 8–11 verzweigten Strahlen	21
19	Weniger als 29 Schuppen entlang der Seitenlinie; hintere Rückenflosse mit 8 verzweigten Strahlen	*Knipowitschia panizzae* S. 255
	29–50 Schuppen entlang der Seitenlinie; hintere Rückenflosse mit 9 verzweigten Strahlen	20
20	29–44 Schuppen entlang der Seitenlinie, die sich nicht bis auf den Kopf erstreckt	*Padogobius martensii* S. 259
	40–50 Schuppen entlang der Seitenlinie, die sich bis auf den Kopf erstreckt	*Padogobius nigricans* S. 260
21	30 Schuppen entlang der Seitenlinie; Afterflosse mit 8–9 verzweigten Strahlen	*Hyrcanogobius bergi* S. 253
	Mehr als 30 Schuppen entlang der Seitenlinie; Afterflosse mit 8–11 verzweigten Strahlen	22
22	Abstand zwischen den Rückenflossen entspricht etwa der Länge der vorderen Rückenflosse	*Knipowitschia longecaudata* S. 254
	Abstand zwischen den Rückenflossen deutlich geringer als die Länge der vorderen Rückenflosse	23

23	Mehr als 40 Schuppen entlang der Seitenlinie	*Pomatoschistus microps* S. 261
	Weniger als 40 Schuppen entlang der Seitenlinie	24
24	Längsbänder auf beiden Rückenflossen	*Pomatoschistus canestrini* S. 260
	Keine Längsbänder auf den Rückenflossen	25
25	Kopf und Rücken ohne Schuppen; 31–38 Schuppen entlang der Seitenlinie	*Knipowitschia caucasica* S. 254
	Gesamter Körper ohne Schuppen, außer direkt hinter den Brustflossen	*Knipowitschia punctatissima* S. 255

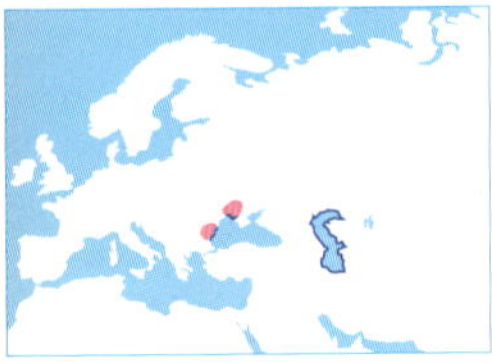

Gebänderte Kaulquappengrundel
Benthophiloides brauneri

Größe 4–5 cm, maximal 7 cm. **Merkmale** Mit 2 Rückenflossen; Bauchflossen miteinander verwachsen; ausgewachsene Exemplare ohne Schuppen; 2 dunkelbraune Querbinden an den Flanken und 2 schräge Streifen unter den Augen. **Verbreitung** Im Kaspischen Meer und im Unterlauf von Dnjepr und Bug. **Fortpflanzung** Laicht in flachen Brackwasserzonen. **Nahrung** Wirbellose, besonders Kleinkrebse. **Nutzung** Ohne kommerzielle Bedeutung; kein Angelfisch. **Schutzkategorie** Geringes Gefährdungsrisiko.

Größe: 4–5 cm, maximal 7 cm

Gebänderte Kaulquappengrundel

Raue Kaulquappengrundel
Benthophilus granulosus

Größe 3–4 cm, maximal 6 cm. **Merkmale** Mit 2 Rückenflossen und verwachsenen Bauchflossen; zweite Rückenflosse mit 6–9, Afterflosse mit 6–8 verzweigten Strahlen; Kopf und Körper mit winzigen Knochenhöckern bedeckt, aber ohne Knochenplatten. **Verbreitung** Kommt im Kaspischen Meer und im Wolgadelta vor. **Fortpflanzung** Unbekannt. **Nahrung** Wirbellose, besonders Kleinkrebse und kleine Fischlarven. **Nutzung** Ohne kommerzielle Bedeutung; kein Angelfisch. **Schutzkategorie** Geringes Gefährdungsrisiko.

Größe: 3–4 cm, maximal 6 cm

Raue Kaulquappengrundel

Kaulquappengrundel *Benthophilus macrocephalus*

Größe 5–10 cm, maximal 12 cm. **Merkmale** Mit 2 Rückenflossen und verwachsenen Bauchflossen; hintere Rückenflosse mit 7–9 verzweigten Strahlen; Kopf und Körper dicht mit Knochenhöckern bedeckt, Flanken mit mehreren Reihen kleiner Knochenplatten, von denen die oberste 23–35 einzelne Plättchen aufweist. **Verbreitung** Im Kaspischen und Asowschen Meer, besonders häufig im Wolgadelta und in den Kubanhaffen zu finden. **Fortpflanzung** Weitgehend unbekannt. **Nahrung** Wirbellose, hauptsächlich Würmer, Weichtiere, Kleinkrebse und Insektenlarven. **Nutzung** Ohne kommerzielle Bedeutung; kein Angelfisch. **Schutzkategorie** Geringes Gefährdungsrisiko.

Kaulquappen-grundel

Größe: 5–10 cm, maximal 12 cm

Stern-Kaulquappengrundel *Benthophilus stellatus*

Größe 8–12 cm, maximal 14 cm. **Merkmale** Kopf breit und flach; mit 2 Rückenflossen und verwachsenen Bauchflossen; hintere Rückenflosse mit 7–8 verzweigten Strahlen; 28 Wirbel; Körper und Kopf mit mehreren Knochenplattenreihen (keine Schuppen); 3 dunkle Querbinden auf dem Rücken. **Verbreitung** Kommt in Brackbiotopen des Schwarzen, Asowschen und Kaspischen Meeres vor; häufig auch in Zuflüssen des Schwarzen Meeres (Donau, Dnjepr, Don). **Fortpflanzung** Mai–Juni; die Tiere leben nur 1 Jahr (sie sterben nach dem Ablaichen). Die Weibchen legen 700–2 500 Eier. **Nahrung** Wirbellose, hauptsächlich Würmer und Weichtiere, und kleine Fische. **Nutzung** Ohne kommerzielle Bedeutung; kein Angelfisch. **Schutzkategorie** Geringes Gefährdungsrisiko.

Stern-Kaulquappen-grundel

Größe: 8–12 cm, maximal 14 cm

Kaspigrundel *Caspiosoma caspium*

Größe 3–4 cm, maximal 5 cm. **Merkmale** Mit 2 Rückenflossen und verwachsenen Bauchflossen; Körper ohne Schuppen; vordere Nasenöffnungen röhrenartig verlängert; hintere Rückenflosse mit 11–13, Afterflosse mit 8–10 verzweigten Strahlen. **Verbreitung** Kommt im nördlichen Einzugsbereich des Schwarzen, Asowschen und Kaspischen Meeres vor; ist häufig auch im Unterlauf großer Flüsse (z. B. Wolga, Don, Dnjepr) zu finden. **Fortpflanzung** Die Eier sind sehr groß, sonst ist über die Fortpflanzung wenig bekannt. **Nahrung** Wirbellose, hauptsächlich Krebstiere, im Süßwasser auch Insektenlarven. **Nutzung** Ohne kommerzielle Bedeutung; kein Angelfisch. **Schutzkategorie** Geringes Gefährdungsrisiko.

Kaspigrundel

Größe: 3–4 cm,
maximal 5 cm

Economidichthys pygmaeus

Größe 3–4 cm, maximal 4,5 cm. **Merkmale** Körper dunkel mit Querbinden bzw. Fleckenmuster; Perianalorgan mehr als halb so groß wie die Saugscheibe; Brustflossen mit 17–18 Strahlen. **Verbreitung** Kommt nur im westlichen Griechenland auf der Insel Lefkas, im Gebiet von Epiris und im Limni Trichonis vor, wo die Tiere pflanzenreiche fließende oder stehende Gewässer bewohnen. **Fortpflanzung** April–Juli; laicht mehrmals pro Jahr ab. **Nahrung** Wahrscheinlich kleine Wirbellose. **Nutzung** Ohne kommerzielle Bedeutung; kein Angelfisch. **Schutzkategorie** Gefährdet.

Economidichthys pygmaeus

Größe: 3–4 cm,
maximal 4,5 cm

Economidichthys trichonis

Größe 1,5–2,5 cm, maximal 3 cm. Wohl der kleinste europäische Süßwasserfisch (geschlechtsreife Weibchen höchstens 1,8 cm, Männchen 3 cm). **Merkmale** Heller Körper mit dunklen Querbinden; Perianalorgan weniger als halb so groß wie die Saugscheibe; Brustflossen mit 13–16 Strahlen. **Verbreitung** Kommt nur in Griechenland im Limni Trichonis vor, vor allem im Bereich einmündender Bäche. **Fortpflanzung** April–Juli; laicht mehrmals pro Jahr ab. **Nahrung** Wahrscheinlich kleine Wirbellose. **Nutzung** Ohne kommerzielle Bedeutung; kein Angelfisch. **Schutzkategorie** Gefährdet.

Economidichthys trichonis

Größe: 1,5–2,5 cm, maximal 3 cm

Berggrundel *Hyrcanogobius bergi*

Größe 2–3 cm, maximal 3,5 cm; gehört zu den kleinsten Fischen Europas. **Merkmale** Mit 2 Rückenflossen und verwachsenen Bauchflossen; mehr als 30 Schuppen entlang der Seitenlinie; Rückenflosse und Afterflosse mit 8–9 verzweigten Strahlen. **Verbreitung** Kommt nur im Norden des Kaspischen Meeres vor, vor allem in den Mündungsgebieten von Wolga, Emba und Ural. **Fortpflanzung** Juli–September; die Eier werden an Steine oder Muschelschalen geheftet. Die Geschlechtsreife wird nach etwa 2 Jahren erreicht. **Nahrung** Wirbellose, besonders Kleinkrebse. **Nutzung** Ohne kommerzielle Bedeutung; kein Angelfisch. **Schutzkategorie** Geringes Gefährdungsrisiko.

♀

Größe: 2–3 cm, maximal 3,5 cm

Berggrundel

♂

Kaukasische Grundel *Knipowitschia caucasica*

Größe 2–3 cm, maximal 4 cm. **Merkmale** Mit 2 Rückenflossen und verwachsenen Bauchflossen; 31–38 Schuppen entlang der Seitenlinie; hintere Rückenflosse mit 8 verzweigten Strahlen; 30–32 Wirbel; kein Längsband auf den Rückenflossen. **Verbreitung** In Küstenzonen des Schwarzen, Asowschen und Kaspischen Meeres sowie in küstennahen Seen und im Unterlauf einmündender Flüsse. **Fortpflanzung** März–Juli; die 220–500 Eier werden an Steinen oder Muschelschalen abgelegt. **Nahrung** Wirbellose. **Nutzung** Ohne kommerzielle Bedeutung; kein Angelfisch. **Schutzkategorie** Geringes Gefährdungsrisiko.

Kaukasische Grundel

Größe: 2–3 cm, maximal 4 cm

Knipowitschia goerneri (ohne Abbildung)

Die Art kommt nur in Griechenland vor (Typuslokalität: Quellflüsse im Bereich der Bucht von Korissia). **Schutzkategorie** Stark gefährdet.

Langschwanzgrundel *Knipowitschia longecaudata*

Größe 3–4 cm, maximal 5 cm. **Merkmale** Mit 2 Rückenflossen und verwachsenen Bauchflossen; 36–43 Schuppen entlang der Seitenlinie; 32–34 Wirbel; Abstand zwischen den Rückenflossen entspricht etwa der Länge der vorderen Rückenflosse. **Verbreitung** In Brackwasserbiotopen des Schwarzen, Asowschen und Kaspischen Meeres sowie im Unterlauf verschiedener großer Flüsse (z. B. Dnjepr, Don). **Fortpflanzung** Weitgehend unbekannt. **Nahrung** Wirbellose, besonders Kleinkrebse. **Nutzung** Ohne kommerzielle Bedeutung; kein Angelfisch. **Schutzkategorie** Geringes Gefährdungsrisiko.

Langschwanzgrundel

Größe: 3–4 cm, maximal 5 cm

Knipowitschia milleri (ohne Abbildung)

Kommt nur in Griechenland vor (Typuslokalität: Delta des Acheron). **Schutzkategorie** Geringes Gefährdungsrisiko.

Knipowitschia mrakovcici (ohne Abbildung)

Wurde erst kürzlich in Kroatien (im Krka) entdeckt. **Schutzkategorie** Stark gefährdet.

Lagunengrundel *Knipowitschia panizzae*

Größe 2–3 cm, maximal 5 cm. **Merkmale** Mit 2 Rückenflossen (die zweite mit 8 verzweigten Strahlen) und verwachsenen Bauchflossen; 32–39 Schuppen entlang der Seitenlinie; 29–30 Wirbel. **Verbreitung** In Mündungsgebieten und anderen Brackwasserbiotopen Norditaliens sowie in Flüssen der Region Venedig, im Gardasee und Lago Maggiore. **Fortpflanzung** März–August; die Eier werden an Steine und Muschelschalen geheftet. Die Geschlechtsreife wird nach etwa 1 Jahr erreicht. **Nahrung** Wirbellose. **Nutzung** Ohne kommerzielle Bedeutung; kein Angelfisch. **Schutzkategorie** Bern III, FFH II. Gefährdet.

♀

Lagunengrundel

Größe: 2–3 cm, maximal 5 cm

♂

Knipowitschia punctatissima

Größe 4–5 cm, maximal 6 cm. **Merkmale** Schuppen nur hinter den Brustflossen; 31 Wirbel; Männchen mit mehreren dunklen Querbinden, Weibchen mit Kinnfleck. **Verbreitung** Kommt in Quellflüssen und Gebirgsbächen in Norditalien und Kroatien vor. **Fortpflanzung** April–Juni; in strömungsarmen Wasserzonen mit gleichbleibender Wassertemperatur. Die Lebenserwartung beträgt 2–3 Jahre. Die Weibchen legen bis zu 300 Eier. **Nahrung** Wahrscheinlich benthische Wirbellose. **Nutzung** Ohne kommerzielle Bedeutung; kein Angelfisch. **Schutzkategorie** Gefährdet.

Größe: 4–5 cm, maximal 6 cm

Knipowitschia punctatissima

Griechische Grundel *Knipowitschia thessala*

(ohne Abbildung)
Kommt nur in Griechenland vor (Typuslokalität: Kefalovriso-Quellgebiet). **Schutzkategorie** Gefährdet.

Krötengrundel *Mesogobius batrachocephalus*

Größe 25–30 cm, maximal 35 cm und damit die größte europäische Grundel. **Merkmale** Mit 2 Rückenflossen und verwachsenen Bauchflossen; 65–84 Schuppen entlang der Seitenlinie; hintere Rückenflosse mit 16–19 verzweigten Strahlen; 34–36 Wirbel; 8 oder mehr kleine Gruben in einer Reihe unter den Augen. **Verbreitung** In nördlichen Küstenbereichen des Schwarzen Meeres und im Asowschen Meer in Brackwasserlagunen und Mündungsgebieten; gelegentlich auch im Unterlauf von Flüssen. **Fortpflanzung** Februar–Mai; in küstennahen Gewässern. Die großen Eier (5 mm) werden vom Männchen bewacht. **Nahrung** Wirbellose, besonders Krebstiere und kleine Fische. **Nutzung** Am Schwarzen Meer ein wichtiger Nutzfisch. **Schutzkategorie** Geringes Gefährdungsrisiko.

Kröten-grundel

Größe: 25–30 cm, maximal 35 cm

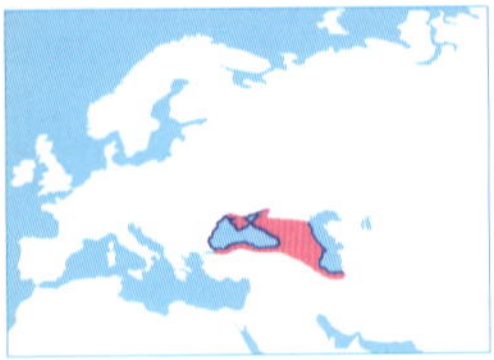

Großkopfgrundel *Neogobius cephalarges*

Größe 18–22 cm, maximal 24 cm. **Merkmale** Mit 2 Rückenflossen und verwachsenen Bauchflossen; hintere Rückenflosse mit 15–21 verzweigten Strahlen; 48–79 Schuppen entlang der Seitenlinie; spitze seitliche Anhänge am Rand der Saugscheibe. **Verbreitung** In flachen Küstenbereichen des Schwarzen, Asowschen und Kaspischen Meeres sowie im Einzugsbereich einmündender Flüsse. Viele der Süßwasserpopulationen sind Standfische, die ausschließlich in klaren steinigen Bergbächen leben. **Fortpflanzung** März–Mai; laicht im Meer, sonst ist wenig bekannt. **Nahrung** Wirbellose, hauptsächlich Weichtiere und Krebse, sowie kleine Fische. **Nutzung** Lokal von gewisser kommerzieller Bedeutung; wird nicht geangelt. **Schutzkategorie** Geringes Gefährdungsrisiko.

♀

Großkopf-grundel

Größe: 18–22 cm, maximal 24 cm

♂

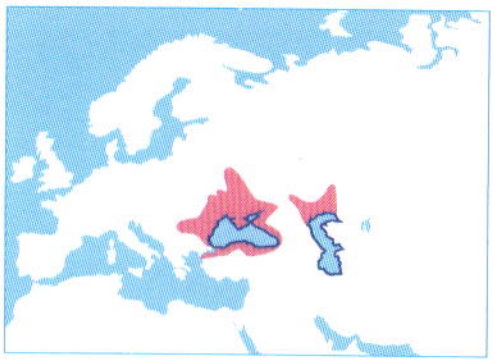

Flussgrundel *Neogobius fluviatilis*

Größe 15–18 cm, maximal 20 cm. **Merkmale** Mit 2 Rückenflossen, die zweite nach hinten abfallend; verwachsene Bauchflossen; 55–61 Schuppen entlang der Seitenlinie; hintere Rückenflosse mit 14–17 verzweigten Strahlen; 32–34 Wirbel. **Verbreitung** Kommt in einigen Brackwasserbiotopen des Schwarzen, Asowschen und Kaspischen Meeres und in den meisten größeren Flüssen der Region vor. **Fortpflanzung** April–September; das Männchen bereitet einen Nistplatz vor und bewacht ihn. Die Geschlechtsreife wird nach 2 Jahren erreicht; die Lebenserwartung beträgt bis zu 4 Jahre. **Nahrung** Wirbellose, besonders Würmer und Krebstiere; im Süßwasser auch Insektenlarven. **Nutzung** Im Schwarzen und Kaspischen Meer von beträchtlicher kommerzieller Bedeutung; wird auch zu Fischkonserven verarbeitet. **Schutzkategorie** Bern III, Gefährdet.

♀

Flussgrundel

♂

Größe: 15–18 cm, maximal 20 cm

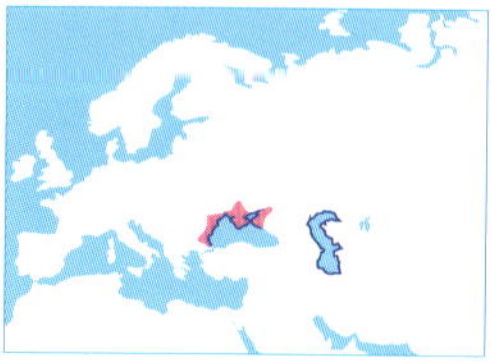

Nackthalsgrundel *Neogobius gymnotrachelus*

Größe 12–15 cm, maximal 17 cm. **Merkmale** Mit 2 Rückenflossen und verwachsenen Bauchflossen; hintere Rückenflosse mit 14–18 verzweigten Strahlen; 54–69 Schuppen entlang der Seitenlinie; 6 oder mehr kleine Gruben unter den Augen. **Verbreitung** In diversen Flüssen und Seen im Einzugsbereich des nördlichen Schwarzen Meeres (z. B. in der Donau bis Bukarest) und in Brackwassergebieten des Kaspischen Meeres. **Fortpflanzung** April–Mai; der Ablaichplatz wird vom Männchen vorbereitet und bewacht. **Nahrung** Verschiedene Wirbellose, besonders Krebstiere. **Nutzung** Im Schwarzen Meer von geringer kommerzieller Bedeutung; wird kaum geangelt. **Schutzkategorie** Geringes Gefährdungsrisiko.

Größe: 12–15 cm, maximal 17 cm

Nackthalsgrundel

Kessler-Grundel *Neogobius kessleri*

Größe 15–20 cm, maximal 22 cm. **Merkmale** Mit 2 Rückenflossen und verwachsenen Bauchflossen; hintere Rückenflosse mit 15–19 verzweigten Strahlen; 64–79 Schuppen entlang der Seitenlinie; spitze Anhänge am Rand der Saugscheibe. **Verbreitung** Kommt im Küstenbereich des Schwarzen und Kaspischen Meeres sowie im Einzugsgebiet der aus Norden einmündenden Flüsse vor, dort vor allem in schnellen Fließgewässern und in Seen, aber auch in Brackwasserbiotopen. **Fortpflanzung** April–Mai; das Männchen baut ein Nest und bewacht es. Die Weibchen können 1500–2000 Eier legen. **Nahrung** Wirbellose, besonders Krebstiere. **Nutzung** Am Schwarzen und Kaspischen Meer von lokaler kommerzieller Bedeutung; kein Angelfisch. **Schutzkategorie** Bern III. Geringes Gefährdungsrisiko.

Kessler-Grundel

Größe: 15–20 cm, maximal 22 cm

Schwarzmundgrundel *Neogobius melanostomus*

Größe 18–22 cm, maximal 25 cm. **Merkmale** Mit 2 Rückenflossen und verwachsenen Bauchflossen; Afterflosse mit 10–13 verzweigten Strahlen; 45–57 Schuppen entlang der Seitenlinie. **Verbreitung** Im Schwarzen und im Kaspischen Meer sowie im Unterlauf großer Zuflüsse (z. B. Dnjestr, Wolga). Wurde in der Ostsee und auch in Nordamerika ausgesetzt. **Fortpflanzung** Hauptsächlich Mai–Juli, in einigen Regionen auch früher oder später; laicht in Süß- oder Salzwasser. Die Geschlechtsreife wird nach 1 Jahr erreicht. **Nahrung** Wirbellose, besonders Weichtiere und Krebse. **Nutzung** Im Schwarzen und Kaspischen Meer von beträchtlicher wirtschaftlicher Bedeutung; wird frisch oder als Konserve vermarktet. **Schutzkategorie** Geringes Gefährdungsrisiko.

Schwarzmundgrundel

♀

Größe: 18–22 cm, maximal 25 cm

♂

Syrman-Grundel *Neogobius syrman*

Größe 18–22 cm, maximal 25 cm. **Merkmale** Mit 2 Rückenflossen und verwachsenen Bauchflossen; hintere Rückenflosse mit 15–19 verzweigten Strahlen; 57–78 Schuppen entlang der Seitenlinie; Anhänge am Rand der Saugscheibe stumpf. **Verbreitung** In den nördlichen Regionen des Schwarzen, Asowschen und Kaspischen Meeres sowie im Unterlauf der Zuflüsse (z. B. Bug, Don) und einigen Seen (z. B. Razelmsee). **Fortpflanzung** April–Mai; das Männchen bereitet den Platz für das Gelege vor und bewacht es. **Nahrung** Wirbellose, besonders Krebstiere. **Nutzung** Im Schwarzen und Kaspischen Meer von kommerzieller Bedeutung; kein Angelfisch. **Schutzkategorie** Bern III. Geringes Gefährdungsrisiko.

Syrman-Grundel

Größe: 18–22 cm, maximal 25 cm

Gardasee-Grundel *Padogobius martensii*

Größe 7–8 cm, maximal 9 cm. **Merkmale** Nacken und Kopf ohne Schuppen; vordere Nasenöffnungen nicht verlängert; 29–44 Schuppen entlang der Seitenlinie; 28–29 Wirbel. **Verbreitung** Kommt in Flüssen, Bächen und im Uferbereich von Seen in Italien, Kroatien und Slowenien vor. **Fortpflanzung** Mai–Juli; das Männchen bereitet den Laichplatz unter einem Stein oder in Form einer Grube vor und bewacht das Gelege anschließend. Kurzlebige Art. **Nahrung** Benthische Wirbellose, besonders Kleinkrebse und Insekten. **Nutzung** Ohne kommerzielle Bedeutung; kein Angelfisch. **Schutzkategorie** Bern III. Geringes Gefährdungsrisiko.

Gardasee-Grundel

Größe: 7–8 cm, maximal 9 cm

Italienische Grundel *Padogobius nigricans*

Größe 5–10 cm, maximal 13 cm. **Merkmale** Mit 2 Rückenflossen, die hintere mit 11–17 verzweigten Strahlen; verwachsene Bauchflossen; 40–50 Schuppen entlang der Seitenlinie; 29–30 Wirbel. **Verbreitung** Kommt nur im Westen Italiens in klaren Fließgewässern im Einzugsbereich von Tiber und Arno vor. **Fortpflanzung** Mai–Juni; laicht in Flachwasserzonen unter Steinen. **Nahrung** Wirbellose, besonders Insektenlarven. **Nutzung** Ohne kommerzielle Bedeutung; kein Angelfisch. **Schutzkategorie** FFH II. Gefährdet.

Italienische Grundel

Größe: 5–10 cm, maximal 13 cm

Canestrin-Grundel *Pomatoschistus canestrini*

Größe 4–5 cm, maximal 7 cm. **Merkmale** Mit 2 Rückenflossen und verwachsenen Bauchflossen; 36–42 Schuppen entlang der Seitenlinie; hintere Rückenflosse mit 8–9 verzweigten Strahlen; 30 Wirbel; mit Längsbändern auf beiden Rückenflossen. **Verbreitung** In Brack- und Süßwasser im früheren Jugoslawien (z. B. im Jadro) und in Italien. **Fortpflanzung** März–Juli; die Geschlechtsreife wird nach 1 Jahr erreicht. **Nahrung** Hauptsächlich Wirbellose. **Nutzung** Ohne kommerzielle Bedeutung; kein Angelfisch. **Schutzkategorie** Bern II & III, FFH II. Gefährdet.

Canestrin-Grundel

♀

Größe: 4–5 cm, maximal 7 cm

♂

Strandgrundel *Pomatoschistus microps*

Größe 3–6 cm, maximal 7 cm. **Merkmale** Mit 2 Rückenflossen und verwachsenen Bauchflossen; 39–52 Schuppen entlang der Seitenlinie; zweite Rückenflosse mit 8–11 verzweigten Strahlen; 30–32 Wirbel; Abstand zwischen den Rückenflossen kleiner als die Länge der ersten Rückenflosse. **Verbreitung** In flachen Küstengewässern von Südnorwegen bis zum Mittelmeer und Schwarzen Meer sowie in Flussmündungen und anderen Brackwasserbiotopen. **Fortpflanzung** April–August; das Männchen legt eine Laichgrube unter einer Muschelschale oder einem Stein an, anschließend bewacht es die bis zu 3400 Eier und fächelt ihnen frisches Wasser zu. Die Geschlechtsreife wird nach 1 Jahr erreicht; die Lebenserwartung beträgt 2 Jahre. **Nahrung** Hauptsächlich benthische Wirbellose. **Nutzung** Ohne kommerzielle Bedeutung; kein Angelfisch. **Schutzkategorie** Bern III. Geringes Gefährdungsrisiko.

♀

Strandgrundel

Größe: 3–6 cm, maximal 7 cm

♂

Marmorierte Grundel *Proterhorinus marmoratus*

Größe 5–10 cm, maximal 11 cm. **Merkmale** Mit 2 Rückenflossen, die zweite mit weniger als 12 verzweigten Strahlen; verwachsene Bauchflossen; 36–48 Schuppen entlang der Seitenlinie. **Verbreitung** In flachen Küstengewässern des Schwarzen und Kaspischen Meeres sowie in Lagunen, einigen Seen und im Unterlauf vieler Flüsse der Region. Wurde mit Ballastwasser nach Nordamerika eingeschleppt, wo sich die Art inzwischen in den Großen Seen ausgebreitet hat. **Fortpflanzung** Die Eier werden unter Muschelschalen oder Steinen abgelegt und vom Männchen bewacht. **Nahrung** Hauptsächlich Wirbellose. **Nutzung** Ohne kommerzielle Bedeutung; kein Angelfisch. **Schutzkategorie** Bern III. Geringes Gefährdungsrisiko.

Größe: 5–10 cm, maximal 11 cm

Marmorierte Grundel

Vierstreifengrundel *Relictogobius kryzhanovskii*

Größe 4–6 cm, maximal 7 cm. **Merkmale** Mit 2 Rückenflossen, die zweite mit 10–11 verzweigten Strahlen; verwachsene Bauchflossen; Schwanz rundlich; 63–72 Schuppen entlang der Seitenlinie. **Verbreitung** Kommt nur in einem Salzsee vor der Küste des Schwarzen Meeres in der Region um Noworossijsk vor. **Fortpflanzung** Über die Fortpflanzung ist wenig bekannt. **Nahrung** Wirbellose, hauptsächlich Krebse. **Nutzung** Ohne kommerzielle Bedeutung; kein Angelfisch. **Schutzkategorie** Geringes Gefährdungsrisiko.

Vierstreifengrundel

Größe: 4–6 cm, maximal 7 cm

Schlangenkopfgrundel *Zosterisessor ophiocephalus*

Größe 18–22 cm, maximal 25 cm. **Merkmale** Mit 2 Rückenflossen und verwachsenen Bauchflossen; 53–68 Schuppen entlang der Seitenlinie; zweite Rückenflosse mit 13–16 verzweigten Strahlen; Schwimmblase vorhanden. **Verbreitung** Kommt in Brackwasserlagunen im nördlichen Mittelmeer sowie im westlichen und östlichen Schwarzen und Asowschen Meer vor; nur gelegentlich in Süßwasser anzutreffen. **Fortpflanzung** Februar–Juli; laicht in Nestern, die vom Männchen aus Pflanzenresten in Pflanzendickichten gebaut werden. Die Geschlechtsreife wird nach 2–3 Jahren erreicht. Die Weibchen legen bis zu 45 000 Eier. **Nahrung** Wirbellose, besonders Krebse, manchmal auch kleine Fische. **Nutzung** Lokal von kommerzieller Bedeutung. **Schutzkategorie** Bern III. Geringes Gefährdungsrisiko.

Größe: 18–22 cm, maximal 25 cm

Schlangenkopfgrundel

Plattfische (Pleuronectidae) kommen hauptsächlich im Meer vor. Es handelt sich um eine große Familie mit zahlreichen Gattungen und Arten, von denen aber nur zwei regelmäßig auch in europäischen Binnengewässern zu finden sind. Wie der deutsche Name bereits andeutet, gehören zu dieser Gruppe überwiegend Fische mit einem abgeplatteten, asymmetrischen Körper, wobei sich beide Augen auf derselben Seite befinden (normalerweise auf der rechten, gelegentlich auch auf der linken).
Frisch geschlüpfte Larven der Plattfische sehen zunächst noch wie normale Fische aus, haben also auf jeder Seite des Kopfes ein Auge. Eines davon verlagert sich dann im Verlauf der weiteren Entwicklung über den Kopf hinweg, so dass schließlich beide Augen auf derselben Seite des Kopfes sitzen. Gleichzeitig verändert sich auch die gesamte Form des Kopfes und die Tiere gehen zu einer bodennahen Lebensweise über.
Die beiden in europäischen Binnengewässern vorkommenden Plattfischarten sind Wanderfische.

Bestimmungsschlüssel für in Europa im Süßwasser vorkommende Plattfische

1	Mit dornigen Warzenschuppen an der Basis der Rücken- und Afterflossenstrahlen und auf dem Körper; 15–22 Reusendornen auf dem ersten Kiemenbogen	*Platichthys flesus* S. 263
	Keine dornigen Warzenschuppen an der Basis der Rücken- und Afterflossenstrahlen und auf dem Körper; 10–14 Reusendornen auf dem ersten Kiemenbogen	*Pleuronectes glacialis* S. 264

Flunder, Butt *Platichthys flesus*

Größe 20–30 cm, maximal 50 cm. **Merkmale** Asymmetrischer, abgeplatteter Körper; beide Augen auf derselben Seite; Körper mit dornigen Warzenschuppen; 15–22 Kiemenreusendornen auf dem ersten Kiemenbogen. **Verbreitung** An fast allen europäischen Küsten vom Nordpolarmeer bis ins nördliche Mittelmeer und Schwarze Meer. Dringt auch in Flüsse und einige Seen vor, sofern sie vom Meer aus gut zugänglich sind. **Fortpflanzung** Februar–Mai; laicht im Meer in tieferen Zonen. Die nach 4–8 Tagen schlüpfenden Jungfische leben zunächst etwa 50 Tage pelagisch, bevor sie auf den Boden sinken und dort ihre typische Form ausbilden. Die Geschlechtsreife wird nach 3–4 Jahren erreicht. Die Weibchen können 500 000–2 000 000 Eier legen. **Nahrung** Jungtiere fressen Zooplankton, ältere Exemplare hauptsächlich benthische Wirbellose. **Nutzung** In vielen Küstenbereichen von beträchtlicher kommerzieller Bedeutung; wird mit Netzen oder Reusen gefangen und auch geangelt. **Schutzkategorie** Geringes Gefährdungsrisiko.

Größe: 20–30 cm, maximal 50 cm

Flunder

Arktische Flunder *Pleuronectes glacialis*

Größe 15–25 cm, maximal 35 cm. **Merkmale** Asymmetrischer, abgeplatteter Körper; beide Augen auf derselben Seite; Körper ohne dornige Warzenschuppen; 10–14 Kiemenreusendornen auf dem ersten Kiemenbogen. **Verbreitung** Kommt nur in arktischen Küstengewässern sowie in Mündungsgebieten und Unterläufen einiger Flüsse vor. **Fortpflanzung** Februar–Mai; laicht im Meer. **Nahrung** Benthische Wirbellose, besonders Weichtiere. **Nutzung** Lokal von kommerzieller Bedeutung für die Küstenfischerei; wird nicht geangelt. **Schutzkategorie** Geringes Gefährdungsrisiko.

Aichele, D.: Das fängt man mit der Angel. Die wichtigsten Süßwasserfische. Franckh-Kosmos Verlag, Stuttgart 2002.

Albuquerque, R. M.: Peixes de Portugal e ilhas adjacentes. Port. Acta biol., B. 5, 1–1164 (1956).

Almaca, C.: Contribution à la connaissance des poissons des eaux intérieures du Portugal. Sep. Rev. Fac. Cienc. Lisboa. 13, 225–262 (1965).

Almaca, C.: Contemporary changes in Portugese freshwater fish fauna and conservation of autochthonous Cyprinidae. Roczniki Nauk Rolniczych. 100, 9–15.

Banarescu, P. et al.: European inland water fish: a multilingual catalogue. Fishing News, London 1971.

Berg, L. S.: Freshwater fish of the USSR and adjacent countries. Israel Program of Scientific Translation, Jerusalem 1962.

Berra, T. M.: Freshwater fish distribution. Academic Press, San Diego 2001.

Bini, G.: I pesci delle aque interne d'Italia. Garzanti, Rome 1962.

Bone, Q., Marshall, N. B., Blaxter, J. H. S.: Biology of fish. Blackie, Glasgow 1995.

Bruylants, B., Vandelannoote, A., Verheyen, R.: De vissenvan onze Vlaamse beken en rivieren: hun ecologie, verspreidung en bescherming. WEL, Antwerpen 1989.

Cabo, F. L.: Los peces de las aguas continentales espanolas. SNPFC, Madrid 1964.

Cazimier, W. G.: Zeldame vissen, kreeften en krabben in de binnenwateren. Visserij. 37, 117–132 (1984).

Brohmer, P. et al.: Fauna von Deutschland. Quelle und Meyer, Heidelberg 1994.

Costa Pereira, N. D.: The freshwater fishes of the Iberian peninsula. Arq. Mus. Bocage, N.S. 2, 473–538 (1995).

Crivelli, A. J.: The freshwater fish endemic to the northern Mediterranean region. Tour du Valat, Arles 1996.

Crivelli, A. J., Maitland, P. S. (Hg.): Endemic freshwater fishes of the northern Mediterranean region. Biol. Conserv. 72, 121–337 (1995).

Curry-Lindahl, K.: Vara fiskar. Havs-och sotvattensfiskar i Norden och ovriga Europa. Norstedts 1985.

Deckert, K.: Urania Tierreich, 7 Bde., Fische, Lurche, Kriechtiere. Urania Verlag, Leipzig 1991.

Delmastro, G.: I pesci del bacino del Po. CLESAV, Milano 1982.

Doadrio, I., Elvira, B., Bernat, Y. (Hg.): Peces continentales espanoles. Inventario y clasificacion de zonas fluviales. ICONA, Madrid 1991.

Economidis, P. S., Nalbant, T. T.: A study of the loaches of the genera Cobitis and Sabanejewia (Pisces, Cobitidae) of Greece, with description of six new taxa. Trav. Mus. Natl. Hist. nat. „Grigore Antipa". 36, 295–347 (1997).

FAO: Conservation of the genetic resources of fish: problems and recommendations. Food & Agricultural Organisation of the United Nations, Rome 1981.

Forneris, G., Paradisi, S., Specchi, M.: Pesci d'acqua dolce. Lorenzini, Udine 1990.

Gandolfi, G. et al.: I pesci delle acque interne italiane. Ist. Poligrafico e Zecca dello Stato, 1–617 (1990).

Geldiay, R., Balik, S.: Turkiye Tatlisu Baliklari. Ege Universitesi Basitevi, Izmir 1996.

Hoestlandt, H. (Hg.): The freshwater fishes of Europe. Clupeidae, Anguillidae. AULA-Verlag, Wiesbaden 1991.

Gebhardt, H., Ness, A.: BLV Taschenbücher, Fische. BLV, München 2005.

Gerstmeier, R., Romig, T.: Die Süßwasserfische Europas für Naturfreunde und Angler. Franckh-Kosmos Verlag, Stuttgart 2003.

Hartmann, U.: Süßwasserfische. Mosaik Verlag, München 2002.

Hecker, F.: Welcher Fisch ist das? Die Süßwasserfische Mitteleuropas. Franckh-Kosmos Verlag, Stuttgart 2005.

Holcik, J. (Hg.): The freshwater fishes of Europe. Petromyzontiformes. AULA-Verlag, Wiesbaden 1986.

Holcik, J. (Hg.): The freshwater fishes of Europe. Acipenseriformes. AULA-Verlag, Wiesbaden 1989.

Holcik, J., Mihalik, J.: Freshwater fish. Svoboda, Prague 1968.

Koli, L.: Suomen Kalaopas. WSOY, Helsinki 1994.

Kottelat, M.: European freshwater fishes – an heuristic checklist of the freshwater fishes of Europe (exclusive of former USSR), with an introduction for non-systematists and comments on nomenclature and conservation. Biologia. 52 (Supplement 5), 1–271 (1997).

Ladiges, W., Vogt, D.: Die Süßwasserfische Europas bis zum Ural und Kaspischen Meer. Paul Parey Verlag, Hamburg 1965.

Lagler, K. F., Bardach, J. E., Miller, R. R.: Ichthyology. Wiley, New York 1967.

Lever, C.: Naturalized fishes of the world. Academic Press, London 1997.

Maitland, P. S.: Biology of fresh waters. Blackie, Glasgow 1990.

Maitland, P. S.: Keys to the freshwater fish of Britain and Ireland with notes on their distribution and ecology. Sci. Publ. Freshw. Biol. Ass. 62, 1–248 (2004).

Maitland, P. S., Campbell, R. N.: Freshwater fish of the British Isles. HarperCollins, London 1992.

Maitland, P. S., Crivelli, A. J.: Conservation of freshwater fish. Tour du Valat, Arles 1996.

Miller, P. J., Loates, M. J.: Fish of Britain and Europe. HarperCollins, London 1997.

Nelson, J. S.: Fish of the world. Wiley, New York 1994.

Müller, H.: Fische Europas. Deutscher Taschenbuch Verlag, München 1983.

Muus, B. J., Dahlström, P.: Süßwasserfische Europas. BLV, München 1998.

Nielsen, L.: Fish in colour. Politikens, Copenhagen 1990.

Nijssen, H., de Groot, S. J.: De Vissen van Nederland. Stichting Uitgeverij van de Koninklijke Nederlandse Natuurhistorische Vereniging, Utrecht 1987.

Phillips, R., Rix, M.: Freshwater fish of Britain, Ireland and Europe. Pan Books, London 1985.

Pinter, K.: Magyarorszag Halai. Biologiajuk es Hasznositasuk. Akademiai Kiado, Budapest 1989.

Pivnicka, K., Cerny, K.: The illustrated book of fishes. Artia, Prague 1987.

Povz, M., Sket, B.: Nase Sladkovodne Ribe. Mladinska knjiga, Ljubljana 1990.

Reshetnikov, Y. S. et al.: An annotated checklist of the freshwater fishes of Russia. J. Ichth. 37, 687–736 (1997).

Spindler, T.: Fischfauna in Österreich. Ökologie – Gefährdung – Bioindikation – Fischerei – Gesetzgebung. Bundesministerium für Umwelt. Monographie 53, 1–138 (1995).

Sterba, G.: Freshwater fish of the world. Studio Vista, London 1973.

Wootton, R. J.: Ecology of teleost fish. Chapman Hall, London 1990.

Terofal, F., Militz, C.: Steinbachs Naturführer Süßwasserfische in europäischen Gewässern. Mosaik Verlag, München 1996.

Vilcinskas, A.: Fische. BLV, München 2004.

abstreichen Herauspressen der Geschlechtsprodukte (Rogen oder Milch) zur künstlichen Befruchtung bei Fischen
anadrom Fische, die im Meer heranwachsen, zum Laichen aber ins Süßwasser aufsteigen (vgl. → katadrom)
Bartfäden (Barteln) Fadenförmige Anhänge am Maul einiger Fische, die als Tast- und Geschmacksorgane dienen
Benthal Region des Gewässerbodens (vgl. → Pelagial)
benthisch Am Boden lebend
Besatz Gezielt in ein Gewässer eingesetzte Fische
Chorda cordalis Bei den meisten Wirbeltieren nur noch embryonal vorhandener Achsenstab, der später durch die Wirbelsäule ersetzt wird
Chromatophoren Pigmentzellen mit der Fähigkeit, die Form zu ändern und dadurch einen Farbwechsel hervorzurufen (siehe Abb. unten)
Detritus Überwiegend aus pflanzlichen und tierischen Überresten bestehende Schweb- und Sinkstoffe in Gewässern
Eutrophierung Unerwünschte Nährstoffzunahme in einem Gewässer, häufig verbunden mit verstärktem Algenwachstum
Fangzähne Einzelne, besonders kräftig ausgebildete Zähne
Fettflosse Abgewandelte, strahlenlose zweite Rückenflosse bei einigen Salmonidae und anderen Familien
Flossenstrahlen Mehr oder weniger stark verknöcherte Stützstrukturen in den Flossen vieler Fische (siehe auch → Stachelstrahlen und → Gliederstrahlen)
Genpool Gesamtheit der Gene in einer → Population von Tieren oder Pflanzen
Gliederstrahlen Vergleichsweise gering verknöcherte, zumeist biegsame Stützstrukturen in den Flossen viele Fische
heterozerk Unsymmetrisch ausgebildete Schwanzflosse, bei der der obere Lappen (der das nach oben abknickende Ende der Wirbelsäule enthält) größer ist als der untere

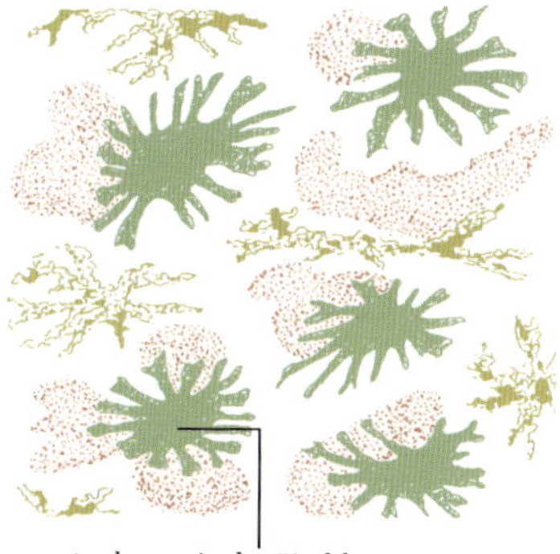
Chromatophoren in der Fischhaut

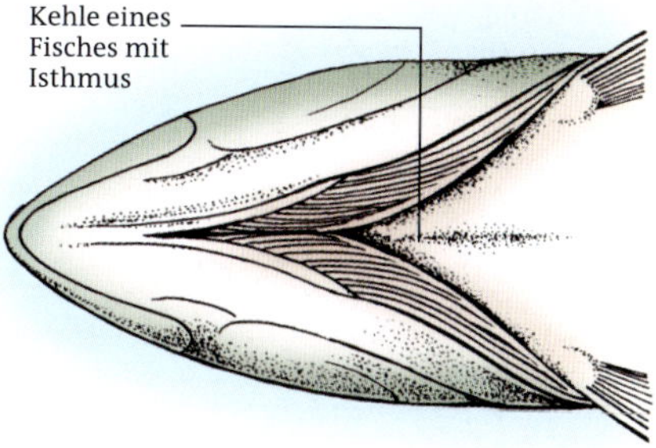
Kehle eines Fisches mit Isthmus

Hybride Aus der Kreuzung genetisch unterschiedlicher Eltern (Arten oder Gattungen) hervorgegangenes Individuum. Die Hybridisierung kann auf natürliche Weise erfolgen, aber auch künstlich herbeigeführt werden.
Ichthyologe Wissenschaftler, der auf dem Gebiet der Fischkunde (Ichthyologie) tätig ist
Isthmus Der nicht von einer Membran bedeckte Teil der Kehle (siehe Abb. oben)
Kammschuppe (Ctenoidschuppe) Fischschuppe mit kleinen Dornen am Hinterrand (vgl. → Rundschuppe)
katadrom Fische, die im Süßwasser heranwachsen, zum Laichen aber ins Meer wandern (vgl. → anadrom)
Kiel Scharfer Grat aus abgeknickten Schuppen im Bauchbereich einiger Fischarten
Kiemendeckel (Opercular) Hautverknöcherung zum Schutz der Kiemen
Kiemenreusendornen Kammartige Fortsätze auf der dem Schlund zugekehrten Seite der Kiemenbögen
Längsband Farbiger Längsstreifen auf dem Körper eines Fisches
Laichausschlag Kleine, warzen-, knötchen- oder bläschenförmige Hautausstülpungen, die von den Männchen zahlreicher Karpfenfische in der Laichzeit gebildet werden (siehe Abb. unten)
Lamelle Dünne, plattenartige Struktur

Laichausschlag auf dem Kopf eines Karpfenfisches

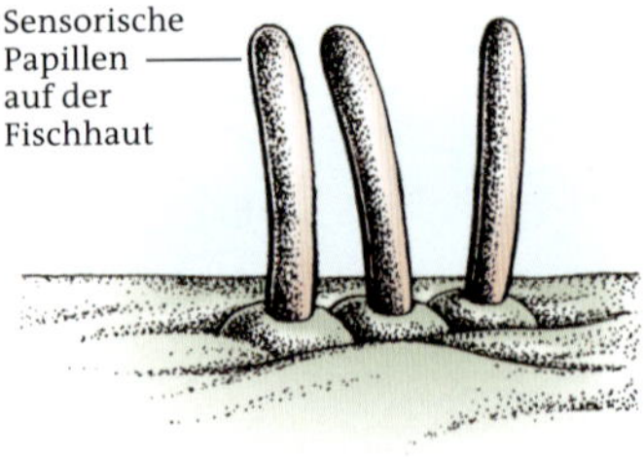

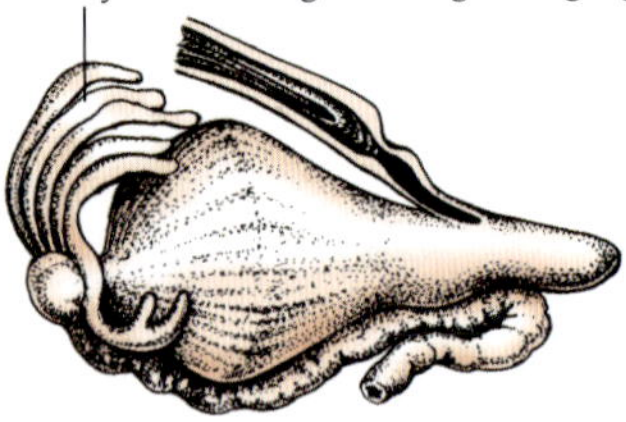

Lateralschuppen Entlang der Seitenlinie angeordnete Schuppen, die bei zahlreichen Arten zur Bestimmung verwendet werden können
Litoral Uferregion eine Gewässers
marin Zum Meer gehörend
mediolateral Links oder rechts von der Mitte
Metamorphose Die Entwicklung über ein oder mehrere Larvenstadien zum geschlechtsreifen Tier
Milch Die männlichen, Spermien enthaltenden Geschlechtsprodukte der Fische
Neotenie Verkürzung der Individualentwicklung, so dass der Eintritt der Geschlechtsreife schon im Larvenstadium erfolgt
Otolith Aus Kalziumkarbonat bestehende Gehörsteinchen im inneren Ohr der Fische
Papille Kleines Anhangsgebilde auf der Körperoberfläche (siehe Abb. oben)
Pelagial Zone des freien Wassers im Meer oder in einem See (vgl. → Benthal)
pelagisch Im freien Wasser lebend
perianal In der Nähe des Afters
Pflugscharbein Auch Vomer genannter Knochen in der Gaumenmitte, der unterschiedlich bezahnt sein kann und daher zur Bestimmung benutzt wird

▼ Schädelknochen eines Lachsfisches

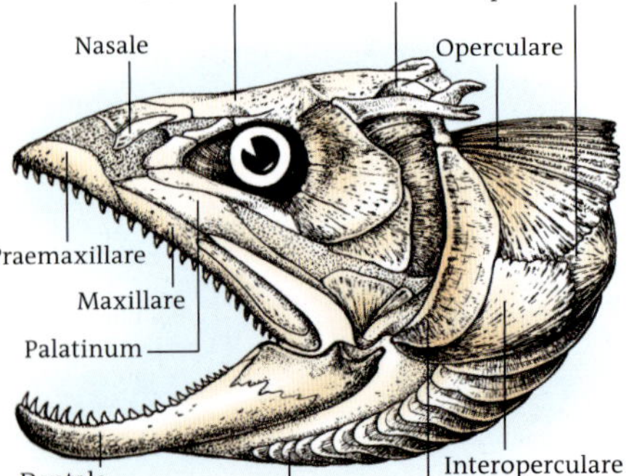

Pharynx (Schlund, Rachen) Vorderster Teil der Atemwege und des Verdauungstraktes
Phytoplankton Mikroskopisch kleine Pflanzen (hauptsächlich Algen), die frei im Wasser schweben
Plankton Mikroskopisch kleine, passiv im Wasser treibende Tiere (Zooplankton) oder Pflanzen (Phytoplankton)
Population Gesamtheit aller Individuen einer Art in einem Gewässer oder einem Gewässerabschnitt
Praeopercular Mondsichelförmiger Knochen im Fischschädel, der unerwünschte seitliche und senkrechte Bewegungen des Unterkiefers verhindert (siehe Abb. links unten)
Pylorusanhänge Fingerförmige Blindsäcke am Ausgang des Magens (siehe Abb. oben)
Querbinde Farbiger Querstreifen auf dem Körper eines Fisches
Querder Larve der Neunaugen
Rogen Die weiblichen Geschlechtsprodukte der Fische
Rundschuppe (Cycloidschuppe) Fischschuppe mit glattem Hinterrand (im Gegensatz zur → Kammschuppe)
Schlundzähne Zahnartige, ein- oder mehrreihige Strukturen auf den 5 Kiemenbögen (Unterschlundknochen) der Karpfenfische
Schwanzstiel Der sich an die Schwanzflosse anschließende Teil des Fischkörpers
Seitenlinie Auf den Flanken vieler Fische erkennbare Längsreihe aus winzigen Poren mit darunterliegenden Sinneszellen, die vor allem auf Druckreize reagieren
Stachelstrahlen Stark verknöcherte, starre Stützstrukturen in den Flossen einiger Fische
Strahlen Siehe → Flossenstrahlen
Taxon (Mz. Taxa) Bestimmte Gruppe von Lebewesen in der biologischen Systematik
Taxonomie Wissenschaft, die sich mit der Klassifizierung von Pflanzen und Tieren befasst
Vomer Siehe → Pflugscharbein
Zooplankton Mikroskopisch kleine, frei im Wasser treibende Tiere
Zwischenkieferknochen (Praemaxillare) Knochen des Oberkiefers bei Fischen (siehe Abb. links)

Seitenzahlen in Fettdruck weisen auf Artbeschreibungen mit Abbildung hin.